精通 LabVIEW

信号处理

（第2版）

周鹏　凌有铸　**主编**

许钢　张明艳　**副主编**

清华大学出版社

北京

内 容 简 介

本书以 LabVIEW 2017 版本为对象,"三全育人"为理念,坚持将立德树人的根本任务融入专业学习中,推动"思政课程"与"课程思政"同向而行,提高协同育人水平。通过理论与实验结合的方式,深入浅出地讲述 LabVIEW 的编程实现及 LabVIEW 在信号处理中的应用。本书共 9 章。第 1 章与第 2 章主要讲述 LabVIEW 的基础知识;第 3 章主要讲述基于 LabVIEW 数学分析的实现过程;第 4~8 章着重讲解 LabVIEW 在数字信号处理、数字滤波器、数字图像处理及小波变换等信号处理领域的应用,同时对 LabVIEW 与其他应用软件的接口技术也作了较为详细的讲述;第 9 章主要以实验设计与实现的方式进一步说明如何使用 LabVIEW 软件设计相关实验。

本书重在强调理论与实验的结合,可作为高等院校虚拟仪器及相关课程的教材或教学参考书,也可作为学习 LabVIEW 的入门及应用教材,还可供从事信号分析与处理、仿真与测试、通信、电子信息类等工程技术人员参考。

图书在版编目(CIP)数据

精通 LabVIEW 信号处理/周鹏,凌有铸主编. —2 版. —北京:清华大学出版社,2019(2024.2 重印)
(LabVIEW 研究院)
ISBN 978-7-302-51631-6

Ⅰ.①精… Ⅱ.①周… ②凌… Ⅲ.①软件工具—程序设计—应用—信号处理 Ⅳ.①TN911.7-39

中国版本图书馆 CIP 数据核字(2018)第 252437 号

责任编辑:袁金敏
封面设计:肖梦珍
责任校对:徐俊伟
责任印制:杨 艳

出版发行:清华大学出版社
　　　　网　　　址:https://www.tup.com.cn,https://www.wqxuetang.com
　　　　地　　　址:北京清华大学学研大厦 A 座　　　　邮　　编:100084
　　　　社 总 机:010-83470000　　　　邮　　购:010-62786544
　　　　投稿与读者服务:010-62776969,c-service@tup.tsinghua.edu.cn
　　　　质量反馈:010-62772015,zhiliang@tup.tsinghua.edu.cn
印 装 者:三河市龙大印装有限公司
经　　销:全国新华书店
开　　本:185mm×260mm　　印　　张:19　　　　字　　数:464 千字
版　　次:2013 年 7 月第 1 版　　2019 年 1 月第 2 版　　印　　次:2024 年 2 月第 4 次印刷
定　　价:69.00 元

产品编号:081769-03

前　　言

LabVIEW 是实验室虚拟仪器工程平台（Laboratory Virtual Instrument Engineering Workbench）的简称，是美国国家仪器（National Instruments，NI）公司推出的一种基于图形化编程语言的软件产品，也是一种应用广泛、发展快、功能强的集成化虚拟仪器开发环境。自 1986 年 LabVIEW 诞生至今，已广泛用于电子信息技术、测试测量、控制理论、振动分析、跨平台设计、创新行业应用等领域，LabVIEW 工程师的培养也显得尤为重要。

随着移动通信、大数据、物联网、人工智能等信息技术的迅速发展，"新工科"对人才培养和课程建设提出了新的要求。本书在编写过程中，为了进一步提高专业教育与教学质量，推动教育高质量发展，切实提高人才培养质量，贯彻落实《国家中长期教育改革和发展规划纲要（2010—2020）》，以"三全育人"为理念，坚持立德树人的根本任务，以学生为中心组织内容和题材，本书的编写成员通过不断总结和实践，在课程体系与内容、教学资源和教学方法等方面，结合"新工科"对课程的教学改革需求不断完善和改进，注重创新意识训练，通过理论和实验教学，多方面挖掘和融入思政元素，从价值引领、知识探究、能力建设、素质养成四个维度实现知识、思维、能力的有机统一融合，培养学生解决复杂工程问题的综合能力和高阶思维。LabVIEW 除了可以使用户独立地完成电子信息类如模拟电路、数字电路等专业基础课和专业课的学习外，还可以与信号与系统、通信原理、数字信号处理、数字图像处理等课程很好地融合，甚至完成电子信息类、测控类专业的综合实验或毕业设计等任务。本书突出科学方法、科学观、价值现和课程思政，加深对抽象专业知识的直观理解，培养分析问题和解决问题的能力。

随着我国从制造大国向制造强国的不断深入推进，应充分认识到"卡脖子"的关键技术，聚焦高水平科技自立自强，提升国家硬实力，培养学生成为具有自主研发能力的高精尖工程技术人才。学生应掌握虚拟仪器系统软件的设计方法，提高软件设计算法的综合应用能力。从研发、智能制造到版权保护各方面，代入我国优秀科研人员及成果，强化学生对专业知识的认同感，激发学生学习动力，培养科学精神，在学习中养成良好的道德品质、职业道德和伦理规范。

本书第 1 版自出版以来，受到了很多读者的欢迎，很多读者也对此书的内容、编排提出了诸多宝贵意见。基于此，我们对本书进行了如下修订。

（1）使用目前 NI 公司发布的 LabVIEW 最新版软件——LabVIEW 2017 对所有实例加以修订，删除了旧版软件中一些程序和内容，替换了每章中相关的图表，让界面更加优化。其中，第 3 章、第 5～8 章的实例运行环境需安装合法的 LabVIEW 2017 相关的工具包，用户可以向 NI 公司购买或从 NI 官网下载评估版。

（2）修订了第 1 版中图表、文字、公式中的一些问题。

（3）第 1 章增加了虚拟仪器最新的研究现状和发展趋势。

（4）第 7 章删除了与新版软件不兼容的相关章节和实例。

（5）第 9 章内容变动较大，增加了实验内容，以实验设计与实现的方式说明如何使用

LabVIEW 软件设计相关实验，让读者更好地掌握相关知识。

（6）在书中重要章节适当增加学生上机软件编程类型的习题，以提高学生对软件的学习掌握，培养学生的软件实操编程能力，便于学生对相关知识的巩固拓展。

（7）本书重要知识点提供视频讲解，读者可扫描书中二维码进行学习。

在本书的修订过程中得到了 NI 公司的大力帮助，安徽工程大学电气工程学院院长凌有铸教授给予了重要指导，同时众多师生对本书的修订提出了许多宝贵的建议，在此一并表示衷心的感谢！

本书立项为 2018 年度高等学校安徽省级一流教材（项目编号：2018yljc099），以及 2017 年度高等学校安徽省级规划教材（项目编号：2017ghjc163），也是安徽高校省级质量工程项目——新工科研究与实践项目（项目编号：2017xgkxm26）和校企合作实践教育基地项目（项目编号：2017sjjd022）的研究成果。本书可作为高等院校相关新工科专业和实践教育教学环节的教材或教学参考书。

本书成书仓促，作者水平有限，不妥之处在所难免，恳请读者和同行专家批评指正。

本书配套的实例源文件、课件可通过扫描图书封底的二维码获取，部分课后习题参考答案可以发送邮件到 zhpytu@163.com 获取。

周　鹏

2022 年 11 月于安徽工程大学

目　　录

第1章 绪 论

LabVIEW 是美国国家仪器（National Instruments，以下简称 NI 公司）推出的一种基于"图形"方式的集成化程序开发环境。在以计算机为基础的测量和信号处理中，LabVIEW 具有很强的优势。

本章主要介绍虚拟仪器的产生、概念、构成及特点，对 LabVIEW 软件的 G 语言开发环境进行详细阐述，并简述 LabVIEW 程序的组成。

1.1 G 语言与虚拟仪器概述

1.1.1 G 语言的概念

G 语言是图形化编程语言（Graphical Programming Language）的缩写，是一种适合应用于任何编程任务、具有扩展函数库的通用编程环境语言。和 BASIC 及 C 语言一样，G 语言也定义了数据类型、结构类型和模块调用语法规则等编程语言的基本要素，同时 G 语言丰富的扩展函数库还为用户编程提供极大的方便。

G 语言与传统高级编程语言最大的差别在于一般高级语言采用文本编程，而 G 语言采用图形化编程语言。G 语言是 LabVIEW 的核心，熟练掌握 G 语言的编程要素和语法规则，是开发 LabVIEW 应用程序最重要的基础。G 语言采用图形化编程方式（即各种图表、节点、程序框图、连线等），界面形象直观。

1.1.2 虚拟仪器的概念及构成分类

自从 1785 年库仑发明静电扭秤、1834 年哈里斯提出静电电表结构以来，电子仪器随着相关技术的进步、仪器元器件质量的提高和测量理论方法的改进得到飞速发展。从 19 世纪初到 20 世纪末，仪器的发展经历了模拟仪器、电子仪器、数字仪器、智能仪器等阶段，发展到现在的虚拟仪器。

模拟仪器主要指针式万用表、晶体管电压表及模拟示波器等，这类仪器的基本结构是电磁机械式的，利用电磁测量原理，借助指针的移动或电子束的偏移来显示最终结果。其特点是结构简单，成本较低，易于维护，适用于对精度要求不高的场合。

从 20 世纪初到 20 世纪 50 年代，仪器的材料性能得到改善，出现了电子管。同时，测量理论和方法与电子技术、控制技术相结合，出现了以记录仪和示波器为代表的电子仪器。

20 世纪 50 年代以后，随着晶体管和集成电路的出现及应用电子技术的发展，数字技术已经被成功地应用到测量仪器中。数字仪器（如数字电压表、数字频率计等）目前已相当普及。这类仪器将模拟信号的测量转化为数字信号的测量，并以数字方式输出最终结果，适用于快速响应和较高准确度的测量。

20 世纪 70 年代初，第一片微处理器问世。智能仪器内置微处理器，既能进行自动测试，又具有一定的数据处理功能，可取代部分脑力劳动。智能仪器以微电子器件代替常规电子线路，具有信息采集、显示、处理、传输及优化控制等功能，甚至具有辅助专家进行推断分析与决策的能力。它的功能块全部以硬件（或固化的软件）的形式存在，无论是开发还是应用，都缺乏灵活性。

20 世纪 90 年代以后虚拟仪器进入了人们的视野。这类仪器充分利用最新的计算机技术实现和扩展传统仪器的功能。它利用现有的计算机，配上相应的硬件和专用软件，形成既有普通仪器的基本功能，又有一般仪器所没有的特殊功能的高档低价的新型仪器。因此，这种以计算机软件为核心，辅以相应的硬件设备的测试系统代表了未来测试仪器的发展方向。

随着微电子技术、计算机技术、软件技术、网络技术的高度发展及其在电子测量技术与仪器上的应用，新的测试理论、新的测试方法、新的测试领域及新的仪器结构不断出现，在许多方面已经突破传统仪器的概念，电子测量仪器的功能和作用已经发生了质的变化。在这种背景下，20 世纪 80 年代末美国率先研制成功虚拟仪器（Virtual Instrument，VI）。虚拟仪器技术是当今计算机辅助测试领域的一项重要技术，它推动着传统仪器朝着数字化、智能化、模块化、网络化的方向发展。虚拟仪器是现代计算机技术、通信技术和测量技术相结合的产物，是传统仪器观念的一次巨大变革，是未来仪器产业发展的一个重要方向。

虚拟仪器的概念是 NI 公司于 1986 年提出的，同时也提出了"软件即仪器"的概念，打破了传统仪器只能由厂家定义，用户无法改变的局面。随着现代软件和硬件技术的飞速发展，仪器的智能化和虚拟化已经成为研究的方向。虚拟仪器既具有传统仪器的功能，又有别于其他传统仪器。它能够充分利用和发挥现有计算机的先进技术，使仪器的测试和测量及自动化工业系统的测试和监控变得异常方便和快捷。

虚拟仪器是指通过应用程序将计算机、应用软件的功能模块和仪器硬件结合起来，用户可以通过友好的图形界面（通常叫做虚拟前面板，简称前面板）来操作这台计算机，就像在操作自己定义、自己设计的一台个人仪器一样，从而完成对被测信号的采集、分析、判断、显示、数据存储等。虚拟仪器通过软件对数据的分析处理、表达及图形化用户接口，把计算机资源（如微处理器、显示器等）和仪器硬件（如 A/D 转换器、D/A 转换器、数字 I/O、定时器、信号调理器等）的测量能力、控制能力结合在一起。虚拟仪器突破了传统仪器以硬件为主体的模式，而使用者是在操作具有测试软件的电子计算机进行测量。

虚拟仪器技术的实质是充分利用最新的计算机技术来实现和扩展传统仪器的功能。软件是虚拟仪器的关键，当基本硬件确定以后，就可以通过不同的软件实现不同的功能。用户可以根据自己的需要设计自己的仪器系统来满足多种多样的应用要求。利用计算机丰富的软、硬件资源，可以大大突破传统仪器在数据的分析、处理、表达、传递、储存等方面的限制，达到传统仪器无法比拟的效果。

虚拟仪器从构成要素上讲，由计算机、应用软件和仪器硬件等构成；从构成方式上讲，则由以 DAQ 板和信号调理器为仪器硬件而组成的 PC-DAQ 测试系统，或以 GPIB、VXI、Serial 和 Field Bus 等标准总线仪器为硬件组成的 GPIB 系统、VXI 系统、串口系统和现场总线系统等多种形式。虚拟仪器的构成如图 1-1 所示。

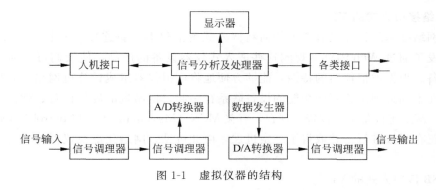

图 1-1 虚拟仪器的结构

目前，虚拟仪器的构成方式有以下几种。

1. PC-DAQ 插卡式的 VI

这种方式用数据采集卡配以计算机平台和虚拟仪器软件，便可构成各种数据采集和虚拟仪器系统。它充分利用了计算机的总线、机箱、电源及软件的便利，其关键在于 A/D 转换技术。这种方式受 PC 机箱、总线限制，存在电源功率不足，机箱内噪声电平较高、无屏蔽，插槽数目不多、尺寸较小等缺点。但因插卡式仪器价格便宜，因此其用途广泛，特别适合于工业测控现场、各种实验室和教学部门使用。

2. 并行口式的 VI

最新发展的可连接到计算机并行口的测试装置，其硬件集成在一个采集盒里或探头上，软件装在计算机上，可以完成各种 VI 功能。它最大的好处是可以与笔记本式计算机相连，方便野外作业，又可与台式 PC 相连，实现台式和便携式两用，非常方便。

3. GPIB 总线方式的 VI

GPIB（General Purpose Interface Bus）技术是 IEEE 488 标准的 VI 早期的发展阶段。它的出现使电子测量由独立的单台手工操作向大规模自动测试系统发展。典型的 GPIB 系统由一台 PC，一块 GPIB 接口卡和若干台 GPIB 仪器通过 GPIB 电缆连接而成。在标准情况下，一块 GPIB 接口卡可带多达 14 台的仪器，电缆长度可达 20m。GPIB 测试系统的结构和命令简单，造价较低，主要市场在台式仪器市场。适用于精确度要求高，但对计算机速率要求和总线控制实时性要求不高的场合应用。

4. VXI 总线方式的 VI

VXI 总线是 VMEbus eXtension for Instrumentation 的缩写，是高速计算机总线 VME 在 VI 领域的扩展，有稳定的电源、强有力的冷却能力和严格的 RFI/EMI 屏蔽。由于它的标准开放，且具有结构紧凑、数据吞吐能力强、定时和同步精确、模块可重复利用、众多仪器厂家支持的优点，得到了广泛的应用。经过多年的发展，VXI 系统的组建和使用越来越方便，有其他仪器无法比拟的优势，适用于组建中、大规模自动测量系统及对速度、精度要求高的场合，但 VXI 总线要求有专用机箱、零槽管理器及嵌入式控制器，造价比较高。

5. PXI 总线方式的 VI

PXI 总线是 PCI eXtension for Instrumentation 的缩写，是 PCI 在 VI 领域的扩展。这种新型模块化仪器系统是在 PCI 总线内核技术上增加了成熟的技术规范和要求形成的，具有多板同步触发、精确定时的星形触发、相邻模块间高速通信的局部总线及高度的可扩展性等优点，适用于大型高精度集成系统。

6. 网络接口方式的 VI

尽管网络技术最初并没有考虑如何将嵌入式智能仪器设备连接在一起，不过 NI 等公司已经开发了通过 Web 浏览器观测这些嵌入式仪器设备的产品，使人们可以通过网络操作仪器设备。根据虚拟仪器的特性，能够方便地将虚拟仪器组成计算机网络，利用网络技术将分散在不同地理位置不同功能的设备联系在一起，使昂贵的硬件设备、软件在网络上得以共享，减少了设备重复投资。现在，有关 MCN（Measurement and Control Networks）方面的标准正在积极进行，并取得了一定进展。由此可见，网络化虚拟仪器将具有广泛的应用前景。

7. USB 接口方式的 VI

USB（Universal Serial Bus）因为其在 PC 上的广泛使用、即插即用的易用性和 USB 2.0 高达 480Mb/s 的传输速率，逐渐成为仪器控制的主流总线技术。USB 接口被广泛应用，也使得工程师可以很方便地将基于 USB 的测量仪器连接到整个系统中。但是 USB 在仪器控制方面也有一些缺点，如 USB 的传输线没有工业标准的规格，在恶劣的环境下，可能造成数据的丢失；此外，USB 对传输线的距离也有一定的限制。

无论哪种 VI 系统，都是将仪器硬件搭载到笔记本式计算机、台式计算机或工作站等各种计算机平台再加上应用软件构成的。

与传统仪器相比，虚拟仪器的特点有以下几点。

（1）打破了传统仪器的"万能"功能概念，将信号的分析、显示、存储、打印和其他管理集中交由计算机来处理，充分利用计算机技术完善了数据的传输、交换等性能，使得组建系统变得更加灵活、简单。

（2）强调"软件就是仪器"的新概念，软件在仪器中充当了以往由硬件甚至整机实现的角色，减少了许多随时间可能漂移、需要定期校准的分立式模拟硬件，加上标准化总线的使用，使系统的测量精度、测量速度和可重复性都大大提高。

（3）仪器由用户自己定义，系统的功能、规模等均可通过软件修改、增减，可方便地同外设、网络及其他应用设备连接。虚拟仪器的出现，彻底打破了传统仪器由厂家定义、用户无法改变的模式。

（4）鉴于虚拟仪器的开放性和功能软件的模块化，用户可以将仪器的设计、使用和管理统一到虚拟仪器标准，使资源的可重复利用率提高，系统组建时间缩短，功能易于扩展，管理规范，维护和开发的费用降低。虚拟仪器的开发厂家，为扩大虚拟仪器的功能，在测量结果的数据处理、表达模式及其变换方面发布了各种软件，建立了数据处理的高级分析库和开发工具库（如测量结果的谱分析、快速傅里叶变换、各种数字滤波器、卷积处理和相关函数处理、微积分、峰值和波形发生、噪声发生、回归分析、数值运算、时域和频域分析等），使虚拟仪器发展成为可以组建极为复杂自动测试系统的仪器系统。

表 1-1 是虚拟仪器与传统仪器的比较。

表 1-1　虚拟仪器与传统仪器的比较

比 较 项 目	虚 拟 仪 器	传 统 仪 器
开发费用	软件使得开发与维护费用低	开发与维护费用高
关键	关键是软件	关键是硬件

比　较　项　目	虚　拟　仪　器	传　统　仪　器
价格	价格低，可重复用，可重配置性强	价格昂贵
功能定义	用户定义仪器功能	厂商定义仪器功能
更新周期	技术更新周期短（1～2 年）	技术更新周期长（5～10 年）
开放程度	开放，灵活，与计算机同步发展	封闭，固定
网络功能	方便与外部设备连接	功能固定，互联有限

1.1.3　虚拟仪器的国内外研究现状

虚拟仪器技术目前在国外发展很快，美国的 B&B 公司在 NI 公司的 LabVIEW 和 PXI/SCXI 基础上开发了车内测试系统（IVDAS）。IVDAS 的性能优越性源于使用 PXI 和 SCXI 所带来的灵活性和可升级性。美国的 Geomatics 公司和 Goldsmith 公司等利用虚拟仪器开发工具，研制开发了农业自动化灌溉系统和秧苗分析系统。

近年来，各大虚拟仪器公司开发了不少虚拟仪器开发平台软件，以便使用者利用这些公司提供的开发平台软件组建自己的虚拟仪器或测试系统，并编制测试软件，如美国 HP 公司的 HP-VEE 和 HPTIG 平台软件，美国 Tektronix 公司的 Ez-Test 和 Tek-TNS 软件，以及美国 HEM Data 公司的 Snap-Master 平台软件，但美国 NI 公司的 LabVIEW 软件和 LabWindows/CVI 开发软件是最早和最具影响力的开发软件。

当今虚拟仪器系统开发采用的总线包括传统的 RS232 串行总线、GPIB 通用接口总线、VXI 总线、PCI 总线、PXI 总线，以及已经被 PC 广泛采用的 USB 通用串行总线和 1394 总线（即 Firewire，也叫做火线）。特别是美国 NI 公司，为使虚拟仪器能够适应上述各种总线的配置，开发了大量的软件及适应要求的硬件（插件），可以灵活地组建不同复杂程度的虚拟仪器自动测试系统。

NI 公司主要有三大模块化硬件平台：PXI、CompactRIO 和 CompactDAQ。其软件环境是 LabVIEW。NI 公司嵌入式系统的核心在于 CompactRIO 平台和基于 LabVIEW 的数据采集、分析和可视化能力。

2005 年 1 月，NI 公司推出 USB-6008 即插即用式数据采集模块，该模块可通过 USB 接口供电，不需要任何外接电源。模块内具有 8 通道、12 位 A/D 转换、取样率最高 10kHz、两个模拟输出、12 位数字 I/O 线及 1 个计数器，可提供高达 $\pm 35\mathrm{V}$ 的模拟输入过电压保护。该模块的 USB 接口数据传输速率为 12Mb/s。

2005 年 12 月，NI 公司针对 $\mathrm{I^2C}$（Inter-integrated Circuit）及 SPI（Serial Peripheral Interface）通信接口推出了 USB 接口模块 USB-8451，该接口模块提供 $\mathrm{I^2C}$ 和 SPI 通信接口和 8 位数字 I/O，USB 接口的数据传输速率为 12Mb/s。

2014 年 5 月，NI 公司与上海无线通信研究中心（Shanghai Research Center for Wireless Communications，WiCO）合作建立"WiCO-NI 无线通信联合实验室"，共同致力于 5G 通信系统的新技术研究。这是 NI 公司在中国的第一家致力于 5G 关键技术研究的联合实验室。

2016 年，NI 公司作为致力于为工程师和科学家提供解决方案来应对全球最严峻的工程挑战的供应商，宣布与同济大学签订战略合作协议，共同打造国内首个具有工业 4.0 全要素的智能制造实验室——同济大学-美国国家仪器（NI）工业互联网联合实验中心。

2018 年 3 月 6 日，NI 公司发布了支持 NI-DAQmx 和时间敏感网络（TSN）的最新版 CompactRIO 控制器。这款控制器提供基于标准以太网的确定性通信和同步测量，不仅提高了性能，还有助于提高生产力和灵活性。NI 公司是市场上第一个推出支持 TSN（IEEE 802.11 以太网标准的下一个演化版本）的工业嵌入式硬件的厂商。这款控制器的推出是 NI 公司持续投资 TSN 计划的一部分。工程师可以使用 TSN 技术实现基于网络的分布式系统同步，从而消除了对昂贵的同步电缆的需求。

从 5G 时代的万物互联到 6G 时代的万物智联，不仅需要通信感知一体化技术，还需要太赫兹、新一代 MIMO、无线 AI 等技术的支持。NI USRP X410 无线通信 LabVIEW 研究平台，为 6G 研究提供标准且开放灵活的参考设计，帮助研究人员快速搭建无线通信的原型系统，加速 6G 领先研究。该平台的硬件端包括 USRP X410 软件无线电平台及 PXI 系统，软件端则为用户提供基于 LabVIEW 的无线通信设计参考代码及应用开发指南，兼具高性能和易用性。目前，NI 公司已携手国内多所高校加速中国 6G 演进。

在开发自动驾驶算法过程中，传统的真车道路测试面临多方面挑战，如测试时间过长、不能满足现代软件开发快速迭代的需求，或者每次测试难以保证环境条件相同，测试一致性不足等。NI 汽车自动驾驶数据回灌系统，使用真实道路数据在实验室回灌到汽车控制器，不依赖驾驶员和完整试验车，可以实现 24h 大批量并行测试，极大地提高了测试效率，保证了一致性。同时，根据中国汽车厂商的需求，NI 定制化开发了满足本地客户的软件系统，协助中国客户快速验证自动驾驶算法，在竞争中取得领先。

在国内，许多高等院校也在积极地开展虚拟仪器的研究和开发。其中，唐山学院基于 CompactPCI/PXI 研制的锅炉供热自动控制系统，成功地应用在唐山市热力总公司项目上。清华大学基于 CompactPCI/PXI 技术建设的实验室热工水利学测控平台，研制成功了先进的热工测量技术和热工仿真技术，成功地完成了海水淡化等重要课题研究。重庆大学开发了虚拟实时噪声倍频程分析仪，实现了对噪声总声压级、各种计权声压级及相应倍频程的实时测量和分析。清华大学汽车系利用虚拟仪器技术构建的汽车发动机检测系统，用于汽车发动机的出厂检验，主要检测发动机的功率特性、负荷特性等。国防科技大学进行了虚拟数字示波器的设计研究，其结果与 HP 公司的双通道台式数字存储示波器 HP54603B 相比增加了频域分析功能；充分利用计算机的存储与外设连接的能力，测量结果和波形直接打印输出；另外，还开发了基于虚拟仪器的 RailSAR 测控系统，RailSAR 轨道合成孔径雷达是一套非常复杂的成像雷达系统，也是一个自动化程度很高的测量系统。

虚拟仪器的出现是仪器发展史上的一场变革，代表着仪器发展的最新方向和潮流，对科学技术的发展和工业生产产生了不可估量的影响。虚拟仪器在一些发达国家中设计、生产、使用已经十分普及，国内与之相比仍然存在着较大差距。国内专家预测：未来的几年内，我国将有 50% 的仪器为虚拟仪器，国内将有大批企业使用虚拟仪器系统对生产设备的运行状况进行实时监测。目前我国各行业特别是电子、通信行业对先进仪器的需求更加强劲，随着微型计算机的发展，虚拟仪器将会逐步取代传统的测试仪器。

随着各种新技术的发展，虚拟仪器将会向高效、高速、高精度和高可靠性以及自动化、智能化和网络化的方向发展，并且越来越大众化和小型化。开放式数据采集标准将使虚拟仪器走上标准化、通用化、系列化和模块化的道路。

虚拟仪器可广泛应用于电子测量、电力工程、物矿勘探、医疗、振动分析、声学分析、故障诊断及教学科研等诸多领域，所以国际上从 1988 年陆续有虚拟仪器产品面市，当时有五家制造商推出了 30 种产品。此后，虚拟仪器产品每年成倍增加，到 1994 年底，虚拟仪器制造厂已达 95 家，共生产 1 000 多种虚拟仪器产品，销售额达 2.93 亿美元，占整个仪器销售额的 4%。美国是虚拟仪器的诞生地，也是全球最大的虚拟仪器制造国，生产虚拟仪器的主要厂家 HP 公司目前生产 100 多种型号的虚拟仪器，Tektronix 公司目前生产 80 多种型号的虚拟仪器，此外，还有 NI 公司、Keithely 公司、Iotech 公司等。

习近平总书记在党的二十大报告中指出："教育、科技、人才是全面建设社会主义现代化国家的基础性、战略性支撑。必须坚持科技是第一生产力、人才是第一资源、创新是第一动力，深入实施科教兴国战略、人才强国战略、创新驱动发展战略，开辟发展新领域新赛道，不断塑造发展新动能新优势。我们要坚持教育优先发展、科技自立自强、人才引领驱动，加快建设教育强国、科技强国、人才强国，坚持为党育人、为国育才，全面提高人才自主培养质量，着力造就拔尖创新人才，聚天下英才而用之。"随着我国从制造大国向制造强国的不断深入推进，应充分认识到"卡脖子"的关键技术，聚焦高水平科技自立自强，提升国家硬实力，坚持守正创新，培养学生成为具有自主研发能力的高精尖工程技术人才，为科技进步、工业发展贡献自己的力量。

1.2　LabVIEW 概述及程序组成

1.2.1　LabVIEW 概述

在给定计算机必要的仪器硬件之后，构成和使用虚拟仪器的关键在于软件。软件为用户提供了集成开发环境、高水平的仪器硬件接口和用户接口。正确选择软件对程序开发和设计起着非常重要的作用。

对于虚拟仪器应用软件的编写，大致可分为两种方式。

（1）通用编程软件进行编写。主要有 Microsoft 公司的 Visual Basic 与 Visual C++，Borland 公司的 Delphi，Sybase 公司的 PowerBuilder。

（2）通过专业图形化编程软件进行开发。如 HP 公司的 HP-VEE，NI 公司的 LabVIEW 和 LabWindows/CVI 等。

虚拟仪器系统的设计必须满足以下条件：开发成本低、执行效率佳、程序弹性大、易于扩展。

LabVIEW 是实验室虚拟仪器工程平台（Laboratory Virtual Instrument Engineering Workbench）的简称，是一个功能比较完整的软件开发环境，是美国 NI 公司的创新软件产品，也是目前应用最广泛、发展最快、功能最强的图形化编程软件开发环境。LabVIEW 的特点在于它使用图形化编程语言在程序框图中创建源程序，即用程序框图代替了传统的程序代码，运行方便，编程简单易懂。

LabVIEW 是专为测试、测量和控制应用而设计的系统工程软件，可快速访问硬件以及提供数据信息。LabVIEW 简化了工程应用的硬件集成，使用户能够采用一致的方法快速采集和可视化几乎任何 I/O 设备的数据集（无论是 NI 还是第三方）。除了采用图形编程语法来缩短可视化、创建和编程工程系统的时间，LabVIEW 还拥有一个超过 30 万开发人员的社区，提供了一个无与伦比的工具。

LabVIEW 是带有可以产生最佳编码编译器的图形化开发环境，运行速度等同于编好的 C 或 C++ 程序，图形化编程方法可帮助用户可视化应用程序的各个方面，包括硬件配置、测量数据和调试。这种可视化可帮助用户轻松集成来自任何供应商的测量硬件，在程序框图上表现复杂的逻辑，开发数据分析算法，并设计自定义工程用户界面。LabVIEW 具有模块化特性，有利于程序的可重用性。LabVIEW 将软件的界面设计与功能设计独立开来，修改人机界面无须对整个程序进行调整，LabVIEW 利用数据流框图接收指令，使程序简单明了，充分发挥了 G 语言的优点，大大缩短了虚拟仪器的开发周期，消除了虚拟仪器编程的复杂过程。而通用的编程软件需利用组件技术实现软面板的设计，这使得程序设计非常麻烦。

LabVIEW 工具网络提供可经过认证的第三方附加工具，旨在帮助用户提高工作效率。LabVIEW 包含在 NI 的众多软件套件中，用户可以使用这些套件为目标应用领域构建完整的软件系统。

LabVIEW 作为开发环境具有以下优点。

（1）图形化编程，降低了对使用者编程经验的要求；

（2）采用面向对象的方法和概念，有利于软件的开发和再利用；

（3）对象、框图及其构成的虚拟仪器在 Windows、Windows XP、UNIX 等多平台之间和各种 PC 及工作站间兼容，便于软件移植；

（4）支持 550 多种标准总线设备及数据采集卡，如串行接口、GPIB、VXI 等；

（5）具有丰富的库函数和例子，对于大多数应用程序，用户可以从例子中取得程序框架，便于提高开发速度；

（6）具有比较完备的代码接口，可调用 Windows 中的动态链接库（DLL）中的函数、ActiveX、MATLAB、.NET 或 C 语言程序，以弥补自身的某些不足；

（7）直接支持动态数据交换（DDE）、对象链接与嵌入（OLE）、结构化查询语言（SQL），便于与其他 Windows 应用程序和数据库应用程序接口；

（8）支持 TCP、UDP 等网络协议，网络功能强大，可遥控分布在其他微机上的虚拟仪器设备；

（9）为加强 LabVIEW 的功能，适应各种工业应用的需要，NI 公司又开发了一系列与 LabVIEW 配合使用的软件包，如自动测试工具、可连接 25 种数据库的 SQL 工具、SPC 分析函数工具、信号处理套件、FPGA 工具、机器视觉与运动工具、PID 控制工具、图形控制工具等。

正因 LabVIEW 有如此多的优点，所以它在电子信息技术、测试测量、控制理论、振动分析、仿真与测试、儿童教育、跨平台设计等领域有着广泛应用。

本书主要讲述 LabVIEW 在电子信息技术尤其是在信号处理方面的应用。LabVIEW

除了可以使用户独立地完成电子信息类诸如模拟电路、数字电路等专业基础课和专业课的计算和实验学习外，还可以与信号与系统、通信原理、数字信号处理、数字图像处理等课程很好地结合起来，甚至完成电子信息类专业的综合大实验或毕业设计等任务，加深对抽象专业知识的直观理解，培养分析问题和解决问题的能力。

1.2.2　LabVIEW 的程序组成

LabVIEW 的核心是 VI。该环境包含三部分：程序前面板（Front Panel）、类似于源代码功能的程序框图（Diagram）和图标/连接端口。程序前面板用于设置输入数值和观察输出量，用于模拟真实仪表的前面板。在程序前面板上，输入量被称为控件（Controls），模拟了仪器的输入装置并把数据提供给 VI 的方框图；输出量被称为指示器（Indicators），模拟了仪器的输出装置并显示由程序框图获得或产生的数据。控件和显示是以各种图标形式出现在前面板上，如旋钮、开关、按钮、图表、图形等，这使得前面板直观易懂。

LabVIEW 中有两种类型的数据端口：控制端口和指示端口及节点端口。控制端口和指示端口用于前面板对象，当 VI 程序运行时，从控制输入的数据通过控制端传递到框图程序，供其中的程序使用，产生的输出数据在通过指示端口传输到前面板对应的指示中显示。每个节点端口都有一个或数个数据端口用于输入或输出。

用 LabVIEW 编制出的图形化 VI 是分层次和模块化的，可以将它用于顶层（Top level）程序，也可用作其他程序或子程序的子程序。一个虚拟仪器的图标被放置在另一个虚拟仪器的流程图中时，它就是一个子仪器（SubVI）。SubVI 在调用它的程序中同样是以一个图标的形式出现的。LabVIEW 依附并发展了模块化程序设计的概念，用户可以把一个应用题目分解为一系列的子任务，每个子任务还可以进一步分解成许多更低一级的子任务，直到把一个复杂的题目分解为许多子任务的组合。首先设计 SubVI 完成每个子任务，然后将之逐步组合成能够解决最终问题的 VI。

习　　题

1. 简述 G 语言的概念。
2. 简述虚拟仪器的概念及其构成方式。
3. LabVIEW 软件开发环境所具有的主要优点有哪些？
4. 以"虚拟仪器"、LabVIEW 为关键字通过网络搜索学习，结合自己的学科专业知识以及应用领域，写一篇学习心得。

第 2 章　LabVIEW 编程实现

本章将详细阐述 LabVIEW 的编程实现过程，讲述编辑程序代码的思路和方法。重点介绍 LabVIEW 的基本数据类型及其操作，以及在编程实现中用到的主要数据结构及其操作。另外，本章还对 LabVIEW 中的编程结构进行详细阐述，即对编程中要用到的控制函数和编程用法进行系统讲解，特别对循环结构、顺序结构、条件结构、事件结构、公式节点及在结构中常常使用的移位寄存器、隧道、反馈节点和自动索引等内容通过详尽的实例实现。在 LabVIEW 编程中局部变量、全局变量和属性节点的使用也作相关介绍。最后，本章再对程序的调试技巧进行介绍，还对 LabVIEW 中项目浏览窗口的使用和可执行文件的生成以及图形显示进行讲解。

2.1　基　本　概　念

视频讲解

使用 LabVIEW 开发平台编写的应用程序称为虚拟仪器程序，简称为 VI（Virtual Instrument）。设计编写程序时需要掌握以下基本概念。

- 前面板（Front Panel）：它是应用程序的界面，与用户直接接触的图形用户界面，由控制量（Controls）和显示量（Indicators）构成。
- 程序框图（Block Diagram）：又称代码窗口或流程图，是 VI 图形化的源程序，也是 VI 的核心。
- 图标/连接端口：它是 LabVIEW 作为 G 语言的特色之一，是图形化了的常量、变量、函数及 VIs 和 Express VIs。
- "工具"选板（Tools Palette）：它提供了各种用于创建、修改和调试程序的基本工具。
- "控件"选板（Controls Palette）：它包括了各种控制量（Controls）和显示量（Indicators），主要用来创建前面板中的对象，构成程序的界面。
- "函数"选板（Functions Palette）：它是创建框图程序的工具，包括了编写程序过程中用到的函数、VI 程序及 Express VI，主要用于构建程序框图中的对象。
- 子 VI 与子程序：在 LabVIEW 中也存在子程序的概念，在 LabVIEW 中的子程序被称作子 VI（SubVI）。

本书中所讲述的概念及编程实现是在 LabVIEW 2017 下完成的，如图 2-1 所示。在 LabVIEW 2017 的安装目录下，提供了大量的例程供用户参考学习，具体路径为"… \ National Instruments \ LabVIEW 2017 \ examples"。LabVIEW 2017 简化了分布式测试、测量和控制系统的设计，可帮助用户缩短产品上市时间。将 LabVIEW 2017 与 NI 成熟且可定制的硬件相结合（这些硬件的应用已有 30 多年之久），可开发和部署定制的大型工业和生产系统。NI 公司建议将 LabVIEW 2017 应用于设计智能机器或工业设备和工科课程教学领域。

每年 NI 公司都会发布新版的 LabVIEW 软件，在本书正式出版时，可能又会有新的 LabVIEW 版本发布了，相信它会给用户带来全新的体验与惊喜。

图 2-1　LabVIEW 2017 启动界面

2.1.1　前面板

前面板（Front Panel）是 LabVIEW 的重要组成部分，是图形用户界面，该界面上有用户输入控制和输出显示两类对象，用于模拟真实仪表的前面板。控制和显示是以各种各样的图标形式出现在前面板中，具体为旋钮、开关、图形、图标及其他的控制和显示对象等，如图 2-2 所示。

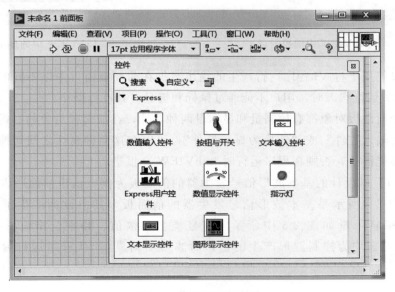

图 2-2　前面板开发窗口

LabVIEW 2017 所提供的用于前面板设计的控制量和显示量被分类安排于控件选板中，用户需要时可以根据对象的类型从各子选板中选取。前面板的对象按照类型可分为数值型、布尔型、字符串型、数组型、簇型、图形型等多种类型，除了专门用于装饰用途的控件以外，多数控件本质的区别在于其代表的数据类型不同，因此各种控件的属性和用途也有所差异。LabVIEW 2017 所提供的专门用于前面板设计的控制量和显示量可以设计出良好的前面板界面，更接近于真实的仪器仪表面板，构造出功能强大而又美观的程序界面。

1. 控制量（Controls）

在 LabVIEW 中，控制量以图形化的图标形式出现，如数值控制、旋钮、开关、按钮、滑动杆等，如图 2-3 所示，用户可以使用鼠标和键盘对其进行操作。

2. 显示量（Indicators）

在 LabVIEW 中，显示量以图形化的图标形式出现，如仪表、温度计、液罐、LED 指示灯、波形图等，如图 2-4 所示。

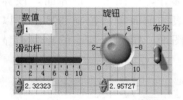

图 2-3　LabVIEW 中的控制量

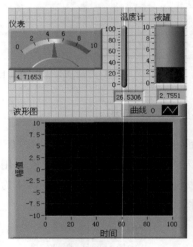

图 2-4　LabVIEW 中的显示量

显示量只能用于将 VI 程序运行产生的输出数据在前面板窗口中以不同的形式显示出来，在 VI 处于运行状态时，用户不能通过鼠标和键盘对其进行操作。

任何一个前面板对象都有控制量和显示量两种属性，在前面板对象的右键弹出选项中选择"转换为输入控件"或"转换为显示控件"，可以在这两种属性之间切换。值得注意的是，两者不能混淆，否则在程序运行时 LabVIEW 会报错。

【例 2.1.1】以设计的基本波形信号发生器的前面板为例，认识前面所讲述的控制量和显示量。图 2-5 所示是基本波形信号发生器的前面板，其中设计产生了三角波形信号。控制量和显示量如图 2-5 中所示，信号类型、幅值、频率、相位、方波占空比（％）及停止按钮均为控制波形产生的量，而波形图则显示 VI 程序运行后的输出波形数据。

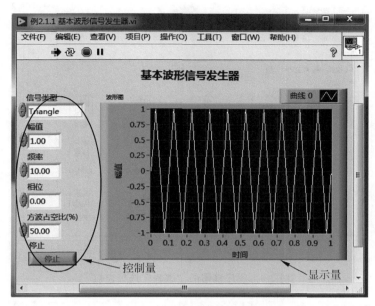

图 2-5　基本波形信号发生器前面板

2.1.2　程序框图

程序框图又称代码窗口或流程图，是 VI 图形化的源程序，是 VI 的核心。在程序框图中对 VI 编程，以控制和操纵定义在前面板上的输入和输出等功能。程序框图中包含前面板上控制量和显示量的连线端子，还有前面板上没有但编程必须有的元素，如函数、结构和连线等。在前面板的工具栏中可以通过选择"窗口"→"显示程序框图"命令打开程序框图，也可以使用快捷键 Ctrl＋E 来完成。图 2-6 所示即为程序框图中"函数"选板"编程"的部分 VI。图 2-7 所示为程序框图的开发编辑窗口，单击图 2-7 中的各项即可得到具体函数的 VI。

"函数"选板是程序框图中一些 VI 小程序和函数的集合，根据 VI 程序与函数的功能特性、用途，可以将"函数"选板分为几大类，最重要的函数如下所示。

- 编程：包含编程中最基本的一些函数，如程序结构、数值、数组、字符串、簇、布尔、定时、报表、文件 I/O、波形操作等。
- 测量 I/O：包含系统测量常用的一些输入/输出函数。
- 仪器 I/O：包含一些仪器的输入/输出驱动，如串口、GPIB、VISA 等。
- 视觉与运动：包含一些运动的效果函数。
- 数学：几乎包含了所有种类的数学运算函数，如数值运算、线性代数拟合、概率统计、积分与微分、多项式、最优化、脚本与公式等。
- 信号处理：包含对信号的处理操作函数，如波形生成、调理、测量、信号运算、加窗、滤波器、信号变换、谱分析等。
- 数据通信：包含在 LabVIEW 中通信的函数，如局部变量、全局变量、共享变量、队列操作、同步、协议等。

图 2-6　程序框图的"编程"选板窗口

图 2-7　程序框图的开发编辑窗口

- Express：包含有输入/输出、信号操作、信号分析、执行过程控制、算术与比较等一些经典函数。
- 选择 VI：包含用户在调用子 VI 时查找要调用的 VI。

程序框图是由节点、端点、图框和连线四种元素构成的。

1. 节点

节点是 VI 程序中的执行元素，类似于文本语言程序的语句、函数或者子程序。节点之间由数据连线按照一定的逻辑关系相互连接，定义程序框图内的数据流动方向。LabVIEW 有两种节点类型——函数节点和子 VI 节点。两者的区别在于：函数节点是 LabVIEW 以编译好的机器代码供用户使用的，而子 VI 节点是以图形语言形式提供给用户的。用户可以访问和修改任一子 VI 节点的代码，但无法对函数节点进行修改。

2. 端点

端点是只有一路输入/输出，且方向固定的节点。LabVIEW 有三类端点——前面板对象端点、全局与局部变量端点和常量端点。对象端点是数据在框图程序部分和前面板之间传输的接口。一般来说，一个 VI 的前面板上的对象（控制或显示）都在框图中有一个对象端点与之一一对应。当在前面板创建或删除面板对象时，可以自动创建或删除相应的对象端点。控制对象对应的端点在框图中是用粗线框框住的。常量端点永远只能在 VI 程序框图中作为数据流源点。

3. 图框

图框是 LabVIEW 实现程序结构控制命令的图形表示，如循环控制、条件分支控制和顺序控制等，用户可以使用它们控制 VI 程序的执行方式。代码接口节点（CIN）是框图程序与用户提供的 C 语言文本程序的接口。

4. 连线

连线是端口间的数据通道。它们类似于普通程序中的变量。数据是单向流动的，从源端口向一个或多个目的端口流动。不同的线型代表不同的数据类型。在彩色显示中，每种数据类型以不同的颜色予以标示。图 2-8 所示是一些常用数据类型所对应的线型和颜色。

		标量	一维数组	二维数组
整型数	蓝色			
浮点数	橙色			
逻辑量	绿色			
字符串	粉色			
文件路径	青色			

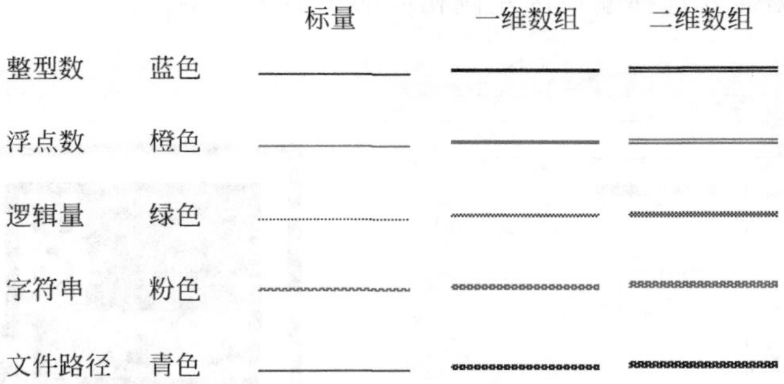

图 2-8　一些常用数据类型所对应的线型和颜色

图 2-9 所示是基本波形信号发生器的程序框图。

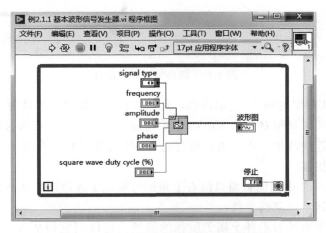

图 2-9　基本波形信号发生器的程序框图

2.1.3 子 VI 与子程序

和其他文本编程语言一样，在 LabVIEW 中也存在子程序的概念。在 LabVIEW 中的子程序称为子 VI（SubVI）。SubVI 相当于常规编程语言中的子程序，在 LabVIEW 中，用户可以把任何一个 VI 当作 SubVI 来调用。因此，使用 LabVIEW 编程时，也应与其他编程语言一样，尽量采用模块化编程的思想，有效利用 SubVI，以提高 VI 的运行效率。基于 LabVIEW 图形化编程语言的特点，在 LabVIEW 环境中，SubVI 也是以图标的形式出现的，在使用时，需要定义其数据输入/输出的端口。

2.1.4 图标/连接端口

图标/连接端口是 SubVI 被其他 VI 调用的接口。图标是子 VI 在其他程序框图中被调用的节点表现形式；而连接端口则表示节点数据的输入/输出口，就像传统编程语言子程序的函数参数端口。用户必须指定连接器端口与前面板的控制和显示一一对应。在软件默认的情况下前面板和程序框图的右上角显示活动的 VI 的图标。启动图标编辑器的方法是，右击面板窗口右上角的默认图标，在弹出的快捷菜单中选择"编辑图标"。

图 2-10 所示为图标编辑器的窗口。可以用窗口右边的各种工具设计编辑区中的图标形状。用户可以根据需要选择编辑区左侧相应的功能进行编辑。

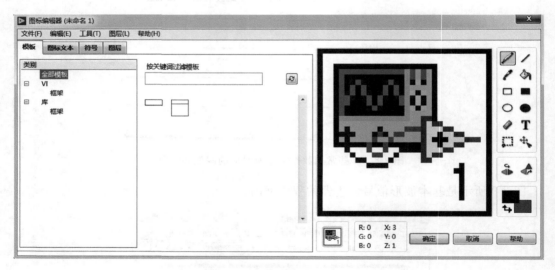

图 2-10 图标编辑器的窗口

连接端口是 VI 数据的输入/输出接口，是与 VI 控件量和显示量对应的一组端子。如果用面板控制对象或者显示对象从 SubVI 中输出或者输入数据，那么这些对象都需要在连接器面板中有一个连线端子。用户可以通过选择 VI 的端子数并为每个端子指定对应的前面板对象以定义连接器。

在 LabVIEW 2017 中前面板窗口的右上角同时显示了连接器，选择的端子数取决于前面板中控制对象和显示对象的个数。

连接器中的各个矩形表示各个端子所在的区域，可以用它们从 VI 中输入或者输出数据。如果必要，也可以选择另外一种端子连接模式。方法是在图标上右击，在弹出的快捷菜单中选择"模式"，如图 2-11 所示，定义了 36 种不同连接器的模式，SubVI 最多可用端子数是 28 个。若要改变连接器端子的空间排列方式，可以选择如图 2-11 中的"旋转 90 度""水平翻转""垂直翻转"。

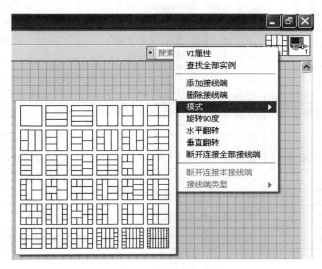

图 2-11　"模式"中端子模板

2.1.5　"工具"选板

"工具"选板（Tools Palette）提供了各种用于创建、修改和调试程序的基本工具。在启动 LabVIEW 2017 后，并没有显示"工具"选板，用户可以在前面板或者程序框图窗口中选择"查看"→"工具"选板命令显示该选板。如图 2-12 所示，若使用某种工具，只需要使用鼠标单击该工具图标即可。

图 2-12　"工具"选板

表 2-1 描述了"工具"选板中的各工具的名称和功能。

表 2-1　LabVIEW 2017"工具"选板名称和功能一览表

图　标	名　称	功　能
※ ▬▬	自动选择工具	单击自动选择工具后，当鼠标在前面板或者程序框图对象图标上移动时，系统可以自动从"工具"选板上选择相应的工具，方便用户操作

图　标	名　称	功　能
	操作值	用于操作前面板的控制和显示。使用它向数字或字符串控制中键入值时，工具会变成标签工具
	定 位/调整大小/选择	用于选择、移动或缩放对象的大小。当它用于改变对象的连框大小时，会变成相应形状
	编辑文本	用于输入标签文本或者在窗口中创建标注、自由标签。当创建自由标签时它会变成相应形状
	进行连线	用于在程序框图中节点端口之间连线，或定义 SubVI 的端口。当把该工具放在程序框图的任一条连线上时，就会显示相应的数据类型
	对象快捷菜单	单击鼠标左键可以弹出对象的属性菜单，与单击鼠标右键功能相同
	滚动窗口	使用该工具就可以不需要使用滚动条而在窗口任意移动对象
	设置/清除断点	使用该工具在 VI 的程序框图对象上设置或清除断点
	探针数据	可在程序框图的数据流线或节点上设置探针，通过探针窗口来监视调试程序过程中该数据流线上的数据变化
	获取颜色	使用该工具来提取颜色用于编辑其他对象
	设置颜色	用来给对象定义颜色。它也显示出对象的前景色和背景色

2.1.6　"控件"选板

"控件"选板（Controls Palette）包括各种控制量和显示量，主要用来给前面板设置各种所需要的输出显示对象和输入控制对象，构成程序的界面，每个图标代表一类子选板，如数值输入控件、按钮与开关、指示灯等控件。在启动 LabVIEW 2017 后，如果没有显示该选板，用户可以在前面板的空白处右击，以弹出"控件"选板，或者在前面板窗口中选择"查看"→"控件"选板命令显示该选板。

在 LabVIEW 2017 的"控件"选板中有 8 个 Express 子选板，其功能是只放置 Express 前面板对象，在"函数"选板中同样存在 Express 子选板，其功能是可以使用户以一种极为便捷的方式创建和使用 LabVIEW 前面板对象或程序框图中的其他 VI 函数。有关 Express 的内容介绍，将在本书的 2.1.8 节中作详细介绍。

为了使前面板更加形象和美观，LabVIEW 2017 中提供了"新式""银色""系统""经典"四种样式，供用户选择使用。以"新式"为例的"控件"选板提供了 LabVIEW 所有的前面板对象，如图 2-13 所示，其中，每个图标为子选板，要显示具体控件需要打开该子选板，若使用该选板，只需要单击即可。

表 2-2 描述了"控件"选板中的"Express"子选板的名称和功能。表 2-3 描述了"控件"选板"新式"子选板的名称和功能。

表 2-2　"Express"子选板的名称和功能一览表

图　标	名　称	功　能
数值输入控件	数值输入控件 Express VI	各种数值输入控件，包括数值、滑动杆、旋钮、转盘等

图　　标	名　　称	功　　能
按钮与开关	按钮与开关 Express VI	各种布尔控件和显示器，包括开关和按钮等
文本输入控件	文本输入控件 Express VI	包括字符串输入、文本/菜单下拉列表、文件路径输入控件等
数值显示控件	数值显示控件 Express VI	各种数值显示器，包括数值显示、进度条、刻度条、仪表、量表、液灌、温度计等
指示灯	指示灯 Express VI	LED 指示灯，包括方形指示灯、圆形指示灯
文本显示控件	文本显示控件 Express VI	包括字符串显示、Express 表格、文件路径显示控件
图形显示控件	图形显示控件 Express VI	以图形化的形式显示数据，包括波形图表、波形图和 Express XY 图
Express用户控件	Express 用户控件	放置用户定义的前面板对象控件

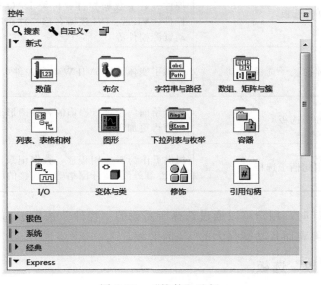

图 2-13　"控件"选板

表 2-3　"新式"子选板的名称和功能

图　标	名　称	功　能
数值	数值量子选板	提供各种数字型的控制量和显示量，包括数字式、指针式显示表盘及各种输入框、显示框，数字控件的类型可以分为整型、浮点型、双精度型等
布尔	布尔量子选板	提供各种表示布尔量的控制与显示对象，包括各种布尔开关、按钮及指示灯等
字符串与路径	字符串与路径子选板	提供表示字符串、路径与组合列表框控件，包括字符串、文件路径及组合框等
数组、矩阵与簇	数组、矩阵与簇子选板	提供表示数组、矩阵与簇的控制与显示对象，包括数组、簇、实数矩阵、复数矩阵、错误输入/输出 3D 等
列表、表格和树	列表、表格和树子选板	提供包括列表框、多列列表框、树形控件内的多种控件
图形	图形显示子选板	提供各种形式的图形显示对象，包括波形图表、波形图、XY 图、强度图、混合信号图、各种三维曲线及曲面等显示对象
下拉列表与枚举	下拉列表与枚举子选板	提供文本下拉列表、菜单下拉列表、图片下拉列表、文本与图片下拉列表及枚举等控件
容器	容器子选板	提供了水平/垂直分隔栏、.NET 容器、ActiveX 容器、选项卡控件等
I/O	I/O 子选板	提供与仪器 I/O 相关的控件，包括波形控件、数字波形控件、数字数据控件、传统 DAQ 通道、DAQmx 名称控件、VISA、IVI 逻辑名称控件、IMAQ 会话句柄、运动资源控件等
变体与类	变体与类子选板	提供了变体、LabVIEW 对象控件
修饰	修饰子选板	用于给前面板进行修饰的各种图形对象，使得前面板界面变得更加美观
引用句柄	引用句柄子选板	提供了作为对应应用程序、数据记录、设备、网络（TCP/UDP/红外线/蓝牙网络等）连接的引用标识号

　　在进行程序设计时，用户可以通过选择所需要的"控件"选板子选板或者子选项板中的控件创建出界面美观而且功能强大的 VI 前面板。

2.1.7　"函数"选板

　　与"控件"选板相对应的"函数"选板（Functions Palette）是创建框图程序的工具，按照功能的不同，也包括了编写程序过程中用到的函数、VI 程序及 Express VI，主要用于构建程序框图中的对象。每个图标代表一类子选板，如结构、数值、数组、布尔量、字符串等编程函数。在启动 LabVIEW 2017 后，如果没有显示该选板，用户可以在程序框图的空白处右击，以弹出"函数"选板，或者在程序框图窗口中选择"查看"→"函数"选板命令可以显示该选板。

在安装 LabVIEW 2017 及相应的工具包后，其程序框图的"函数"选板中编程、测量 I/O、仪器 I/O、数学、信号处理、Express、视觉与运动、数据通信、FPGA 接口、选择 VI 等子函数选板，如图 2-7 所示。展开图 2-7 中每一个子函数选板的"▶"后，用户可以根据编程需求选择相应的函数，"函数"选板中"Express"函数子选板和"编程"函数子选板分别如图 2-14 和图 2-15 所示，其余部分的函数子选板在后续相应章节中详细介绍。同样，要显示具体函数需要打开该子选板，若使用该选板，只需要单击即可。

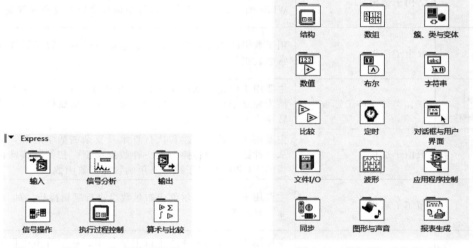

图 2-14　"Express"函数子选板　　　　　图 2-15　"编程"函数子选板

表 2-4 总结了"函数"选板中的"Express"子选板的名称和主要功能。表 2-5 总结了"函数"选板中的"编程"子选板的名称和主要功能。

表 2-4　"Express"子选板的名称和主要功能一览表

图　标	名　称	功　能
输入	输入信号 Express VI	主要用于收集数据、采集信号或仿真信号等各种仪器的输入，如仿真任意信号、声音采集等
信号分析	信号分析 Express VI	主要用于对波形的测量、波形生成、信号分析和处理，如信号频谱测量、失真测量、滤波器等
输出	输出信号 Express VI	主要用于将数据保存到文件、生成报表、输出实际信号、与仪器进行通信及向用户提示信息，如仪器 I/O 助手、写入测量文件、播放波形等
信号操作	信号操作 Express VI	主要用于对信号进行操作及执行对数据类型转换，如合并/拆分/选择信号、从动态数据转换等

图　标	名　称	功　能
执行过程控制	执行过程控制 Express VI	主要用在 VI 中添加定时结构，控制 VI 的执行过程，如 While 循环、平铺式顺序结构、条件结构、时间延迟及已用时间
算术与比较	算术与比较 Express VI	主要用于执行算术运算，对布尔、字符串及数值进行比较，如公式、时域数学、Express 数值/数学/布尔/比较等

表 2-5　"编程"子选板的名称和主要功能一览表

图　标	名　称	功　能
结构	结构子选板	用来设计程序的顺序、分支和循环等结构，如 For 循环、While 循环、条件结构、事件结构及全局变量和局部变量等
数组	数组子选板	用于数组的创建和操作，如数组运算函数、数组转换函数及常数数组等
簇、类与变体	簇、类与变体子选板	主要用于创建和操作簇和 LabVIEW 类，将 LabVIEW 数据转换为独立于数据类型的格式，为数据添加属性及将变体数据转换为 LabVIEW 数据
数值	数值子选板	主要用于对数值创建和执行算术及复杂的数学运算，或将数从一种数据类型转换为另一种数据类型；初等与特殊函数选板的 VI 和函数用于执行三角函数和对数函数
布尔	布尔子选板	主要用于对单个布尔值或布尔数组进行逻辑操作，如与、或、非、异或等
字符串	字符串子选板	主要用于合并两个或两个以上字符串、从字符串中提取子字符串、将数据转换为字符串、将字符串格式化用于文字处理或电子表格应用程序
比较	比较子选板	主要用于对布尔值、字符串、数值、数组和簇的比较
定时	定时子选板	主要用于控制运算的执行速度并获取基于计算机时钟的时间和日期
对话框与用户界面	对话框与用户界面子选板	主要用于创建提示用户操作的对话框
文件I/O	文件 I/O 子选板	主要用于打开和关闭文件、读写文件、在路径控件中创建制定的目录和文字、获取目录信息，将字符串、数字、数组和簇写入文件
波形	波形子选板	主要用于生成波形（包括波形值、通道、定时及设置和获取波形的二属性和成分）

图　　标	名　　称	功　　能
 应用程序控制	应用程序控制子选板	主要用于通过编程控制位于本地计算机或网络上的 VI 和 LabVIEW 应用程序,此类 VI 和函数可同时配置多个 VI
 同步	同步子选板	主要用于同步并行执行的任务并在并行任务间传递数据,如通知器操作、队列操作、集合点等
 图形与声音	图形与声音子选板	主要用于创建自定义的显示、从图片文件导入导出数据及播放声音,如图片绘制、蜂鸣声等
 报表生成	报表生成子选板	主要用于 LabVIEW 应用程序中报表的创建及相关操作,也可使用该选板中的 VI 在书签位置插入文本、标签和图形

2.1.8　Express VI

从 LabVIEW 7.0 开始,LabVIEW 提供了丰富的 Express 技术,在之后的版本中,Express 得到了不断加强,Express VIs 是一种特殊的 VIs,它把一些常用的基本函数封装为更加智能、功能更加丰富的函数,通过选择所需要的 Express VI 即可以用很少的步骤实现功能完善的测试系统,对于复杂的系统,利用 Express VI 可以大大减轻用户的编程负担,也能简化程序。LabVIEW 2017 中 Express VIs 有 50 多个,在使用时,用户只需选择相应的 Express VI 就可以通过属性设置对话框对函数进行详细配置采集、分析和显示等功能。如滤波器 Express VI,在其属相对话框中可以选择滤波器的类型（高通、低通、带通、带阻、平滑）、截止频率、拓扑（Butterworth、Chebyshev、反 Chebyshev、椭圆、贝塞尔）及滤波器的阶数,在右边的波形窗口还动态显示输入信号和经过滤波后的输出信号的波形（查看的模式有信号、频谱、传递函数）。滤波器 Express VI 的属性窗口如图 2-16 所示。

以基本波形信号发生器程序为例,利用基本 VI 实现其编程的前面板和程序框图如图 2-5 和图 2-9 所示。现在使用 Express VI 编写实现同样功能的程序。

【例 2.1.2】使用 "Express VI" 编写的基本波形信号发生器。步骤如下。

(1) 从 "函数" 选板的 "Express" 子选板中的 "信号分析 Express VI" 子选板中选取 "仿真信号 Express VI",弹出其属性对话框并进行配置,放置在程序框图的适当位置。

(2) 在其弹出的属性对话框进行配置仿真信号,如图 2-17 所示。从信号类型中选择三角波信号（可以选取的其他信号还有正弦、方波、锯齿波、直流信号）,单击 "确定" 关闭配置仿真信号对话框。

(3) 在 "仿真信号 Express VI" 的频率、幅值及相位三个输入数据端口右击,从弹出的快捷菜单中选择 "创建输入控件",新建三个控制量,分别用于控制三角波的频率、幅值及相位。在三角波形的输出数据端口中右击,从弹出的快捷菜单中选择 "创建图形显示控件",新建一个显示量,用于显示三角波的输出。

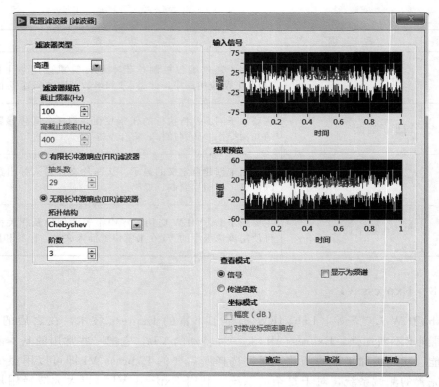

图 2-16 滤波器 Express VI 的属性窗口

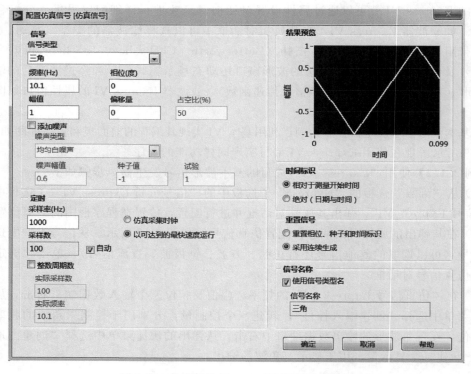

图 2-17 仿真信号 Express VI 的配置对话框

（4）从"函数"选板的"Express"子选板中的"执行过程控制 Express VI"子选板中选取"While 循环 Express VI"，将当前程序框图上的所有对象框入它的图框中，使得三角波形能够持续显示。

（5）从"函数"选板的"Express"子选板中的"执行过程控制 Express VI"子选板中选取"时间延迟 Express VI"，弹出如图 2-18 所示的配置对话框，输入 0.1，表明"时间延迟 Express VI"延时 0.1 秒，

图 2-18　"时间延迟 Express VI"的配置对话框

单击"确定"按钮，将"时间延迟 Express VI"放置在"While 循环 Express VI"中，使得每一次循环延时 0.1 秒。

该三角波形发生器的程序框图如图 2-19 所示，运行程序观察程序运行的结果，其运行结果的前面板如图 2-20 所示。

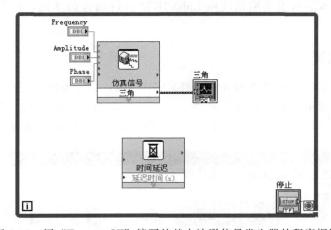

图 2-19　用"Express VI"编写的基本波形信号发生器的程序框图

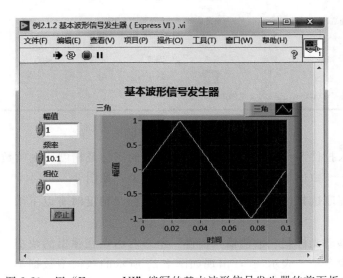

图 2-20　用"Express VI"编写的基本波形信号发生器的前面板

　　对比使用两种不同的编程方法实现的基本波形信号发生器的程序，可以看到使用 Express VIs 可以使 LabVIEW 的程序变得更加清晰明了，使用也更加简单，只需要简单配置 Express VIs 的属性对话框便可以直接使用这些 Express VIs。

2.2　数据类型与操作

　　与 C、C++ 等基于文本模式的编程语言一样，LabVIEW 的程序设计中也会涉及常量、变量、函数的概念及各种数据类型，LabVIEW 中的数据按照其功能被分为控制量和显示量，前者主要用于用户控制程序运行和向程序传递数据，后者主要用于数据的显示；按照其数据类型被分成了整型或者各种精度的浮点型、布尔型、字符串、动态数据类型等多种数据类型，在 LabVIEW 中根据其边框颜色的不同可以区分其数据类型。

　　LabVIEW 几乎支持所有的数据类型，数据可以自由联合到一种数据结构中，满足程序设计的需要。基本的数据类型是使用 LabVIEW 进行编程的基础，也是构成复合数据类型的基础。

2.2.1　数值型

　　数值型是一种基本的数据类型，在 LabVIEW 2017 中分类比较详细。在一般情况下，数据类型隐含在控制量、显示量及常量中。在启动 LabVIEW 2017 后，前面板中常用数值类型的对象包含在"控件"选板→"新式"→"数值"子选板中，如图 2-21 所示。

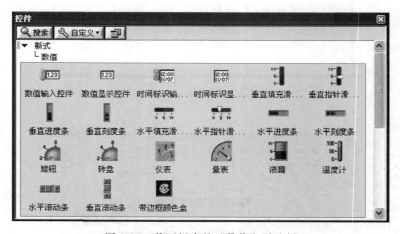

图 2-21　前面板中的"数值"子选板

　　以"数值输入控件"为例讲述数值型数据类型的图标及精度。在"数值"子选板中选取一个控件对象——数值输入控件，放置在前面板上，如图 2-22 所示。

　　用户在编写程序选择使用数值型数据类型的图标及精度时有以下两种方法。

　　一种方法是移动光标到"数值输入控件"上，右击，在弹出的快捷菜单中选择菜单命令项"表示法"，出现如图 2-23 所示的数值型数据类型图标及精度子菜单命令项。

图 2-22　数值输入控件

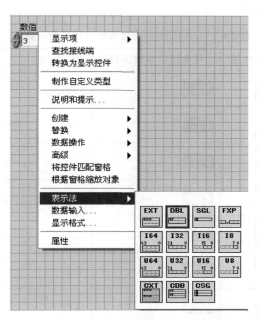

图 2-23　"表示法"菜单下数值型数据类型图标及精度子菜单

　　另一种方法是移动光标到"数值输入控件"上，右击，在弹出的快捷菜单中选择菜单命令项"属性"，选择"数据类型"→"表示法"，也可以出现如图 2-24 所示的数值型数据类型图标及精度子菜单命令项。

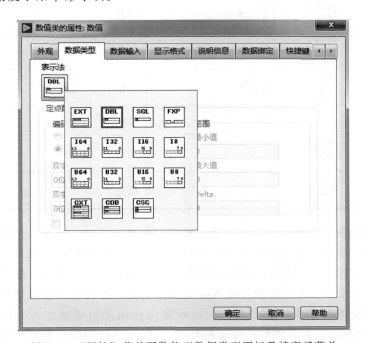

图 2-24　"属性"菜单下数值型数据类型图标及精度子菜单

LabVIEW 2017 中常用的数值型的数据类型、表示方法、在程序框图中的图标、其颜色及数值范围如表 2-6 所列。

表 2-6　LabVIEW 中的数值型数据类型一览表

数　据　类　型	表示方法	程序框图中的图标	颜　　色	数　值　范　围
无符号 8 位整型	U8	U8	蓝色	$0\sim255$
无符号 16 位整型	U16	U16	蓝色	$0\sim65\,535$
无符号 32 位整型	U32	U32	蓝色	$0\sim4\,294\,967\,295$
无符号 64 位整型	U64	U64	蓝色	$0\sim1.844\,7e19$
有符号 8 位整型	I8	I8	蓝色	$-128\sim127$
有符号 16 位整型	I16	I16	蓝色	$-32\,768\sim32\,767$
有符号 32 位整型	I32	I32	蓝色	$-2.147\,5e9\sim2.147\,5e9$
有符号 64 位整型	I64	I64	蓝色	$-9.223\,4e18\sim9.223\,4e18$
单精度浮点型	SGL	SGL	橙色	$-Inf\sim Inf$
双精度浮点型	DBL	DBL	橙色	$-Inf\sim Inf$
扩展精度	EXT	EXT	橙色	$-Inf\sim Inf$
定点型	FXP	FXP	灰色	无
单精度复数	CSG	CSG	橙色	无
双精度复数	CDB	CDB	橙色	无
扩展精度复数	CXT	CXT	橙色	无

但对于数值型数据类型来说，随着数据精度的提高和所表示数据范围的扩大，其占用的内存空间和消耗的系统资源也会增大，所以，为了提高程序的运行效率，在满足用户使用要求的条件下，用户应该尽量选择精度和数据范围相对小的数值型数据类型。

另外，表 2-6 中列出的是控制量的数值型数据类型，控制量和显示量在图标的显示上是不同的，控制量图标用粗边框框住，而显示量图标用细边框框住，而且表示数据端口"▶"的位置和方向也是有区别的，如无符号 16 位整型数值型的控制量和显示量的图标分别被显示为 U16▶ 和 ▶U16 。

C、C++等基于文本模式的传统编程语言将数据分为变量和常量两种。LabVIEW 2017

也定义了数值型常量，与之前所述数值型变量不同的是，LabVIEW 中的数值型常量不出现在前面板的窗口中，即在前面板上没有与之对应的控制量，数值型常量只存在于程序框图中，用户可以在程序框图的空白处右击，以弹出"函数"选板→"编程"→"数值"子选板，或者"函数"选板→"数学"→"数值"子选板，如图 2-25 所示。

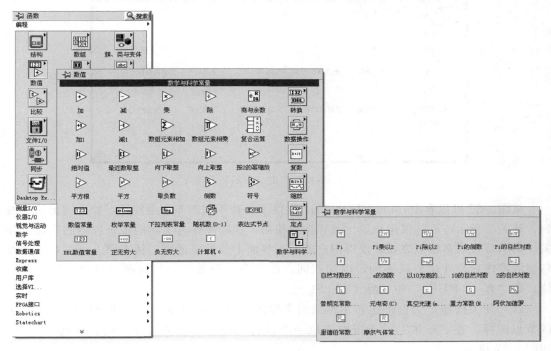

图 2-25　数值型常量

从图 2-25 中可以看到"数值常量"节点，用户可以使用该节点在程序框图中放置一个数值常量，使用鼠标可以右击该数值常量，选择相应的菜单改变其数据类型，使用方法与"数值输入控件"类似，这里不再赘述。

在程序框图的设计过程中，为了方便用户编程，LabVIEW 还为用户提供了如图 2-25 所示的一些常用的常量，如常数 π、普朗克常数、元电荷、真空中的光速、阿伏伽德罗常数等，这些常数的数值是固定的，在程序设计中用户不能修改这些数值常量。

值得注意的是，LabVIEW 前面板对象（变量）中的数值可以在程序运行过程中由用户根据需要对其改变或者由程序动态赋值，但是数值型常量只能在编程时用户事先设定，一旦程序处于运行状态后，常量的数值就是一个常数，不能改变。

2.2.2　布尔型

LabVIEW 2017 数据类型除了数值型数据类型以外，还有布尔型数据类型，布尔型即逻辑型，与其他高级语言类似，布尔型的取值只有"真（TRUE）"和"假（FALSE）"两个值。

在启动 LabVIEW 2017 后，前面板中常用布尔型的对象包含在"控件"选板→"新式"→"布尔"子选板中，如图 2-26 所示。位于"控件"选板上的布尔型控件可用于创建按钮、开关和指示灯等，布尔型控件用于输入并显示布尔值（TRUE/FALSE）。例如，监控一个实验的温度时，可在前面板上放置一个布尔警告灯，当温度超过一定水平时，即发出警告。

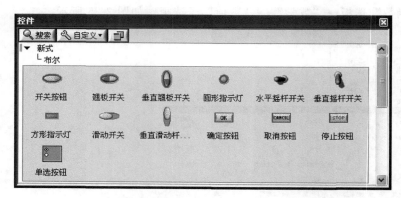

图 2-26　前面板中的"布尔"子选板

从图 2-26 可以看出，LabVIEW 2017 提供了各种不同的布尔型控件，如不同形状的按钮、开关、指示灯等，供用户设计编程选择使用，这些控件与实际的传统仪器的按钮、开关、指示灯有很多相似之处，使得用户的编程界面十分形象逼真。从本质上而言，这些布尔型的控件只是外观形状不同，内涵相同，都是布尔型数据，只有两个可以选择的数据值，即"真（TRUE）"和"假（FALSE）"。

以"开关按钮"为例讲述布尔型数据类型的前面板的图标及在程序框图中与之对应的节点图标。在"布尔"子选板中选取一个控件对象——开关按钮，放置在前面板上，如图 2-27 所示。

（a）前面板中"开关按钮"控件图标　　　（b）程序框图中"开关按钮"控件节点图标

图 2-27　"开关按钮"控件在前面板和程序框图中的图标

在布尔型变量对象的数据操作中，开关和按钮对象有一个独特的属性，它们主要是对一些动作的反应，即用户可以定义其机械动作，它们的动作方式涉及整个系统的操作性能。机械动作的设计是 LabVIEW 程序设计的一个特色，利用这一特色，用户在前面板上放置的布尔型开关、按钮等对象，在控制过程中像传统的实际仪器一样更加具有真实感，给用户以操作一台真实仪器的感觉。

用户在编写程序选择使用布尔型开关、按钮等对象的机械动作时有以下两种方法。

一种方法是移动光标到"开关按钮"上，右击，在弹出的快捷菜单中选择菜单命令项"机械动作"，出现如图 2-28 所示的"机械动作"子菜单命令项。

另一种方法是移动光标到"开关按钮"上，右击，在弹出的快捷菜单中选择菜单命令项"属性"，选择"操作"→"按钮动作"，也可以出现如图 2-29 所示的"按钮动作"子菜单命令项。

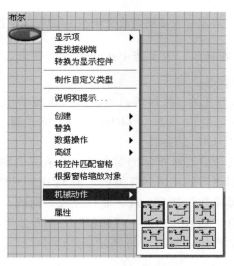

图 2-28 "机械动作"子菜单命令项

图 2-29 "属性"菜单下"按钮动作"子菜单命令项

各机械动作的含义如下。

- ：单击时转换。表示按下按钮时改变状态。按下其他按钮之前保持当前状态。

- ：释放时转换。表示释放按钮时改变状态。释放其他按钮之前保持当前状态。

- ：保持转换直到释放。表示按下按钮时改变状态。释放按钮时返回原状态。

- ：单击时触发。表示按下按钮时改变状态。LabVIEW 读取控件值后返回原状态。

- 　：释放时触发。表示释放按钮时改变状态。LabVIEW 读取控件值后返回原状态。

- 　：保持触发直到释放。表示按下按钮时改变状态。释放按钮且 LabVIEW 读取控件值后返回原状态。

LabVIEW 为这些布尔型开关、按钮等对象定义的机械动作具有非常重要的意义，这些动作表示了一个布尔变量由"真（TRUE）"变到"假（FALSE）"或者由"假（FALSE）"变到"真（TRUE）"的条件。

在 LabVIEW 的程序设计中，对布尔型对象的操作在条件判断等场合时非常重要的。与基于文本模式的传统编程语言的逻辑运算类似，LabVIEW 2017 为用户提供了大量的布尔运算函数，这些布尔运算函数包括与、或、非、异或、同或、或非、与非、蕴含等。在程序框图设计窗口下，打开"函数"选板→"编程"→"布尔"子函数选板，就可以看到用户常用的布尔运算函数的图标，如图 2-30 所示。

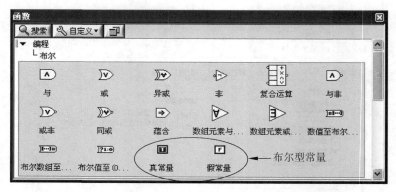

图 2-30　"布尔"子函数选板中常用的布尔运算函数

【例 2.2.1】以布尔运算中"与"和"或"为例编写程序比较显示指示灯的亮灭状态。实现该例程的前面板和程序框图如图 2-31 所示。

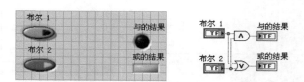

图 2-31　"与"和"或"操作指示灯亮/灭状态的前面板和程序框图

通过运行该程序，结果显示：当两个布尔型输入量全为真时，"与"的结果输出才为真，指示灯亮，否则指示灯灭；当两个布尔型输入量全为假时，"或"的结果输出才为假，指示灯灭，否则指示灯亮。

与数值型数据类型类似，LabVIEW 2017 中布尔型数据也有相应的布尔型常量，与之前所述数值型常量相同的是，LabVIEW 中的布尔型常量也不出现在前面板的窗口中，即在前面板上没有与之对应的控制量，布尔型常量也只存在于程序框图中，用户可以在程序框图的空白处右击，以弹出"函数"选板→"编程"→"布尔"子函数选板，如图 2-30 所示，这里提供了供用户选择使用的"真常量"和"假常量"。

2.2.3　字符串与路径

字符串是 LabVIEW 中一种基本的数据类型，所谓字符串指的是一串 ASCII 码的集合，是一个字符序列。LabVIEW 2017 提供了功能强大的字符串控件和字符串运算功能函数，用来对字符串的种类进行处理，用户不需要再像 C 语言中一样为字符串的操作编写烦琐的程序，使得编程实现非常方便简单。

值得注意的是，字符串中的字符有些是可显示的，有些则是不可显示的。在 LabVIEW 中，除了通常的字符串应用外，用户在进行仪器控制操作、设计串行设备通信、读写文本文件及传递文本信息时，字符串都是非常有用的。因此用户掌握并灵活运用字符串对编程至关重要。

路径也是一种特殊的字符串，专门用于对文件路径的处理。

1. 字符串

在 LabVIEW 的前面板上，使用最频繁的字符串控件包含在"控件"选板→"新式"→"字符串与路径"子选板中，如图 2-32 所示，它主要是用于字符串的输入和显示等操作。其中"字符串输入控件"和"字符串显示控件"分别是字符串的控制量和显示量。

图 2-32　前面板中"字符串与路径"子选板

在程序框图设计窗口下，打开"函数"选板→"编程"→"字符串"子函数选板，LabVIEW 2017 为用户提供了大量的字符串处理函数及字符串常量节点，如图 2-33 所示。字符串处理函数用于返回字符串的长度、从字符串中截取一段字符串、将数据转换为字符串、替换子字符串、电子表格字符串至数组转换等操作。另外可以使用该"函数"选板中的常量节点在程序框图中创建相应的字符串常量，如空格常量、字符串常量、空字符串常

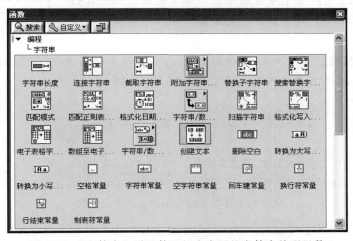

图 2-33　"字符串"子函数选板中常用的字符串处理函数

量、回车键常量、换行符常量等。

下面使用实例对字符串的创建与显示以常用的字符串处理函数作详细介绍。

【例2.2.2】字符串的创建与显示。

字符串可以在前面板上创建，也可以在程序框图上创建。新建一个 VI，在前面板上放置如图 2-32 中的"字符串输入控件"和"字符串显示控件"，切换到程序框图设计的窗口中，可以看到与前面板上"字符串输入控件"和"字符串显示控件"相对应的节点。实现该例程的前面板和程序框图如图 2-34 所示。用户在输入或者输出字符串时，可以使用鼠标拖动控件一角来缩放字符串控件的大小。

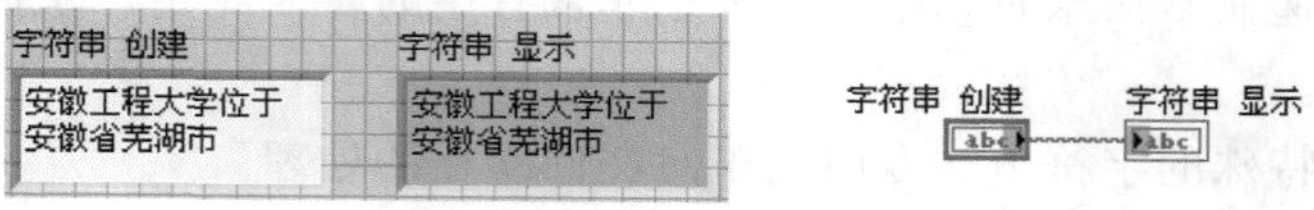

图 2-34　字符串的创建与显示

★说明：通过字符串控件的右键快捷菜单可以设置字符串的一些特殊属性，"字符串输入控件"和"字符串显示控件"可以四种方式显示，如图 2-35 所示。

- 正常显示：按照通常的方式显示字符串。在这种方式下，显示键入的所有字符串，但是有的字符在这种方式下不可显示，如制表符、ESC 等。

- '\'代码显示：所有不可显示字符显示为反斜杠。用户可以使用该方式查看正常显示下不可显示的字符代码，在程序调试、向仪器或其他外设传输控制字符时经常使用该种显示方式。如"\s"代表空格符、"\n"代表换行符、"\r"代表回车符、"\b"代表退格符、"\f"代表进格符等。

- 密码显示：每一个字符（包括空格在内）显示为"*"。这种显示方式主要用于输入口令或密码。

- 十六进制显示：每个字符显示为其十六进制的 ASCII 值，字符本身并不显示。这种显示方式主要用于程序调试及与仪器进行通信。

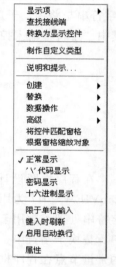

图 2-35　"字符串输入控件"右键快捷菜单

四种不同的显示方式比较如图 2-36 所示，每个字符串均为"Anhui Polytechnic University"且在输入字符串完成后按 Enter 键。

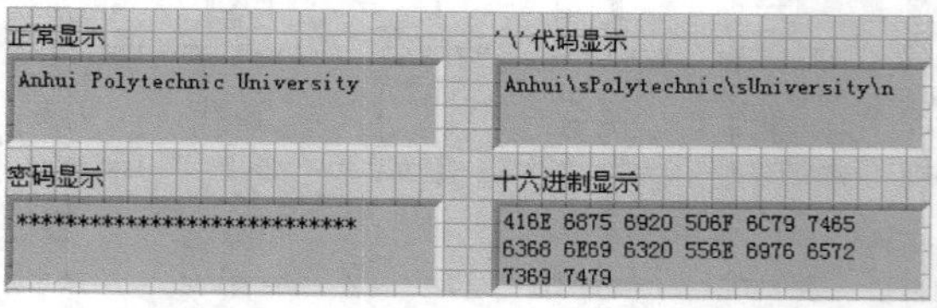

图 2-36　字符串四种不同显示方式比较

【例2.2.3】字符串长度函数。该函数用于计算字符串的长度，以字节为单位，值得注意的是，在字符串中，一个汉字的长度是"2"。实现该例程的前面板和程序框图如图 2-37 所示。

图 2-37　字符串长度函数

【例 2.2.4】连接字符串函数。该函数用于连接输入字符串和一维字符串数组作为输出字符串。对于数组输入，该函数连接数组中的每个元素。右击函数，在弹出的快捷菜单中选择"添加输入"，或调整函数大小，均可向函数增加输入端。实现该例程的前面板和程序框图如图 2-38 所示。

图 2-38　连接字符串函数

【例 2.2.5】截取字符串函数。该函数用于返回输入字符串的子字符串，从偏移量位置开始，包含指定长度的字符。需要注意的是，偏移量是起始位置并且必须为数值。字符串中第一个字符的偏移量为 0。长度必须为数值，子字符串如偏移量大于字符串的长度，或长度小于等于 0，则值为空。如长度大于或等于字符串长度减去偏移量，则子字符串是从偏移量开始的剩余部分。实现该例程的前面板和程序框图如图 2-39 所示。

图 2-39　截取字符串函数

【例 2.2.6】转换为大写/小写字母函数。该函数用于将字符串中的所有字母字符转换为大写/小写字母。使字符串中的所有数字作为 ASCII 字符编码处理。实现该例程的前面板和程序框图如图 2-40 所示。

图 2-40　转换为大写/小写字母函数

【例 2.2.7】格式化写入字符串函数和扫描字符串函数。前者用于使字符串路径、枚举型、时间标识、布尔或数值数据格式化文本。后者用于扫描输入字符串，然后依据格式字符串进行转换。明确知道输入的格式时，可使用该函数。输入可以是字符串路径、枚举型、时间标识或数值。另外，可使用扫描文件函数，在文件中扫描文本。实现该例程的前面板和程序框图如图 2-41 所示。

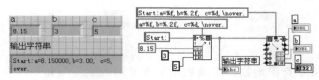

图 2-41　格式化写入字符串函数和扫描字符串函数

【例 2.2.8】数组至电子表格字符串转换函数和电子表格字符串至数组转换函数。前者用于使任何维数的数组转换为字符串形式的表格（包括制表位分隔的列元素、独立于操作系统的 EOL 符号分隔的行），对于三维或更多维数的数组而言，还包括表头分隔的页。后者用于使电子表格字符串转换为数组，维度和表示法与数组类型一致，该函数适用于字符串数组和数值数组。有关数组的相应知识将在稍后的 2.3.1 节中讲述。实现该例程的前面板和程序框图如图 2-42 所示。

【例 2.2.9】格式化日期/时间字符串函数。该函数用于通过时间格式代码指定格式，按照该格式使时间标识的值或数值显示为时间。例如，%c 可显示依据地域语言设定的日期/时间。时间相关格式代码为%X（指定地域时间），%H（小时，24 小时），%I（小时，12 小时），%M（分钟），%S（秒），%<digit>u（分数秒，精度<digit>），%p（AM/PM）。日期相关格式代码为%x（指定地域日期），%y（两位年份），%Y（四位年份），%m（月份），%b（月名缩写），%d（一个月中的天值），%a（星期名缩写）。实现该例程的前面板和程序框图如图 2-43 所示。

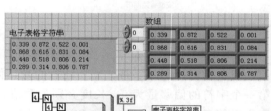

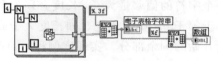

图 2-42　数组至电子表格字符串转换函数和电子表格字符串至数组转换函数

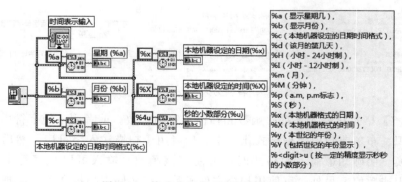

图 2-43　格式化日期/时间字符串函数

【例 2.2.10】字符串基本函数实例。实现该例程的前面板和程序框图如图 2-44 所示。

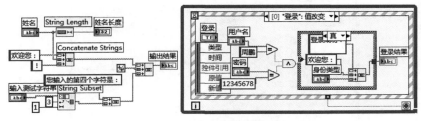

图 2-44　字符串基本函数实例

除此之外，LabVIEW 2017 为用户提供了大量的字符串处理函数及字符串常量节点，以上针对于常用的字符串处理函数做了举例说明，其余更详尽的字符串处理函数需要用户在设计编程时进行详细了解和掌握，这里不再一一赘述。

2. 组合框

组合框在 LabVIEW 的前面板上，其控件包含在"控件"选板→"新式"→"字符串与路径"子选板中，如图 2-32 所示。它主要是对界面上一些字符的输入做特殊控制。组合框是一种特殊的字符串，除了具有字符串的一般功能外，还添加了一个字符串列表，在列表中，用户可以预先设定几个预定的字符串供选择使用，如下拉列表的控制、密码的输入等。右击该控件，在弹出的快捷菜单中选择"属性"，弹出"组合框属性：组合框"对话框，如图 2-45 所示。

图 2-45　组合框属性

在图 2-45 中可以在"编辑项"中进行组合框"值与项值匹配"操作，在如图 2-44 所示的例 2.2.10 字符串基本函数实例中的"身份类型"即为组合框，其属性如图 2-46 所示。

图 2-46　"身份类型"组合框属性

3. 路径

文件路径对象也是一种特殊的字符串对象，专门用于处理文件的路径，可与 LabVIEW 的文件 I/O 节点配合使用。文件路径对象在 LabVIEW 的前面板上，其控件包含在"控件"选板→"新式"→"字符串与路径"子选板中，如图 2-32 所示。用户可以使用"文件路径输入控件"和"文件路径显示控件"来输入和显示文件的路径，实现该例程的前面板和程序框图如图 2-47 所示。

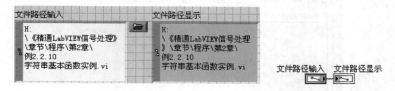

图 2-47　"文件路径输入"控件和"文件路径显示"控件

2.3　数　据　结　构

视频讲解

同其他基于文本模式的编程语言一样，LabVIEW 的程序设计中也提供了各种数据结构。所谓数据结构指的是数据的组织方式，是用来反映一个数据的内部构成，即一个数据由哪些成员数据构成、以什么方式组织、呈现出什么样的结构。在 LabVIEW 中，数组、簇结构、矩阵及波形数据都是一些数据成员的集合。因此，对数组、簇结构、矩阵及波形数据这几种数据类型进行操作的过程，实际上就是数据结构的问题。LabVIEW 2017 为上述数据类型的创建和使用提供了大量灵活快捷的工具，使编程效率大幅提高。在本节中，主要介绍数组、簇结构、矩阵、波形数据的概念及编程使用，学习 LabVIEW 编程必须掌握并能够灵活运用这几种数据类型。另外，在 LabVIEW 中还有一种比较特殊的叫作"变体"的数据结构，有关于"变体"的内容将在第 7 章介绍。

2.3.1　数组

数组与其他编程语言中的数组的概念是相同的，是一种常用的数据类型。在 LabVIEW 中，数组是由相同类型数据元素组成的大小可变的集合，除了不能创建数组的数组、子面板控件数组、.NET 控件、ActiveX 控件数组、图表数组、多曲线 XY 图形数组外，可以创建数值型、布尔型、字符串型、路径型等多种类型的数组。在对一组相似数据进行操作并重复计算时，可以考虑使用数组。数组还适用于存储从波形收集的数据或者在循环中生成的数据（每次循环生成数组中的一个元素）。数组由元素和维度组成，元素是组成数组的数据，维度是数组的长度、高度或深度。

大多数数组是一维数组，是一行或一列数据，即一个向量；少数是二维数组，由若干行数据和若干列数据组成，即一个矩阵；极少数是三维或者多维数组。每一维最多可有 $2^{31}-1$ 个元素，对数组中每个数据元素的访问可以通过数组索引实现，索引的范围是 $0\sim n-1$，其中 n 是数组中元素的个数，数组中的每个数据元素成员都有一个唯一的索引值。

数组经常用一个循环来创建，其中，For 循环是最佳的，因为 For 循环的次数是用户编程时预先设定的，在循环开始前它已经分配好了内存；而 While 循环无法做到这点，因为 LabVIEW 无法知道 While 循环要循环多少次。

1. 数组的创建与显示

在 LabVIEW 中，可以有多种方法创建数组，用户可以在前面板上创建数组，也可以在程序框图上创建数组，用户还可以用函数、VIs 及 Express VIs 动态生成数组数据。

在启动 LabVIEW 2017 后，前面板中，数组、矩阵与簇在一个选板中，其对象包含在"控件"选板→"新式"→"数组、矩阵与簇"子选板中，如图 2-48 所示，这些控件主要是数组的建立框架，数组是控制量还是显示量决定于放入框架的数组成员的类型。

图 2-48　数组控件

在程序框图设计窗口下，数组函数式独立存在，打开"函数"选板→"编程"→"数组"子函数选板，LabVIEW 2017 为用户提供了大量的数组处理函数及数组常量节点，如图 2-49 所示。详细使用参考每个函数的"即时帮助信息"。

1）在前面板上创建数组

打开前面板，通过以下方式可以在前面板上创建一个数组输入控件或者显示控件：先在前面板上放置一个如图 2-48 所示的数组控件中的数组外框，然后将一个数据对象或元素拖放到该数组外框内，数据对象或元素可以是数值、布尔值、字符串、路径、引用句柄、簇输入控件或者显示控件，如图 2-50 所示。

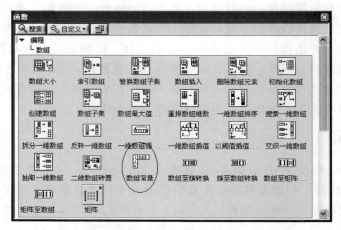

图 2-49　"数组"子函数选板

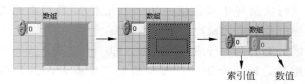

图 2-50　前面板上数值型数组创建

　　如需在前面板上创建一个多维数组，右击索引框，在弹出的快捷菜单中选择"添加维度"。也可以把鼠标放在左边索引框上，当出现可变动图标时，拖动改变索引显示框的大小，直到出现所需要的维数。如图 2-51 所示。如果用户想要减少数组的维数，可以从快捷菜单中选择"删除维度"或者在索引框的边界拖动网状拐角来改变数组的维数。

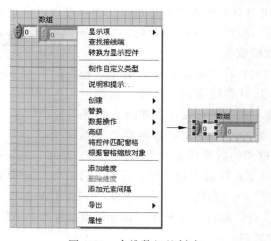

图 2-51　多维数组的创建

　　二维数组需要两个索引（行索引和列索引）来定位一个元素。三维数组需要三个索引，由页、行和列组成，每一页可以看成是一个二维数组。通常，n 维数组需要有 n 个索引，索引的范围是 $0 \sim n-1$。图 2-52 所示是一个二维数组的创建。

如果尝试拖动一个非法的输入控件或者显示控件（比如 XY 图）到数组外框内，是无法将输入控件或者显示控件放入数组外框中的。

2）在程序框图上创建数组

在程序框图中创建数组与前面板上创建数组类似。不同的是前面板上创建的是数组变量，可以是控制量，也可以是显示量；程序框图上创建的数组一般是常量。通过以下方式进行创建：先在程序框图上放置一个如图 2-49 所示的"数组"子函数选板中的数组常量外框，然后将数值常量、布尔型常量、字符串常量、簇常量等拖放到该数组常量外框内。数组常量用于存储常量数据或者用于同另一个数组进行比较，也用于将数据传输到子 VI。创建过程如图 2-53 所示。

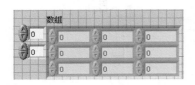

图 2-52 二维数组的创建

图 2-53 程序框图上字符串型数组常量的创建

有关多维数组常量的创建与在前面板上创建类似，这里就不再赘述。

另外，数组常量可以转换为输入控件或者显示控件，具体操作为右击数组常量，在弹出的快捷菜单中选择"转换为输入控件"或"转换为显示控件"即可，如图 2-54 所示。

在使用程序框图中的数组之前，必须先在数组外框中插入一个对象，否则，数组接线端会显示为一个黑色的空括号，数组中没有和它相关联的数据类型。

3）使用循环结构创建数组

使用 For 循环或 While 循环的自动索引功能可以非常方便地创建数组，其中，For 循环是最佳的。将数组连线到 For 循环或者 While 循环时，通过自动索引可将每次迭代与数组中的一个元素相连，右击隧道，可在弹出的快捷菜单中选择"启用索引"或者"禁用索引"，可以切换隧道的状态。有关 For 循环、While 循环、隧道及自动索引的相关知识以及实例分析将在 2.4 节详细讲述。

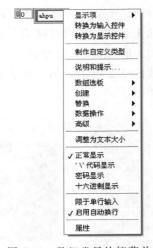

图 2-54 数组常量快捷菜单

2. 数组应用实例

【例 2.3.1】初始化数组。初始化数组是把数组中的每一个元素都赋为一个固定的值，在初始化过程中可以设置数组的维数。使用"初始化数组函数"实现的前面板和程序框图如图 2-55 所示。

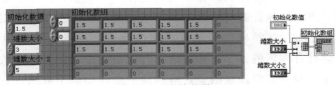

图 2-55 初始化数组

【例 2.3.2】 从一个二维数组中取出某一行、某一列的所有元素和某一个元素。VI 的前面板和程序框图如图 2-56 所示。由程序可知，使用"索引数组函数"从一个二维数组中取出第 3 行和第 1 列的所有元素，以及第 2 行第 1 列的一个元素。

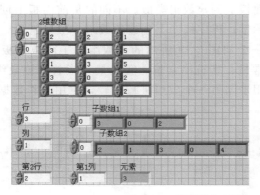

图 2-56   索引数组函数

【例 2.3.3】 获取波形时间数组。该程序会调用"··· \ National Instruments \ LabVIEW 2017 \ examples \ Waveform \ Support VIs"目录下"简单正弦波形［Simple Sine Waveform. vi]"范例，输入所需开始波形的频率和幅值并运行 VI。该 VI 将创建 1000 点的正弦波，提取时间值并通过以下方程创建 X 值的集合：$t + a * \cos (2 * PI * f * t)$，其中 t 是时间，a 是幅值，f 是频率，该数据集将与原始数据一起创建一组用于描述参数曲线的 XY 点集，然后在 XY 图形中绘制该曲线。实现该例程的前面板和程序框图如图 2-57 所示。

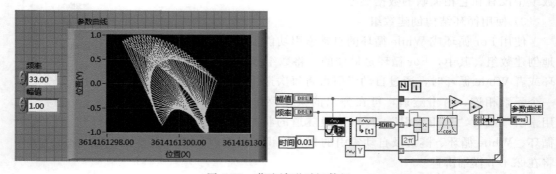

图 2-57   获取波形时间数组

2.3.2   簇

簇是 LabVIEW 中一种比较特别而又常用的复合类型数据，用于分组数据，相当于文本编程语言中的记录或结构体。簇与数组有两个重要的区别：一是簇可以包含不同的数据类型，如数值型、布尔型、字符串型等数据类型的集合，而数组只能包含相同的数据类型；另一个区别是簇具有固定的大小，在程序运行时不能添加元素，而数组的长度在程序运行时可以自由改变。但是需要注意的是，有些簇的操作类似于数组，它们两者之间可以相互转换。簇也是由控制量和显示量组成的。

在使用 LabVIEW 编写程序的过程中，用户不仅需要相同数据类型的集合——数组来进行数据的组织，而且也需要将不同数据类型的数据集合起来以实现更加有效的功能，比如统计某一个班级的学生姓名、学号、年龄及成绩等信息，不能使用数组，只能使用簇来实现。另外，将几个数据元素捆绑成簇可消除程序框图上的混乱连线，减少子 VI 所需的连线板接线端的数目。连线板最多可拥有 28 个接线端。如果前面板上要传送给另一个 VI 的输入控件和显示控件多于 28 个，则应将其中的一些对象组成一个簇，然后为该簇分配一个连线板接线端。因此，在 LabVIEW 编写程序中，掌握簇这种数据类型的使用是非常重要的。

1. 簇的创建与显示

在 LabVIEW 中，簇的创建和数组类似，既可以在前面板上创建簇，也可以在程序框图上创建簇。

在启动 LabVIEW 2017 后的前面板中，数组、矩阵与簇在一个选板中，其对象包含在"控件"选板→"新式"→"数组、矩阵与簇"子选板中，如图 2-58 所示。需要说明的是，这些控件主要是簇的建立框架，簇作为一个整体，只能为输入控件或者显示控件，所以变量被拖入簇中成为簇的元素后，都统一变成输入控件或显示控件。簇不能同时含有输入控件和显示控件。

图 2-58　簇控件

在程序框图设计窗口下，簇函数式独立存在，打开"函数"选板→"编程"→"簇、类与变体"子函数选板，LabVIEW 2017 为用户提供了大量的簇处理函数及簇常量节点，如图 2-59 所示。详细使用参考每个函数的"即时帮助信息"。

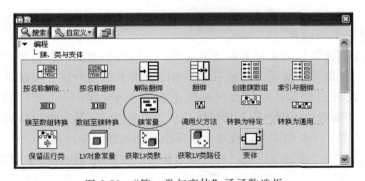

图 2-59　"簇、类与变体"子函数选板

1）在前面板上创建簇

打开前面板，通过以下方式可以在前面板上创建一个簇：先在前面板上放置一个如图 2-58 所示的簇控件中的簇框架，然后将一个数据对象或元素拖曳到该簇框架内，数据对象或元素可以是数值、布尔值、字符串、路径、引用句柄、簇输入控件或者显示控件，如图 2-60 所示。

图 2-60　前面板上簇的创建

右击簇框，在弹出的快捷菜单中选择"自动调整大小"→"调整为匹配大小"，此时系统自动调整簇的大小边框，如图 2-61 所示。

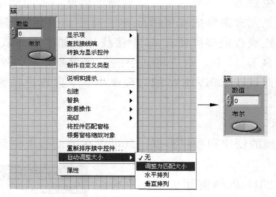

图 2-61   匹配后的簇

簇中的元素有自己的逻辑顺序，与它们在簇框架内的位置无关，簇元素按照放入簇框架内的先后顺序排序，簇内第一个元素的序为 0，第二个是 1，依次类推。如果删除某个元素，该顺序会自动调整。簇顺序决定了簇元素在程序框图中的"捆绑"和"解除捆绑"函数中作为接线端出现的顺序，如果将一个簇与另一个簇连接，这两个簇必须有相同数目的元素，簇元素的顺序和类型也必须兼容。例如，如一个簇中的双精度浮点数值在顺序上对应于另一个簇中的字符串，那么程序框图的连线将显示为断开且 VI 无法运行。如数值的表示不同，LabVIEW 会将它们强制转换成同一种表示法。

如果想改变簇内元素的序，右击簇边框，在弹出的快捷菜单中选择"重新排列簇中控件"，这时会出现一个窗口，在该窗口内可以查看和修改簇元素的顺序，如图 2-62 所示。

2）在程序框图上创建簇

在程序框图中创建簇与前面板上创建簇类似。不同的是前面板上创建的是簇变量，可以是控制量，也可以是显示量；程序框图上创建的簇一般是常量。通过以下方式进行创建：先在程序框图上放置一个如图 2-59 所示的"簇、类与变体"子函数选板中的簇常量外框，尽量拖放得大一些，然后将数值常量、布尔型常量、字符串常量、枚举常量等拖放到该簇常量外框内。簇常量用于存储常量数据或者用于同另一个簇进行比较。右击簇常量框，在弹出的快捷菜单中选择"自动调整大小"→"调整为匹配大小"，此时系统自动调整簇的大小边框，创建过程如图 2-63 所示。

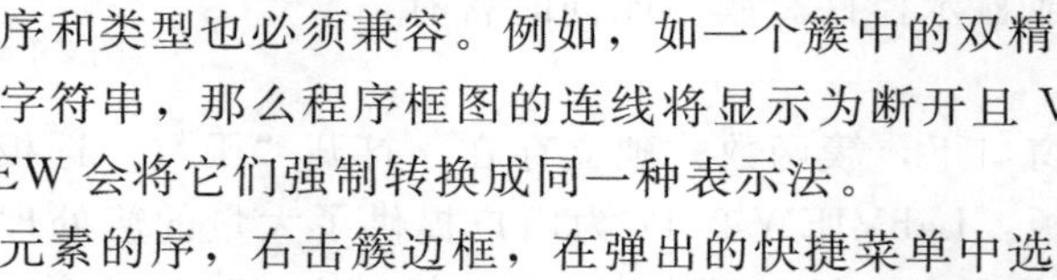

图 2-62   重新排列簇中控件

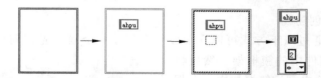

图 2-63   程序框图上簇常量的创建

对簇常量的元素同样也可以改变它们的顺序，与前面板的设置类似，这里不再赘述。另外，簇常量可以转换为输入控件或者显示控件，具体操作为右击簇常量，在弹出

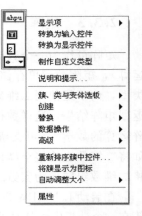

的快捷菜单中选择"转换为输入控件"或"转换为显示控件"即可，如图 2-64 所示。

在使用程序框图中的簇之前，必须先在簇框架中插入对象，否则无法使用。

2. 簇函数使用实例

用户对簇的结构数据类型的操作，主要是通过位于"函数"选板上相应的簇函数节点完成的，使用簇函数创建簇并对其进行相应的操作，图 2-59 给出了 LabVIEW 2017 中簇处理函数节点。簇函数可以执行以下类似操作：

- 从簇中提取单个数据元素。
- 向簇添加单个数据元素。
- 将簇拆分成单个数据元素。

图 2-64　簇常量快捷菜单

【例 2.3.4】创建簇、捆绑簇、解除捆绑簇。该例程学习创建簇、解除捆绑簇，再捆绑簇并且在另一个簇中显示其内容。VI 的前面板和程序框图如图 2-65 所示。

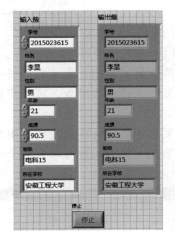

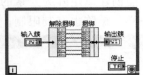

图 2-65　创建簇、捆绑簇、解除捆绑簇

【例 2.3.5】创建簇数组。在数组的学习中已经知道不能创建数组的数组。该例程使用"创建簇数组函数"节点把一个输入簇和一个簇常量作为该函数节点的输入，创建一个一维簇数组。VI 的前面板和程序框图如图 2-66 所示。

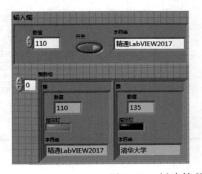

图 2-66　创建簇数组

2.3.3　矩阵

矩阵可作为一个数据采集的方式进行数据处理。对于矩阵运算（尤其是一些线性代数运算），矩阵数据可存储实数或复数标量数据的行或列，故在矩阵运算中应使用矩阵数据类型，而不是使用二维数组表示矩阵数据。执行矩阵运算的数学 VI 接收矩阵数据类型并返回矩阵结果，这样数据流后续的多态 VI 和函数就可执行特定的矩阵运算。如不执行矩阵运算的数学 VI 可支持矩阵数据类型，则该 VI 会自动将矩阵数据类型转换为二维数组。如将二维数组连接至默认为执行矩阵运算的 VI，根据二维数组的数据类型，该 VI 会自动将二维数组转换为实数或复数矩阵。

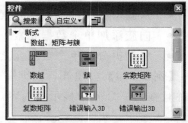

在启动 LabVIEW 2017 后，前面板中，数组、矩阵与簇在一个选板中，其对象包含在"控件"选板→"新式"→"数组、矩阵与簇"子选板中，如图 2-67 所示。

在程序框图设计窗口下，矩阵函数的操作也很多，分布在不同的子函数选板中，如在"函数"选板→"数学"→"线性代数"和"函数"选板→"数学"→"线性代数"→"矩阵"子函数选板，LabVIEW 2017 为用户提供了大量

图 2-67　矩阵控件

的矩阵函数，如图 2-68 所示。详细使用参考每个函数的"即时帮助信息"。

大多数数值函数支持矩阵数据类型和矩阵运算。例如，乘函数可将一个矩阵与另一个矩阵或数字相乘。通过基本数值数据类型和复数线性代数函数，可创建执行精确矩阵运算的数值算法。

一个实数矩阵包含双精度元素，而一个复数矩阵包含由双精度数组成的复数元素。矩阵只能是二维的。不能创建以矩阵为元素的数组。捆绑函数可联合两个或更多的矩阵以创建一个簇。与数组一样，矩阵也有其限制。

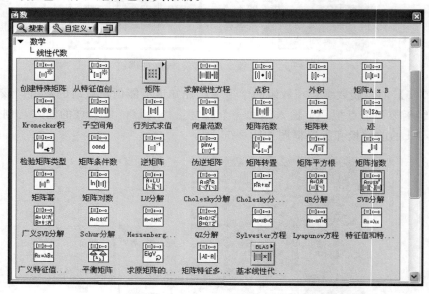

图 2-68　矩阵函数

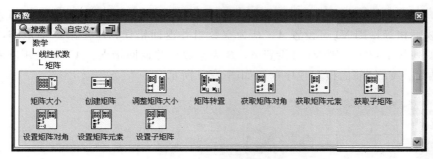

图 2-68　矩阵函数（续）

　　矩阵函数可对矩阵中的元素、行和列进行操作。矩阵函数返回矩阵数据类型。例如，使用索引数组提取一行或一列矩阵，生成一行或一列矩阵，而不是标量值组成的数组。使用创建矩阵函数，组合该矩阵和其他数组，生成一个矩阵，而非标量组成的二维数组。如 VI 减少了矩阵维数，则需要将数据转换为一维数组或一个双精度浮点数或复数。如使用一维数组或数字重新创建一个二维结构，LabVIEW 将生成一个二维数组而非原来的那个矩阵。需要注意的是，VI 或函数将数据在矩阵和二维数组之间进行转换时，该 VI 或函数上将出现强制转换点。由于 LabVIEW 保存矩阵和二维数组的方式相同，这种数据转换并不会影响整体性能。

　　许多多态函数支持矩阵数据类型，并会返回矩阵数据类型，即使运算本身是基于数组的。如程序框图中的函数或子 VI 将矩阵数据类型转换成了二维数组，且数据流中的后续运算基于数组，则将矩阵转换为数组，并对数组数据进行运算，然后在需要时（如使用线性代数 VI 时）用"数组至矩阵转换"函数将数组转换为矩阵。需要注意的是，如程序框图中子 VI 接收矩阵数据类型但返回二维数组，则将数组连接到默认接收矩阵数据类型的多态 VI 或函数时，无须将得到的数组再转换回矩阵。如将数据存储为矩阵，则"数组至矩阵转换"函数将数据转换回矩阵。

　　【例 2.3.6】 求解任一 3×3 矩阵的逆矩阵。该例程中使用"Inverse Matrix.vi"矩阵运算函数实现，其中，矩阵类型有四种：0，普通；1，正定；2，下三角；3，上三角。矩阵类型是输入矩阵的类型。了解输入矩阵的类型可加快逆矩阵的计算，减少不必要的计算，提高计算的正确性。本例中采用普通类型。VI 的前面板和程序框图如图 2-69 所示。

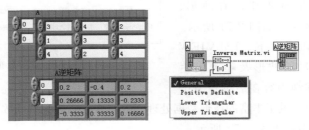

图 2-69　矩阵的逆矩阵

　　【例 2.3.7】 两个实数矩阵相乘。该例程中使用"矩阵 $A \times B$.vi"矩阵运算函数实现，使两个输入矩阵或输入矩阵和输入向量相乘。连线至 A 和 B 输入端的数据类型可确定要使用的多态实例。在使用"矩阵 $A \times B$.vi"矩阵运算函数实现两个实数矩阵相乘时，需要注意的是：**A** 是第一个矩阵，**A** 的列数必须与 **B** 的行数相等，并且必须大于 0，如 **A** 的列数与 **B** 的行数不相等，则 VI 可设置 **A**×**B** 为空数组并返回错误；**B** 是第二个矩阵，如 **B** 的行数与 **A** 的列数不相等，则 VI 可设置 **A**×**B** 为空数组并返回错误。**A**×**B** 是矩阵 **A** 与矩阵 **B** 相乘的结果。VI 的前面板和程序框图如图 2-70 所示。

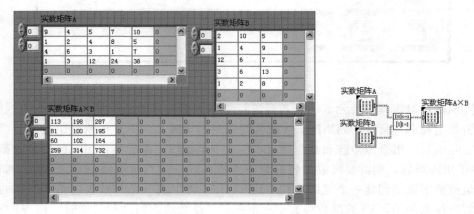

图 2-70　两个实数矩阵相乘

有关其他矩阵运算函数，用户可以根据不同的需要选择使用。

2.3.4　波形数据

波形数据是 LabVIEW 为数据采集与处理而提供的一种专门的数据结构。从某种意义上说，这种数据结构类似于"簇"，由一系列不同数据类型的数据构成，但同时又有和"簇"不同的特点，例如，波形数据可以由一些波形发生函数或 VI 直接产生，可以作为数据采集后的数据通过波形显示函数或 VI 进行显示和存储。

在启动 LabVIEW 2017 后的前面板中，波形数据对象包含在"控件"选板→"新式"→"I/O"子选板中，有波形、数字波形、数字数据等，如图 2-71 所示。

在程序框图设计窗口下，LabVIEW 2017 除了提供了大量的波形及噪声发生器函数外（该部分详细内容在后续章节中

图 2-71　波形数据控件

具体阐述），还为用户提供了丰富的波形数据处理函数，这些函数在"函数"选板→"编程"→"波形"子函数选板中，如图 2-72 所示。

图 2-71 中波形控件和数字波形控件用于表示采集或生成的波形和数字波形。LabVIEW 在默认状态下以波形数据类型表示模拟波形，如正弦波或方波。一个波形数据类型的一维数组表示多个波形。LabVIEW 在默认状态下以数字波形数据类型表示数字波形。

波形控件和数字波形控件由起始时间 $t0$、dt、波形数据 Y 和属性四个元素组成。波形

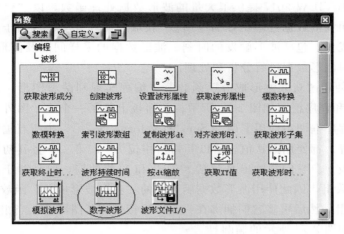

图 2-72　波形函数

VI 和函数用于访问和操作波形的各组成部分。

（1）起始时间 $t0$：起始时间 $t0$ 是相对于波形中第一个测量点的时间标识。起始时间用于同步一个多曲线波形图或多曲线数字波形图上的曲线，并用于指定波形之间的延迟。

（2）dt：dt 是信号中两个数据点之间的间隔，以秒为单位。

（3）波形数据 Y：波形数据和数字波形数据表示波形的值。任意数据类型的数组可表示模拟波形数据。数字数据类型表示一个数字波形并将数字数据显示在一个表格中。

（4）属性：属性包括信号的各种信息（如信号名称、采集信号的设备等），使用设置波形属性函数可设置属性，而获取波形属性函数可读取属性。

需要注意的是：如将波形数据类型转换为动态数据类型，可使用设置动态数据属性 Express VI 和获取动态数据属性 Express VI 分别设置和读取动态数据的属性。设置和读取属性之前，上述 Express VI 自动将动态数据类型转换为波形数据类型。动态数据类型用于 Express VI。

默认情况下，波形控件和数字波形控件只显示起始时间 $t0$、dt 和波形数据 Y 三个元素，在相应的控件上右击，在弹出的快捷菜单中选择"显示项"→"属性"，可显示该控件属性，波形控件创建如图 2-73 所示。

图 2-73　波形控件创建

图 2-72 中 LabVIEW 2017 提供了大量的波形数据处理函数，以"获取波形成分"函数节点为例，说明波形数据处理函数的应用。"获取波形成分"函数用于从生成的波形中提取和操作波形成分，包括波形触发的时刻、波形数据的采样间隔及波形数据的提取等，用户可以方便地对波形数据进行分析和处理。

【例 2.3.8】 使用"获取波形成分"函数节点编程实现利萨育图形，并利用 XY 图显示。VI 的前面板和程序框图如图 2-74 所示。前面板上除了一个 XY 图外，还有一个相位差输入控件。在程序框图中使用了两个 Sine Waveform.vi。第一个所有输入参数（包括频率、幅值、相位等）都使用默认值，所以其初始相位为 0；第二个将其初始相位作为一个控件放置到前面板上。它们的输出是包括 $t0$、dt 和 Y 值的簇，但是对于 XY 图只需要其中的波形数据 Y 数组，因此使用波形数据函数中的"获取波形成分"函数分别提取出各自的波形数据 Y 数组，然后再将它们捆绑在一起，连接到 XY 图即可。当相位设置为 45°时，运行程序，得到如图 2-74 所示的椭圆。

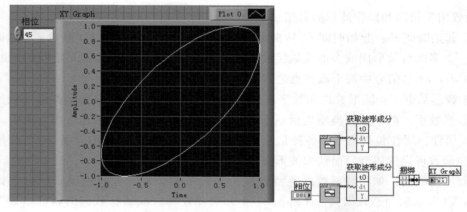

图 2-74 "获取波形成分"函数节点实现利萨育图形

2.4 程 序 结 构

程序的流程控制是程序设计的一项非常重要的内容，直接关系到程序的质量和执行效率。对于 LabVIEW 基于图形化的编程方式和数据流驱动的语言，程序流程显得更为重要。结构是程序流程控制的节点和重要因素。启动 LabVIEW 2017，在程序框图设计窗口下，打开"函数"选板→"编程"→"结构"子函数选板，如图 2-75 所示。LabVIEW 2017 提供了多种方式用于程序的流程控制，如循环结构（For 循环、While 循环、定时循环）、条件结构、事件结构、顺序结构（平铺式、层叠式）、定时结构、公式节点、变量及反馈节点等。在 LabVIEW 中，结构控制函数在程序框图窗口中是一个大小可以调节的方框，在该方框内编写该结构控制的图形代码，不同结构之间可以通过连线交换数据。LabVIEW 2017 提供的多种程序结构极大地方便了程序设计的实现，使得程序设计结构化变得灵活简洁。

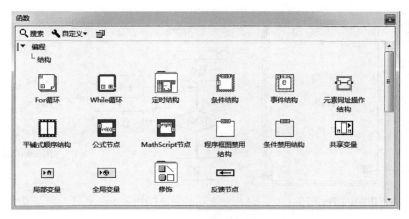

图 2-75　"结构"子函数选板

2.4.1　循环结构

循环结构主要用来执行一些需要重复执行的代码。LabVIEW 2017 中的循环结构主要是通过 For 循环、While 循环和定时结构中的定时循环来实现。For 循环和 While 循环结构功能基本相同，分别与 C 语言中的"for"语句和"do…while"语句类似，但二者的主要区别是：For 循环在使用时要预先指定循环次数，当循环体运行完指定的次数后自动退出循环；而 While 循环则无须指定循环次数，没有循环次数的限制，只要满足循环退出的条件才退出循环，否则循环变为死循环。值得注意的是，While 循环将至少执行一次。定时循环结构主要用来控制定时结构在执行其子程序框图、同步各定时结构的起始时间、创建定时源，以及创建定时源层次结构时的速率和优先级。

本节内容主要讲述 For 循环和 While 循环结构，以及这两种循环结构中关于移位寄存器及反馈节点的使用和关于隧道的概念。

1. For 循环

For 循环是一种先判断条件后执行的循环结构，若条件不满足则不执行代码，若条件满足，则 For 循环在内部就会重复执行 N 次代码后自动退出循环。

创建 For 循环的方法：在如图 2-75 所示的"结构"子函数选板中选择"For 循环"图标，然后在程序框图窗口上放置，可使用鼠标拖动 For 循环框右下角改变大小。图 2-76 给出了 LabVIEW 中的 For 循环结构、For 循环的相应的流程图和实现 For 循环功能的伪码范例。

在图 2-76 的 LabVIEW 的 For 循环结构中，For 循环有两个固定的数据端口，分别为总数接线端和计数接线端。其中，总数接线端"N"连接一个整型数值，它是一个输入端口，指定循环次数，当这个数据端口与浮点型数据相连时，LabVIEW 自动对它进行强制转换，按照"四舍五入"的原则转换为最接近的整数，如果浮点数正好是两个整数的中间值，将转换为最接近的偶数，如连接 4.8 将转换为 5，连接 2.5 将转换为 2；计数接线端"i"是一个输出端口，输出已经执行循环的次数，循环次数默认从"0"开始计数，依次增加"1"，直到"N−1"为止，程序跳出循环。

2. While 循环

While 循环是一种先执行后判断条件的循环程序，它没有规定的循环次数，但总是含

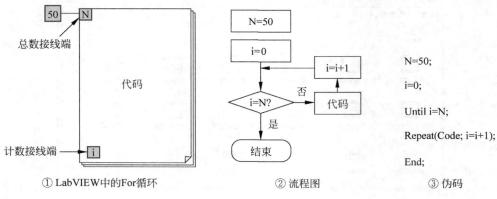

图 2-76   For 循环

有一个条件接线端。While 循环运行时，先重复执行循环中的代码，直到条件接线端满足所规定的逻辑条件后才退出循环。由此可见，While 循环总是至少执行一次。

创建 While 循环的方法：在如图 2-75 所示的"结构"子函数选板中选择"While 循环"图标，然后在程序框图窗口上放置，可使用鼠标拖动 While 循环框右下角改变大小。图 2-77 给出了 LabVIEW 中的 While 循环结构、While 循环的相应的流程图和实现 While 循环功能的伪码范例。

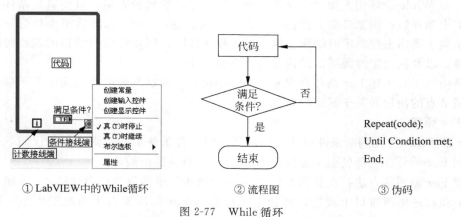

图 2-77   While 循环

在图 2-77 中的 LabVIEW 的 While 循环结构中，While 循环有两个固定的数据端口，分别为计数接线端和条件接线端。其中，计数接线端"i"是一个输出端口，其功能用法与 For 循环的计数接线端相同，用来输出已经执行循环的次数，循环次数默认从"0"开始计数，以后每循环一次累加一次；条件接线端口用于控制循环是否继续执行，在条件接线端的快捷菜单上有两种控制方式：While 循环默认的动作和外观分别是"真（T）时停止"和"◉"，表示当条件为真时退出循环，即 While 循环将执行其子程序框图直到条件接线端接收到一个真值；右击该接线端或 While 循环的边框，切换 While 循环动作和外观分别是"真（T）时继续"和"↻"，表示当条件为真是继续执行循环，即 While 循环将执行其子程序框图直到条件接线端接收到一个假值。

3. 移位寄存器与隧道

移位寄存器是 LabVIEW 的循环结构中最具特色、非常重要的一个方面。移位寄存器是一种数据保存的方式，是 LabVIEW 中对程序运行中的数据进行临时保存的一种方式，使用移位寄存器可以在循环体的循环之间传递数据，即用于将上一次循环的一个值或多个值传递至下一次循环，相当于文本编程语言中的静态变量。

在 For 循环和 While 循环中，都可以创建移位寄存器，在循环结构的程序边框上右击，在弹出的快捷菜单中选择"添加移位寄存器"选项即可，移位寄存器是以一对接线端的形式出现的，分别位于循环两侧的边框上，位置相对。程序框图如图 2-78 所示。

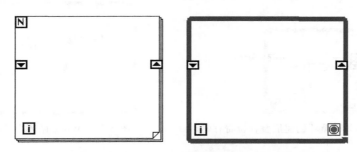

图 2-78　在 For 循环和 While 循环结构中添加移位寄存器

新添加的移位寄存器由左、右两个接线端口组成，都是黑色边框、黄色底色，而且左、右端口分别有一个向下和向上的黑色箭头，此时，表明移位寄存器没有接收任何数据。当移位寄存器接收某种数据后，其颜色会发生相应的变化，以反映接收数据的类型。移位寄存器可以传递数字、布尔值、字符串、数组、簇等数据类型，并和与其连接的第一个对象的数据类型自动保持一致，连接到同一个移位寄存器端口的数据必须是同一种数据类型。

循环中可以添加多个移位寄存器。如循环中的多个操作都需要使用前面的循环值，可以通过多个移位寄存器保持结构中不同操作的数据值，程序框图如图 2-79 所示。

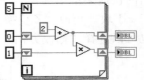

图 2-79　For 循环中添加多个移位寄存器

初始化移位寄存器即赋给移位寄存器一个初始值，在 VI 运行过程中，每执行第一次循环时都使用该值对移位寄存器进行复位。通过连接输入控件或者常数值循环左侧的移位寄存器接线端口，可以初始化移位寄存器，如图 2-79 所示。一般情况下，建议用户对移位寄存器指定初始化值，如果不明确指定初始值，可能会引起错误的程序逻辑。

若将多个值传递至下一次循环，可在循环的左侧创建层叠移位寄存器，保存前若干个循环的值，并将这些值传递至下一次循环。该方法可用于求相邻数据点的平均。按照下列步骤，配置移位寄存器将多个前次循环的值传递到下一个循环。

(1) 创建一个移位寄存器；

(2) 右击循环左侧或右侧的移位寄存器接线端；

(3) 从弹出的快捷菜单中选择"添加元素"，在循环左侧创建一个附加接线端。

层叠移位寄存器只位于循环左侧，右侧的接线端仅用于把当前循环的数据传递给下一次循环，程序框图如图 2-80 所示。

在图 2-80 的程序框图中，如在左侧接线端上再添加一个移位寄存器，则上两次循环的值将传递至下一次循环中，其中，最近一次循环的值保存在上面的寄存器中，而上一次循环传递给寄存器的值则保存在下面的接线端中。

隧道用于接收和输出结构中的数据。循环边框上的实心小方块就是隧道，实心小方块的颜色与隧道相连的数据类型的颜色一致。循环终止后，数据才输出循环，数据输入循环时，只有在数据到达隧道后循环才开始执行。在如图 2-81 所示的程序框图中，计数接线端与隧道相连，直到 While 循环停止执行后，隧道中的值才被传送至计数显示控件，计数显示控件只显示计数接线端最后的值。

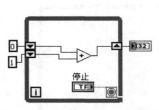

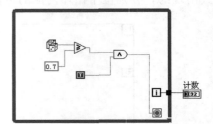

图 2-80   While 循环创建层叠移位寄存器   图 2-81   While 循环中隧道的使用

4. 反馈节点

反馈节点"图"用于将子 VI、函数或一组子 VI 和函数的输出连接到同一个子 VI、函数或组的输入上，即创建反馈路径，用于保存 VI 或循环上一次的运行数据。反馈节点只能用在 For 循环或 While 循环中，是为循环结构设置的一种传递数据的机制，反馈节点和只有一个左端口的移位寄存器的功能完全相同，是一种更简单的表达方式。

反馈节点类似于反馈控制理论和数字信号处理中的 z^{-1} 块。右击"反馈节点"，在弹出的快捷菜单中选择"外观"→"Z 变换延迟节点"，可改变反馈节点的外观，使其近似于 z^{-1} 块。更改"Z 变换延迟节点"视图只是对"反馈节点"外观的更改。在快捷菜单中也可以选择"修改方向"来改变反馈节点的方向，如图 2-82 所示。

图 2-82   创建"Z 变换延迟节点"

反馈节点使用连线至初始化接线端的值作为第一次程序框图执行或循环的初始值。如初始化接线端未连线任何值，该 VI 使用数据类型的默认值。反馈节点可保存上一次执行或循环的结果。

默认状态下，反馈节点仅保存上一次执行或循环的数据。通过使节点延迟多次执行或循环输出，可配置反馈节点存储 N 个数据采样。如增加延迟值，使其大于一次执行或循环的执行时间，在延迟结束前，反馈节点仅输出初始化接线端的值。然后，反馈节点可按顺序输出存储值。反馈节点边框上的数字为延迟。

子 VI、函数或一组子 VI 及函数的输出连线至同一 VI 或函数的输入时，反馈节点可自动出现。在循环中，可右击反馈节点，在弹出的快捷菜单中选择替换为移位寄存器，使反馈节点转换为移位寄存器。反之，移位寄存器也同样可替换为反馈节点。

5. 自动索引功能

在 LabVIEW 的循环结构中有"自动索引"的概念，所谓"自动索引"指的是使循环框（即循环体）外面的数据成员逐个进入循环框，或者使循环框内的数据累积成为一个数组再输出到循环框外的特性和功能。假如使用"自动索引"功能，当循环内的数据输出到循环外时，单个元素被累积，成为一个一维数组，一维数组累积成为二维数组；相反，当一个一维数组数据进入循环时被索引成为单个元素，二维数组被索引成为一维数组。

用户可以右击循环结构边框的隧道，在弹出的快捷菜单中选择"启用索引"，则隧道图标是白色空心框"[]"，如果选择"禁用索引"，则隧道图标变为实心框"■"。如果将数组连接至 For 循环或 While 循环，可启用自动索引读取和处理数组中的每个元素。将数组从外部节点连接到循环边框上的输入隧道，启用输入隧道的自动索引后，从第一个元素开始每次均有一个数组元素进入循环。如已启用数组输出隧道的自动索引功能，输出数组从每次循环接收到一个元素。因此，自动索引的输出数组的大小等于循环的次数。例如，如循环执行了 10 次，那么输出数组就含有 10 个元素。如果禁用输出隧道上的自动索引，仅有最后一次循环的元素被传递到程序框图上的下一个节点。

用户值得注意的是，由于不能提前确定输出数组的大小，因此启用 For 循环的自动索引比启用 While 循环的自动索引更有效。循环次数过多可能会引起系统内存溢出。

1）For 循环的自动索引

如果将连接到 For 循环输入接线端的数组启用自动索引，LabVIEW 会将总数接线端设置成与数组大小一致，因此，用户无须为总数接线端连接数值。因为 For 循环一次可以处理数组中的一个元素，所以，在默认情况下，LabVIEW 对连接到 For 循环的每个数组均启用自动索引。如不需要一次处理数组中的一个元素，可以禁用自动索引。

如果有多个隧道启用自动索引，或对计数接线端进行连线，实际的循环次数将取其中较小的值。例如，如果两个启用自动索引的数组进入循环，分别含有 10 个和 20 个元素，同时将值 15 连接到总数接线端，这时该循环仍将只执行 10 次，并且对第一个数组的所有元素建立索引，对第二个数组中的前 10 个元素建立索引。再如，在一个图形上绘制两个数据源，并只需绘制前 100 个元素，这时可将值 100 连接到总数接线端。然而，如果较小的数据源只含有 50 个元素，那么循环将执行 50 次，并且只对每个数据源的前 50 个元素建立索引。"数组大小"函数可用来确定数组的大小。

值得注意的是，如要避免循环不执行时的默认数据输出值，For 循环每次有输出通道时均启用自动索引。

2）While 循环的自动索引

如果为一个进入 While 循环的数组启用自动索引，则 While 循环将以与 For 循环同样的方式对该数组建立索引。但是，While 循环只有在满足特定条件时才会停止执行，因此，While 循环的执行次数不受该数组大小的限制。当 While 循环索引超过输入数组的大小时，LabVIEW 会将该数组元素类型的默认值输入循环。通过使用"数组大小"函数可以防止将数组默认值传递到 While 循环中。"数组大小"函数显示数组中元素的个数。可设置 While 循环在循环次数等于数组大小时停止执行。

While 循环默认为禁用自动索引。

6. 循环结构应用举例

【例 2.4.1】 使用 For 循环和 While 循环分别实现计算求 $n!$。实现该例程的前面板和程序框图如图 2-83 所示。

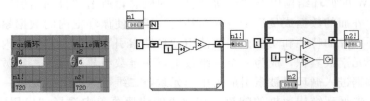

图 2-83 使用 For 循环和 While 循环分别实现计算求 $n!$

【例 2.4.2】 使用 While 循环结构和图表获得数据，并实时显示。实现该例程的前面板和程序框图如图 2-84 所示。

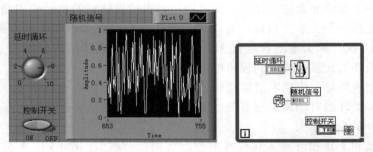

图 2-84 使用 While 循环结构和图表获得数据并实时显示

【例 2.4.3】 使用 For 循环和移位寄存器计算一组随机数的最大值。实现该例程的前面板和程序框图如图 2-85 所示。

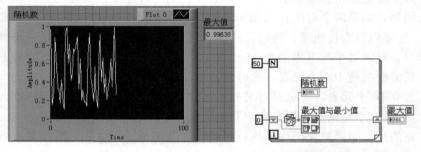

图 2-85 使用 For 循环和移位寄存器计算一组随机数的最大值

【例 2.4.4】 使用 For 循环和反馈节点实现计算求 $n!$。创建反馈节点时，将该节点放入 For 循环结构内，一个新的反馈节点包含两部分：一部分是反馈节点本身；另一部分是初始化接线端口，初始化接线端口用于初始化反馈节点的初始值。实现该例程的前面板和程序框图如图 2-86 所示。

【例 2.4.5】使用 For 循环结构的自动索引功能创建一个二维数组。使用两个 For 循环，一个嵌套在另一个的内部，可以创建一个二维数组。外部的 For 循环创建了行元素，内部的 For 循环创建了列元素。

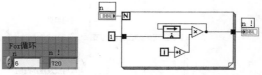
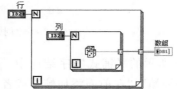

图 2-86　使用 For 循环和反馈节点实现计算求 $n!$

图 2-87 给出了利用两个 For 循环创建的一个 5 行 3 列的二维随机数组的前面板和程序框图。

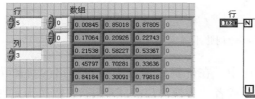

图 2-87　使用 For 循环结构的自动索引功能创建一个二维数组

2.4.2 顺序结构

顺序结构指的是按照程序，只要进入此顺序结构，就会按顺序进行执行，其主要是引导程序的执行顺序。LabVIEW 中的顺序结构包括平铺式顺序结构和层叠式顺序结构，都是用来强制程序流程一步步顺序执行。顺序结构可以包含多个代码子框图，每个代码子框图称为帧，看起来就像是电影胶片，它可以按一定顺序执行多个子程序，首先执行 0 帧中的程序，然后执行 1 帧中的程序，逐个执行下去。LabVIEW 中的顺序结构的数据流可以从前面的帧向后面的帧流动，反之则不可。跟程序框图其他部分一样，在顺序结构的每一帧中，数据依赖性决定了节点的执行顺序。

使用顺序结构应谨慎，因为部分代码会隐藏在结构中，所以应以数据流而不是顺序结构为控制执行顺序的前提。使用顺序结构时，任何一个顺序局部变量都将打破从左到右的数据流规范。有关局部变量和全局变量的内容在 2.4.6 节中详细阐述。

如果将平铺式顺序结构转变为层叠式顺序结构，然后转变回平铺式顺序结构，LabVIEW 会将所有输入接线端移到顺序结构的第一帧中。最终得到的平铺式顺序结构所进行的操作与层叠式顺序结构相同。将层叠式顺序转变为平铺式顺序，并将所有输入接线端放在第一帧中，则可以将连线移至与最初平铺式顺序相同的位置。

用户值得注意的是，使用错误簇有助于对数据流进行控制。如流经参数不可用且必须在 VI 中使用一个顺序结构，可考虑使用平铺式顺序结构。

1. 平铺式顺序结构

平铺式顺序结构包括一个或多个平铺的顺序执行的子程序框图或帧，可确保子程序框图按一定顺序执行。

创建平铺式顺序结构的方法是：在如图 2-75 所示的"结构"子函数选板中选择"平铺式顺序结构"图标，然后在程序框图窗口上放置，可使用鼠标拖动平铺式顺序结构框右下角改变大小，如图 2-88 所示。

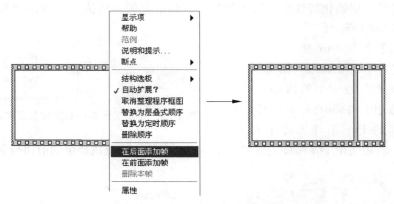

图 2-88　创建平铺式顺序结构

在图 2-88 所示的平铺式顺序结构中，在外框边缘右击，在弹出的快捷菜单中可以选择"在后面添加帧""在前面添加帧"或者"替换为层叠式顺序""替换为定时顺序"等选项对平铺式顺序结构进行相应的操作。在平铺式顺序结构中添加或删除帧时，结构会自动调整尺寸大小。平铺式顺序结构的数据流不同于其他结构的数据流，如果所有连线至帧的数据都可用时，平铺式顺序结构的帧按照从左至右的顺序执行，每帧执行完毕后会将数据传递至下一帧，即帧的输入可能取决于另一个帧的输出。

与层叠式顺序结构不同，平铺式顺序结构中不必使用顺序局部变量在帧与帧之间传递数据。平铺式顺序结构在程序框图上显示每个帧，故无须使用顺序局部变量即可完成帧与帧之间的连线，同时也不会隐藏代码。只有所有数据与结构相连时，平铺式顺序结构才开始执行，所有帧执行完毕后，各个帧才返回连线的数据。

平铺式顺序结构把按照顺序执行的帧从左到右依次铺开，占用的空间比较大，但是在帧数不多的情况下，将各个帧平铺开来比较直观，用户方便阅读程序代码。需要注意的是，不可在平铺式顺序结构的各个帧之间拖曳隧道，还应确立数据依赖或使用流经参数可控 VI 的数据流，避免过度使用平铺式顺序结构。

2. 层叠式顺序结构

层叠式顺序结构包括一个或多个重叠的顺序执行的子程序框图或帧，可确保子程序框图按顺序执行。

创建层叠式顺序结构的方法是：在如图 2-75 所示的"结构"子函数选板中选择"平铺式顺序结构"图标，然后在程序框图窗口上放置，使用鼠标在外框边缘右击，在弹出的快捷菜单中选择"替换为层叠式顺序"，然后可使用鼠标拖动层叠式顺序结构框右下角改变大小，如图 2-89 所示。

在图 2-89 所示的层叠式顺序结构中，在外框边缘右击，在弹出的快捷菜单中可以选择"在后面添加帧""在前面添加帧"或者"替换为平铺式顺序""替换为条件结构"等选项对层叠式顺序结构进行相应操作。在图 2-89 中，显示该层叠式顺序结构含有第 0～第 1 帧共 2 帧，并且第 0 帧是当前帧，单击选择器标签中的递减和递增箭头，可滚动浏览已有的分支。在层叠式顺序结构中添加、删除或重新安排帧时，LabVIEW 会自动调整帧标签

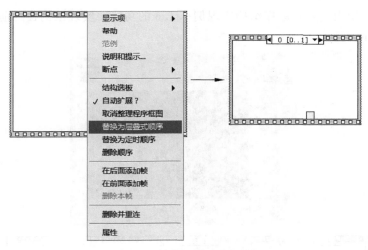

图 2-89　创建层叠式顺序结构

中的数字。用户也可以通过快捷菜单选择"添加顺序局部变量"创建顺序局部变量"□"，通过顺序局部变量接线端，可传递层叠式顺序结构中某一帧的数据至其后的帧，从而实现在帧之间传递数据。

与平铺式顺序结构不同，层叠式顺序结构需使用顺序局部变量在帧与帧之间传递数据。如需节省程序框图空间，可使用层叠式顺序结构。层叠式顺序结构仅在最后一帧执行结束后返回数据。但是用户通过平铺式顺序结构可避免使用顺序局部变量，并且能更好地为程序框图编写说明信息。

3. 顺序结构应用举例

【例 2.4.6】使用平铺式顺序结构依次产生三角波和锯齿波两种波形数据，并在同一示波器窗口中显示，该例程要求产生的三角波的幅值为 1V，频率为 5Hz，而锯齿波的幅值为 2V，频率为 10Hz，实现该例程的前面板和程序框图如图 2-90 所示。

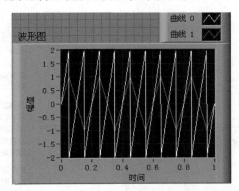

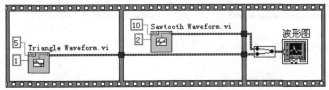

图 2-90　使用平铺式顺序结构依次产生三角波和锯齿波

【例 2.4.7】使用层叠式顺序结构实现例 2.4.6 的功能。实现该例程的前面板和程序框图如图 2-91 所示。

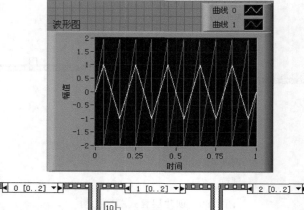

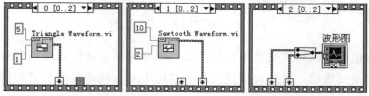

图 2-91　使用层叠式顺序结构依次产生三角波和锯齿波

2.4.3　条件结构

条件结构包括两个或两个以上子程序框图或条件分支。每次只能显示一个子程序框图，并且每次只执行一个条件分支，输入值将决定执行的子程序框图。条件结构类似于文本编程语言中的 switch 语句或 if…then…else 语句。

创建条件结构的方法：在如图 2-75 所示的"结构"子函数选板中选择"条件结构"图标，然后在程序框图窗口上放置，可使用鼠标拖动条件结构框右下角改变大小，如图 2-92 所示。

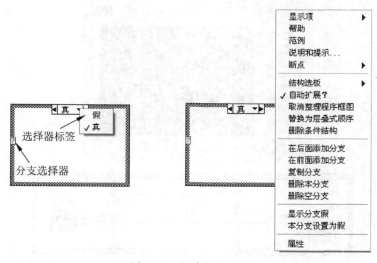

图 2-92　创建条件结构

在图 2-92 所示的条件结构中，在外框边缘右击，在弹出的快捷菜单中可以选择"在后面添加分支""在前面添加分支"或者"删除本/空分支""替换为层叠式顺序"等选项对条件结构进行相应操作。创建条件结构后，可添加、复制、重排或删除子程序框图。对于每个分支，使用标签工具在调节结构上方的条件选择器标签中输入值、值列表或值范围。

条件结构顶部的"选择器标签"是由结构中各个条件分支对应的选择器值的名称及两边的递减和递增箭头组成。单击"选择器标签"中的递减和递增箭头，可滚动浏览已有的条件分支，也可以单击条件分支名称旁边的向下箭头，并在下拉菜单中选择一个条件分支。

条件结构边框左端的"分支选择器"是条件的输入端口，连线至"分支选择器"接线端的值可以是布尔型、字符串型、整型、枚举类型或错误簇，用于确定要执行的分支，默认的情况是布尔型。用户可将"分支选择器"接线端置于条件结构左边框的任意位置，条件结构通过判断连接到端口"分支选择器"中的条件来选择执行哪个子程序框图。

如果"分支选择器"接线端的数据类型是布尔型，该条件结构将包括真和假两个条件分支；如果"分支选择器"接线端的数据类型是字符串型、整型或枚举类型，该条件结构可以有任意个条件分支。如果当"分支选择器"接线端的数据类型是整型时，"选择器标签"的值为整数 0，1，2，…，但有时会出现…，2，1，0 的排序，用户可以右击条件结构边框，在弹出的快捷菜单中选择"重排分支"进行重新排序，重新排序后，框图结构的分支不会影响条件结构运行的结果，这样做仅仅是用户在编程上的习惯。如果当"分支选择器"接线端的数据类型是字符串型或枚举类型时，"选择器标签"的值为由双引号括起来的字符串。

需要注意的是，在使用条件结构时，"分支选择器"接线端的数据类型必须与"选择器标签"中的数据类型一致，否则，LabVIEW 会报错。另外，应当为条件结构指定一个默认条件分支，处理超出范围的数值，否则，应明确列出所有可能的输入值。如果没有对应的分支就执行默认分支中的程序，"选择器标签"中默认分支的标签含有"默认"字样。

【例 2.4.8】使用条件结构创建一个 VI，其输入包括温度、最高温度和最低温度。根据给定输入之间的关系产生相应的警告信息。但是，某些情况可能导致 VI 不能正常工作。比如，用户可能输入一个小于最低温度值的最高温度。编程实现该例程，使其产生不同的字符串信息，警告用户出现的错误："上限<下限"。设置"警告?"布尔型数据只设置为真表示发生错误。实现该例程的前面板和程序框图如图 2-93 所示，表 2-7 给出了一组温度测试情况值。

表 2-7 温度测试值（温度单位：摄氏度）

输入当前温度	最 高 温 度	最 低 温 度	警 告 文 本	警告?
50	50	10	中暑警告	真
35	50	10	无警告	假
5	50	10	冷冻警告	真
52	50	55	上限<下限	真

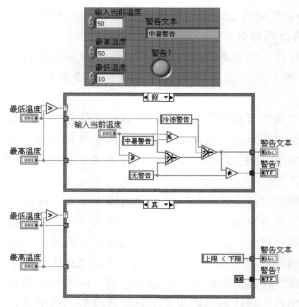

图 2-93　使用条件结构实现温度测试

2.4.4　事件结构

用户在编写程序时常常对一些事件进行处理，如鼠标事件（单击、双击等）、键盘事件、窗口事件（关闭窗口等）、选单事件、密码登录事件等，LabVIEW 为用户提供了非常方便的一种结构——事件结构。事件结构就是当某一指定的事件发生时，就会执行相应框图中的程序。它包括一个或多个子程序框图或事件分支，结构执行时，仅有一个子程序框图或分支在执行。事件结构可等待直至事件发生，并执行相应条件分支来处理该事件。时间输出对应于使用的控制事件。

创建事件结构的方法：在如图 2-75 所示的"结构"子函数选板中选择"事件结构"图标，然后在程序框图窗口上放置，可使用鼠标拖动事件结构框右下角改变大小，如图 2-94 所示。

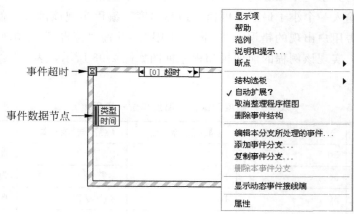

图 2-94　创建事件结构

在图 2-94 所示的事件结构中，在外框边缘右击，在弹出的快捷菜单中可添加新的分支并配置要处理的事件。连线事件结构边框左上角的"事件超时"接线端，指定事件结构等待事件发生的时间，以毫秒为单位。默认值为－1，即永不超时。"事件数据节点"位于每个事件分支结构的左边框内侧，该节点用于识别事件发生时 LabVIEW 返回的数据。依据为各事件分支配置的事件，该节点可显示事件结构每个分支中不同的数据。如配置单个分支处理多个事件，只有所有事件类型支持的数据才可用。另外用户在弹出的快捷菜单中选择"编辑本分支所处理的事件"选项，可以对添加的控制量或者显示量进行编辑操作。

用户在使用事件结构时，需要注意的是，在程序框图上放置事件结构时，超时事件分支为默认分支。另外用户不能使用其他结构替换事件结构。在程序框图上放置事件选板上的事件结构时，该事件结构可显示事件动态注册接线端。在程序框图上放置结构选板上的事件结构时，该事件结构并不显示事件动态注册接线端。如需显示，可右击事件结构的边框，在弹出的快捷菜单中选择显示动态事件接线端。

【例 2.4.9】使用事件结构实现密码登录程序。实现该例程的前面板和程序框图如图 2-95 所示。

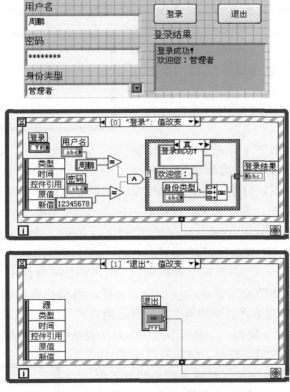

图 2-95　使用事件结构实现密码登录程序

2.4.5　公式节点与脚本

LabVIEW 是一种图形化的编程语言，但是一些复杂的算法如果完全依赖于图形代码实现，程序框图会十分复杂，而且不直观，在调试代码的过程中容易出现错误。因此，LabVIEW 为用户提供了一种在编程中专门用于处理数学公式编辑的特殊结构——公式节点与脚本。公式节点与脚本是基于文本的编程节点，是对 LabVIEW 图形化编程的有益补充，在图形化代码实现过于复杂的数学运算和逻辑过程中，使用公式节点与脚本可以提高程序的可读性，并提供与其他专业计算软件工具的接口。

1. 公式节点

公式节点是一种便于在程序框图上执行数学运算的文本节点。用户不必使用任何外部代码或应用程序，且创建方程时不必连接任何基本算术函数。除接受文本方程表达式外，公式节点还接受文本形式且为 C 语言编程者所熟悉的 if 语句、while 循环、for 循环和 do 循环。这些程序的组成元素与在 C 语言程序中的元素相似，但并不完全相同。公式节点尤其适用于含有多个变量或较为复杂的方程，以及对已有文本代码的利用。可通过复制、粘贴的方式将已有的文本代码移植到公式节点中，不必通过图形化编程的方式重新创建相同的代码。公式节点还可以自动进行数据类型的转换。

创建公式节点的方法：在如图 2-75 所示的"结构"子函数选板中选择"公式节点"图标，或者在"函数"选板→"数学"→"脚本与公式"子函数选板中选择，然后在程序框图窗口上放置，可使用鼠标拖动公式节点框右下角改变大小，如图 2-96 所示。

在如图 2-96 所示的公式节点中，变量的输入/输出是通过在边框上添加节点实现的，在边框上右击，在弹出的快捷菜单中选择"添加输入"或者"添加输出"选项，就可以对公式节点增加输入、输出，图 2-96 中用户在左边框上已经添加了输入。

公式节点是一个类似于 For 循环、While 循环、条件结构、层叠式顺序结构和平铺式顺序

图 2-96　创建公式节点

结构且大小可改变的方框，但是，公式节点中没有子程序框图，而是由一个或多个由分号隔开的类似 C 语言的语句。可在公式中使用下列内置函数：abs、acos、acosh、asin、asinh、atan、atan2、atanh、ceil、cos、cosh、cot、csc、exp、expm1、floor、getexp、getman、int、intrz、ln、lnp1、log、log2、max、min、mod、pow、rand、rem、sec、sign、sin、sinc、sinh、sizeOfDim、sqrt、tan 和 tanh。在公式节点框架内，LabVIEW 允许用户像书写数学公式或方程式一样，直接编写数学处理节点，与 C 语言一样，可将注释的内容放在 /* */（/* 内容 */）中，或在注释文本之前添加两个斜杠（//内容），每个公式语句都必须以分号（;）结尾，但是仍然建议用户不要在一个公式节点中写过于复杂的代码程序，如图 2-97 所示。

用户在公式节点中使用变量时，需注意以下几点：

- 一个公式节点中包含的变量或方程的数量不限。
- 输入端之间不能重名，输出端之间也不能重名，但是输入端可以和输出端重名。
- 右击公式节点的边框，从弹出的快捷菜单中选择"添加输入"可声明一个输入变量。不可在公式节点内部声明输入变量。

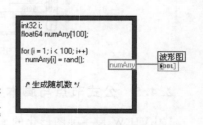

图 2-97　公式节点实例

- 右击公式节点的边框，在弹出的快捷菜单中选择"添加输出"可声明一个输出变量。输出变量的名称必须与输入变量的名称或在公式节点内部声明的输出变量的名称相匹配。
- 右击变量，在弹出的快捷菜单中选择"转换为输入"或"转换为输出"，可指定变量为输入或输出变量。
- 公式节点内部可声明和使用一个与输入或输出连线无关的变量。
- 必须连接所有的输入接线端。
- 变量可以是浮点数值变量，其精度由计算机配置决定。变量也可使用整数和数值数组。
- 公式节点不支持复杂的数据类型或矩阵数据类型。如需使用上述数据类型，可使用脚本节点。
- 变量不能有单位。

【例 2.4.10】使用公式节点创建一个 VI，它用公式节点计算下列等式：

$$y_1 = x^3 - x^2 + 5$$
$$y_2 = a * x + b$$

x 的范围是 0～10。可以对这两个公式使用同一个公式节点，并在同一个图表中显示结果。实现该例程的前面板和程序框图如图 2-98 所示。

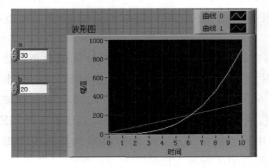
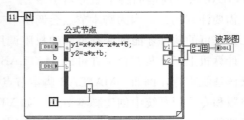

图 2-98　使用公式节点创建 VI 运行实例

另外，如果用户使用 LabVIEW 2011 版本的软件，LabVIEW 2011 自带的一个实例也可以说明公式节点的使用，该例程路径为"… \ National Instruments \ LabVIEW 2011 \ examples \ math \ formula_node.llb \ 快速排序［quick sort.vi］"，该例程主要是对产生的随机数按照由小到大进行快速排序，当数值相等时，指示灯亮。实现该例程的前面板和程序框图如图 2-99 所示。

2. 脚本

LabVIEW 2017 为用户提供了使用非常方便的两种脚本节点——MathScript 脚本节点和 MATLAB 脚本节点。脚本节点用于执行 LabVIEW 中基于文本的数学脚本。

LabVIEW MathScript 是用于编写函数和脚本的文本编程语言。用户可使用 MathScript 节点创建基于 LabVIEW MathScript 语法的脚本，加载以 LabVIEW MathScript 语法或其他文本编程语言语法编写的脚本，编辑已创建或加载的脚本，MathScript 节点可处理大多数在 MATLAB 或兼容环境中创建的文本脚本。

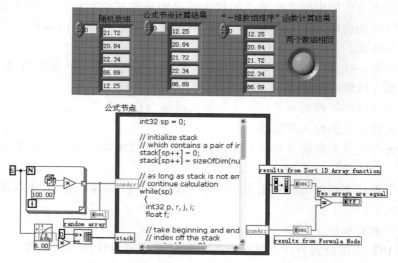

图 2-99　快速排序〔quick sort. vi〕

LabVIEW 支持调用第三方脚本服务器处理脚本的脚本节点，例如，MATLAB 脚本服务器。在值的传递方面，脚本节点类似于公式节点。但是，脚本节点允许用户导入已有的文本脚本并在 LabVIEW 中通过调用第三方脚本服务器运行导入的脚本。右击脚本节点，在弹出的快捷菜单中选择"选择脚本服务器"，选中某个脚本服务器引擎，可改变 LabVIEW 与之通信的脚本服务器引擎。

需要注意的是，因为脚本节点会调用第三方提供的脚本服务器，所以计算机上必须装有第三方许可的软件才能确保有足够的权限调用相关服务器。例如，要使用 MATLAB 脚本节点，计算机上必须装有合法许可的 MATLAB 6.5 或更高版本。不是所有的脚本节点均被所有操作系统支持，例如，MATLAB 脚本节点仅适用于 Windows 操作系统。只能在 LabVIEW 完整版和专业版系统中创建脚本节点。如 VI 中包含脚本节点，且具有脚本节点调用的脚本服务器的必要许可证，可在所有 LabVIEW 软件包中运行该 VI。

有关 MathScript 节点和 MATLAB 脚本节点的详细内容将在第 3 章和第 7 章的相关章节中详细阐述其使用。

2.4.6　局部变量、全局变量与属性节点

和基于文本的编程语言不同，LabVIEW 中编程是一种数据流编程，各个对象之间是通过连线来传递数据的。但是如果一个程序太复杂，有时连线很困难甚至无法完成时，这时就需要用到局部变量，就像 Protel 软件画电路原理图一样，给相同的连线添加网络标号，具有相同网络标号标示的是相通的；或者如果用户需要在两个程序之间交换数据时，靠连线的方式也是行不通的，这时就需要用到全局变量。局部变量和全局变量是 LabVIEW 用来传递数据的工具。

但另一方面，用户如果不能正确使用局部变量和全局变量，可能会使程序框图变得难以阅读，甚至有可能会导致设计的 VI 产生不可预期的行为，也会降低 VI 的执行速度和效率。因此，用户在使用局部变量和全局变量时，应该正确地对它们进行初始化，同时还需

要考虑避免竞争的条件，以及尽量少占内存。

LabVIEW 中的一切对象（包括输入控件、显示控件、变量、前面板、VI 等）都有属性，所谓属性是指 LabVIEW 预定义的用来描述对象状态的数据，改变对象的属性将改变对象相应的状态。因此，LabVIEW 引入的属性节点可以用来通过编程设置或获取控件的属性，譬如在程序运行过程中，用户可以通过编程设置数值控件的背景颜色等属性。

本节将主要对局部变量、全局变量及属性节点的使用方法加以介绍。

1. 局部变量

局部变量在单个 VI 中传递数据，其他 VI 对该局部变量不可见，主要用于在程序内部传递数据，它既可以作为控制量向其他对象传递数据，也可以作为显示量接收其他对象传递过来的数据。在 LabVIEW 中创建局部变量的方式有两种。

（1）在如图 2-75 所示的"结构"子函数选板中选择"局部变量"图标，然后放置在程序框图窗口上，这时局部变量节点尚未与一个输入控件或者显示控件相关联，是一个空的局部变量。如需使局部变量与输入控件或显示控件相关联，可右击该局部变量节点，在弹出的快捷菜单中选择"选择项"，展开的"选择项"菜单将列出所有带有自带标签的前面板对象。LabVIEW 使用自带标签关联局部变量和前面板对象，因此前面板控件的自带标签应具有一定的描述性。如图 2-100 所示，在图中，用户也可以在快捷菜单中选择"转换为读取"或者"转换为写入"对该局部变量进行配置。使用局部变量可从程序框图的两个位置将数据写入前面板对象或将从一个前面板对象读取的数据写入两个程序框图位置。

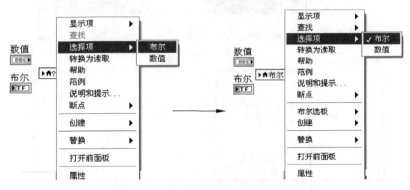

图 2-100　程序框图中创建局部变量

（2）在前面板窗口的控件对象上或者程序框图窗口中与该控件对象对应的节点上，右击，在弹出的快捷菜单中选择"创建"→"局部变量"来创建一个局部变量，该对象的局部变量图标就会出现在程序框图上，如图 2-101 所示，该图中创建的局部变量在程序框图上的图标是"▶🏠数值"，右击创建的该局部变量，可从弹出的快捷菜单中选择"转换为读取"或者"转换为写入"对该局部变量进行配置。

用户在创建局部变量时，该对象的局部变量的图标可显示在程序框图上。写入局部变量相当于传递数据至其他接线端。但是，局部变量还可向输入控件写入数据和从显示控件读取数据。通过局部变量，前面板对象既可作为输入访问也可作为输出访问。

【例 2.4.11】用一个布尔开关同时控制两个并行的 While 循环，实现两个循环的同时退出，且要求整个程序能够重复运行。实现该例程的前面板和程序框图如图 2-102 所示。

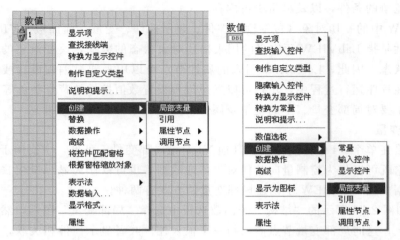

图 2-101　前面板控件对象或程序框图与该控件对象对应的节点上创建局部变量

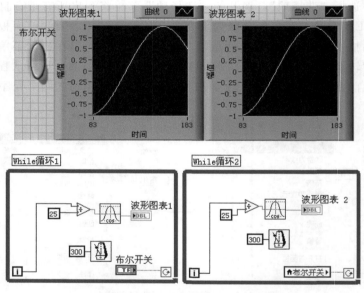

图 2-102　局部变量的使用

2. 全局变量

全局变量是 LabVIEW 中的一个对象，通过全局变量，可以在不同的 VI 之间访问和传递数据。但实际上用户在编程时，全局变量不是经常用到的，因为全局变量在运行中，要占用大量的系统内存，会降低 VI 的执行速度和效率。全局变量是内置的 LabVIEW 对象，创建全局变量时，LabVIEW 将自动创建一个有前面板但无程序框图的特殊全局 VI。向该全局 VI 的前面板添加输入控件或显示红箭头可定义其中所含全局变量的数据类型，该前面板实际便成为一个可供多个 VI 进行数据访问的"容器"。在 LabVIEW 中创建全局变量的方式比较复杂，有如下两种。

（1）在如图 2-75 所示的"结构"子函数选板中选择"全局变量"图标，然后放置在程序框图窗口上，这时全局变量节点尚未与一个输入控件或者显示控件相关联，是一个空的全局变量。用户右击该全局变量节点，在弹出的快捷菜单中选择"打开前面板"，打开全局变量的前面板，在前面板上按照需要的数据类型添加控件，然后切换到程序框图窗口，再次右击该全局变量节点，在弹出的快捷菜单中选择"选择项"，从展开的"选择项"菜单中选择全局变量需要指向的控件，关闭这个程序并将其保存为一个 VI，从而完成全局变量的创建。完整的创建过程如图 2-103 所示。右击创建的该全局变量，可在弹出的快捷菜单中选择"转换为读取"或者"转换为写入"对该全局变量进行配置。

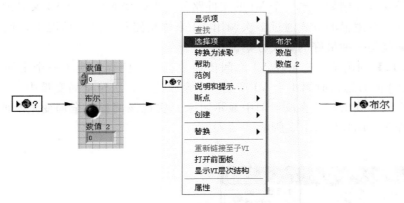

图 2-103　一种创建全局变量的方法

（2）启动 LabVIEW 2017 后，新建一个 VI，选择"文件"→"新建…"，从弹出对话框的新建项目列表栏中选择"其他文件"→"全局变量"，如图 2-104 所示，单击"确定"按钮，系统切换到全局变量编辑窗口，然后在打开的前面板窗口中放置需要的数据类型的控件，保存为一个 VI 并退出。

图 2-104　另一种创建全局变量的方法

如果在程序中需要调用这个全局变量，则由"函数"选板中的"选择 VI…"子模板打开选择用户程序对话框，选择已经保存的全局变量程序后，在程序框图窗口中显示全局变量。如果在全局变量 VI 中新建了多个全局变量，用户可以在程序框图中的全局变量图标右击，在弹出的快捷菜单中通过"选择项"来选择需要的全局变量，另外也可以通过选择"转换为读取"或者"转换为写入"对该全局变量进行配置。

用户在使用全局变量时应注意，只有在无法通过连线连接多个 VI 来共享数据时，才考虑使用全局变量。例如，当一个 VI 的文件路径发生改变而另一个 VI 又必须打开该路径时，便无法以较有逻辑的方式通过多次调用 VI 来连接路径。这种情况下，使用全局变量传递路径数据就是一种最好的解决方案。

【例 2.4.12】利用全局变量在 VI 之间传递数据，该例程创建了一个全局变量和两个 VI。当两个 VI 同时运行时第 1 个 VI 产生一个余弦波形，送至全局变量中，第 2 个 VI 从全局变量中将波形读出，并在波形图中显示出来。实现该例程的全局变量及两个 VI 相应的前面板和程序框图如图 2-105 所示。

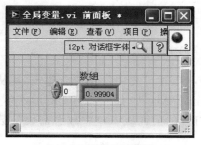

（a）全局变量的前面板

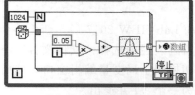

（b）第1个VI的程序框图

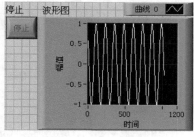

（c）第2个VI的前面板

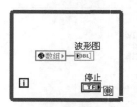

（d）第2个VI的程序框图

图 2-105　利用全局变量在 VI 之间传递数据

3. 属性节点

LabVIEW 提供了各种样式的前面板对象，应用这些前面板对象，可以设计出仪表化的人机交互界面。但是，仅仅提供丰富的前面板对象还是不够的，在实际运用中，还经常需要实时地改变前面板对象的颜色、大小和是否可见等属性，达到最佳的人机交互功能。由此引入了属性节点，通过改变前面板对象属性节点中的属性值，可以在程序运行中动态地改变前面板对象的属性。

属性节点的创建方法：在前面板对象或其端口右击，在弹出的快捷菜单中选择"创

建"→"属性节点"选项，该选项中显示有诸多属性供用户选择，当用户在控件端子旁边
创建一个新的属性节点时，该属性节点位于程序框图中，如图 2-106 所示，创建了一个数
值输入控件的"可见"属性节点。

　　属性节点最初创建时仅显示一个默认属性。若需要同时改变前面板对象的多个属性，
一种方法是创建多个属性节点，另一种方法是在一个属性节点的图标上添加多个端口。添
加多个端口的方法是使用位置工具拖动属性节点图标的下边缘或上边缘，也可在属性节点
图标右击，在弹出的快捷菜单中选择"添加元素"，如图 2-107 所示。

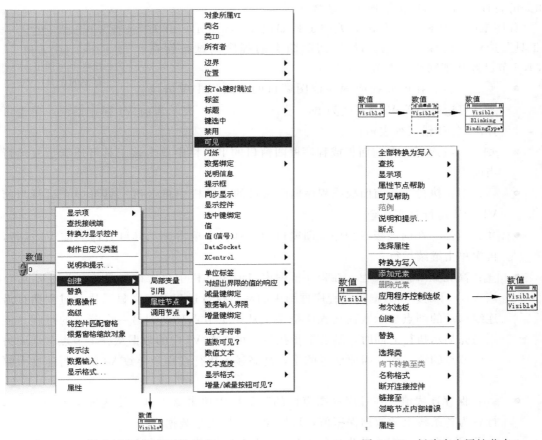

图 2-106　创建属性节点　　　　　　　　　　图 2-107　创建多个属性节点

　　属性节点有"读"和"写"两种属性，用户右击属性节点图标某一端口，在弹出的快
捷菜单中选择"转换为读取"或"转换为写入"选项，可以改变该端口的读、写属性，而
选择"全部转换为读取"或"全部转换为写入"，可以改变属性节点图标中所有端口的读、
写属性。

2.5　程序调试、项目浏览器与可执行文件的生成

2.5.1　程序调试

程序的调试是指完成整个程序的前面板和程序框图设计之后执行程序的过程。LabVIEW 的编程环境提供了有效的调试方法，同时提供了很多与优秀的交互式调试环境相关的特性，可与图形化编程完美结合。

程序框图工具栏中与调试有关的工具如图 2-108 所示。有关"工具"选板中的探针数据、设置/清除断点的程序调试按钮在 2.1.5 节已经详细阐述，本节不再赘述。

图 2-108　程序框图工具栏中与调试有关的工具

- ⇨：运行。在前面板或程序框图窗口的工具栏中单击该工具可运行当前 VI，并变为 ➡，若该工具为 ➡，表示当前 VI 存在错误，单击可弹出该 VI 错误列表窗口。

- ⊡：连续运行。在前面板或程序框图窗口的工具栏中单击该工具可连续重复运行当前 VI。

- ⊙：中止执行。在前面板或程序框图窗口的工具栏中单击该工具可中止运行当前 VI，VI 运行时变亮 ◉。

- Ⅱ：暂停。在前面板或程序框图窗口的工具栏中单击该工具可暂停当前 VI 运行，再次单击继续运行。

- ⊙：高亮显示执行过程。在程序框图窗口的工具栏中单击该工具，变为 ⊙ 后运行该 VI，可观察到数据流在程序框图中的动态执行过程。高亮显示执行过程通过沿连线移动的圆点显示数据在程序框图上从一个节点移动到另一个节点的过程。使用高亮显示执行的同时，结合单步执行，可查看 VI 中的数据从一个节点移动到另一个节点的全过程。需要注意的是，高亮显示执行过程会导致 VI 的运行速度大幅降低。

- ⊡：保存连线值。在程序框图窗口的工具栏中单击该工具，变为 ⊡，可使 VI 运行后为各条线上的数据保留值，可用探针直接观察数据值。

- ⊡ ⊡ ⊡：单步执行。单步执行 VI 可查看 VI 运行时程序框图上 VI 的每个执行步骤。单击程序框图工具栏上的"单步步入"或"单步步过"按钮可进入单步执行模式。将鼠标移动到"单步步入""单步步过"或"单步步出"按钮时，可看到一个提示框，该提示框描述了单击该按钮后的下一步执行情况。单步执行一个 VI 时，该 VI 的各个子 VI 既可单步执行，也可正常运行。在单步执行 VI 时，如某些节点发生闪烁，表示这些节点已准备就绪，可以执行。如单步执行 VI 同时高亮显示执行过程，则执行符号将出现在当前运行的子 VI 的图标上。

另外，用户在使用 LabVIEW 2017 进行编写程序和调试过程中，常常用到一些快捷键进行操作，以便更加方便灵活地运用 LabVIEW。LabVIEW 2017 菜单中一些常用的快捷键功能介绍如表 2-8 所示。

表 2-8　LabVIEW 2017 菜单中常用快捷键功能介绍表

菜　单　项	快捷键	功　能　介　绍
新建 VI	Ctrl＋N	创建新的 VI 程序
打开…	Ctrl＋O	用户打开指定类型的程序
关闭	Ctrl＋W	关闭当前 VI
保存	Ctrl＋S	保存当前 VI，如果第一次保存，系统提示保存的文件名和位置
VI 属性	Ctrl＋I	用户看到 VI 的常规、内存使用、修订历史等信息，同时也可以对编辑器选项、窗口外观、大小、运行时的位置，执行等进行设置
运行	Ctrl＋R	运行当前 VI
停止	Ctrl＋.	停止当前 VI
退出	Ctrl＋Q	退出 LabVIEW 2017 程序
删除断线	Ctrl＋B	删除当前 VI 中所有断开的无效连线
显示程序框图/前面板	Ctrl＋E	在当前程序的前面板窗口和程序框图窗口之间切换
左右两栏显示	Ctrl＋T	当前 VI 窗口左右排列显示
最大化窗口	Ctrl＋/	当前 VI 窗口最大化
错误列表	Ctrl＋L	显示当前 VI 错误信息列表窗口
显示即时帮助	Ctrl＋H	当鼠标移动到 VI 程序、函数或控件时，显示基本的说明信息
LabVIEW 帮助	Ctrl＋?	访问 LabVIEW 2017 联机的电子帮助文档、用户手册（PDF）等

2.5.2　项目浏览器

启动 LabVIEW 2017 后，选择"新建"→"项目"，或者从主菜单中选择"文件"→"创建项目"或者从建立的 VI 的前面板或程序框图中的主菜单选择"文件"→"创建项目"，都可以创建一个名为"未命名项目 1"的空项目文件，如图 2-109 所示。使用该窗口创建和管理 LabVIEW 项目（包括 VI、保证 VI 正常运行所必须的文件，以及其他支持文件，如文档或相关链接）。LabVIEW 项目支持组织和管理大型项目，并将 VI 部署至终端，如远程计算机、RT 终端和 FPGA 终端。

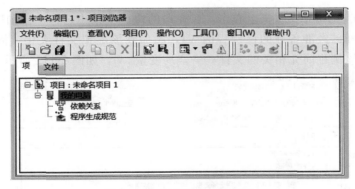

图 2-109　新建的空项目文件

在图 2-109 中，"项目：未命名项目 1"为整个项目的根目录，"未命名项目 1"为默认项目文件名，用户可根据需要重新命名。项目浏览器窗口中有两个选项卡："项"和"文件"。"项"选项卡用于显示项目目录树中的项。"文件"选项卡用于显示在磁盘上有相应文件的项目，在该选项卡上可对文件名和目录进行管理。文件中对项目进行的操作将影响并更新磁盘上对应的文件。

默认情况下，项目浏览器窗口包括以下各项。

- 项目根目录：包含项目浏览器窗口中所有其他项。它的标签包括该项目的文件名。
- 我的电脑：表示可作为项目终端使用的本地计算机。
- 依赖关系：用于查看某个终端下 VI 所需的项。
- 程序生成规范：包括对源代码发布编译配置及 LabVIEW 工具包和模块所支持的其他编译形式的配置。如安装了 LabVIEW 专业版开发系统或应用程序生成器，可使用程序生成规范进行下列操作：独立应用程序、安装程序、.NET 互操作程序集、打包库、共享库、发布源代码、Web 服务、Zip 文件等。可隐藏项目浏览器窗口中的依赖关系和程序生成规范。如将上述二者中某一项隐藏，则在使用前，如生成一个应用程序或共享库前，必须将隐藏的项恢复显示。

以"例 2.4.12 利用全局变量在 VI 之间传递数据"为例建立该 VI 的项目管理。在图 2-109 中的"项"选项卡中，在"我的电脑"上右击，在弹出的快捷菜单中选择"新建"→"虚拟文件夹"，用户可对其重新命名，该例中命名为"zhp"文件夹，如图 2-110 所示。

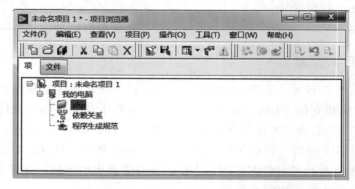

图 2-110　建立名为"zhp"的虚拟文件夹

在名为"zhp"的虚拟文件夹上右击，在弹出的快捷菜单中选择"添加"→"文件…"，在本地电脑上选择已经准备好的该例程的 VI，添加到该虚拟文件夹中，同时在"依赖关系"项中包含了该例程简介相关的文件——全局变量.vi，如图 2-111 所示。

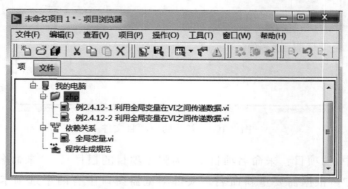

图 2-111　添加文件到"zhp"的虚拟文件夹中

最后将该项目命名为"利用全局变量在 VI 之间传递数据 . lvproj"并保存到本地电脑的指定目录下。此时在该项目浏览窗口的"文件"选项卡中可以看到显示在本地电脑磁盘上相应文件的项目项，如图 2-112 所示。

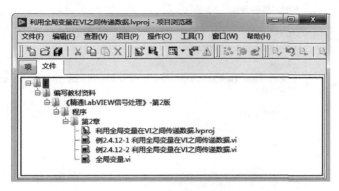

图 2-112　项目浏览窗口的"文件"选项卡

2.5.3　可执行文件的生成

LabVIEW 作为一种图形化的程序设计语言，同样可以将设计的 VI 生成应用程序（EXE）、安装程序、共享库（DLL）等。最为常用的就是应用程序（EXE）和安装程序，且二者常常配合使用。

本节实例可参考本书配套文件中"…\第 2 章 \ builds \ 利用全局变量在 VI 之间传递数据 \ "的例程，包含有"我的应用程序"和"我的安装程序"两个文件夹。

1. 应用程序（EXE）生成

以前面"利用全局变量在 VI 之间传递数据 . lvproj"项目为例，在如图 2-111 所示的"程序生成规范"上右击，在弹出的快捷菜单中选择"新建"→"应用程序（EXE）"，新建一个应用程序（EXE）编译配置文件，将弹出如图 2-113 所示的多页面对话框窗口，该窗口包含了多个配置页面，用户可以在左侧的选项中选择相应的项进行配置，在一般情况下，这些配置页面中的大部分按照默认项进行配置使用即可。该列中将"目标文件名"项中的"应用程序 . exe"命名为"利用全局变量在 VI 之间传递数据 . exe"。

在"源文件"项中将相应的 VI 配置好，单击"确定"按钮，然后在"我的应用程序"上右击，在弹出的快捷菜单中选择"生成"，即可在设定的目标文件夹下生成相关的应用程序（EXE）。需要注意的是，该应用程序（EXE）文件只能在安装过 LabVIEW 开发环境或者 LabVIEW 运行引擎的计算机上使用。

2. 安装程序生成

如果用户需要在没有安装 LabVIEW 开发环境的计算机上运行 VI 的应用程序，就需要对其生成安装程序。

还以前面"利用全局变量在 VI 之间传递数据 . lvproj"项目为例，在如图 2-111 所示的"程序生成规范"上右击，在弹出的快捷菜单中选择"新建"→"安装程序"，新建一个安装程序编译配置文件，将弹出如图 2-114 所示的多页面对话框窗口，该窗口包含了多

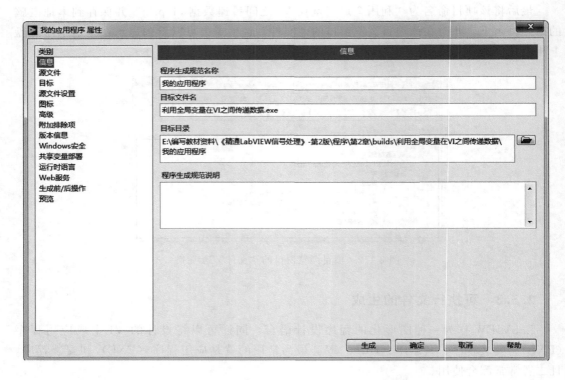

图 2-113　应用程序（EXE）编译配置文件页面窗口

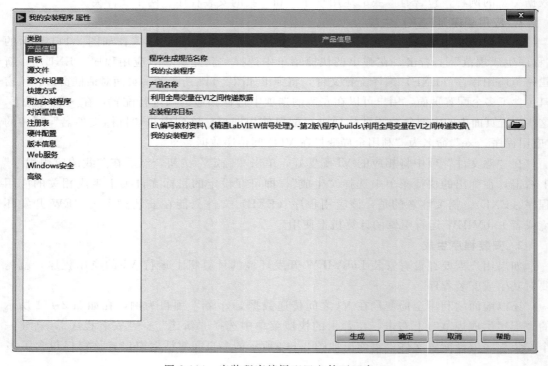

图 2-114　安装程序编译配置文件页面窗口

个配置页面，用户可以在左侧的选项中选择相应的项进行配置，在一般情况下，这些配置页面中的大部分按照默认项进行配置使用即可。该列中将"产品名称"项命名为"利用全局变量在 VI 之间传递数据"。

在"源文件""源文件设置""快捷方式""附加安装程序"等项中将相应的项目配置好，单击"确定"按钮，然后在"我的安装程序"上右击，在弹出的快捷菜单中选择"生成"，即可在设定的目标文件夹下生成相关的安装文件，其中，Volume 文件夹下的 setup.exe 文件就是安装文件的可执行程序，将整个 Volume 文件夹复制到其他计算机后双击 setup.exe 文件即可开始安装。因此该安装文件程序可以在没有安装 LabVIEW 开发环境的计算机上使用。

2.6　图　形　显　示

图形显示是虚拟仪器设计的重要组成部分，是指将程序中使用的或生成的数据以图形的形式显示或实时显示出来。LabVIEW 2017 为用户提供了丰富的图形显示功能，在前面章节的实例程序设计中已经介绍过，本节较为系统地介绍图形显示。前面板中常用图形显示控件位于"控件"选板→"新式"→"图形"子选板中，或者位于"控件"选板→"经典"→"经典图形"子选板中，如图 2-115 所示。

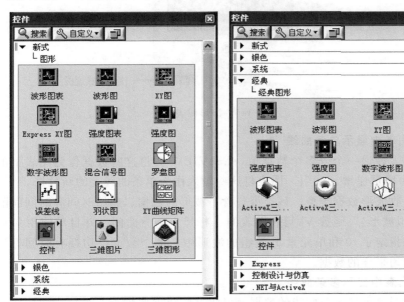

图 2-115　"图形"子选板

LabVIEW 2017 主要包含以下类型的图形和图表。

- 波形图表和波形图：显示采样率恒定的数据。
- XY 图（或 Express XY 图）：显示采样率非均匀的数据及多值函数的数据。
- 强度图表和强度图：在二维图上以颜色显示第三个维度的值，从而在二维图上显示三维数据。
- 数字波形图：以脉冲或成组的数字线的形式显示数据。
- 混合信号图：显示波形图、XY 图和数字波形图所接受的数据类型。同时也接受包含上述数据类型的簇。

- 二维图形：在二维前面板图中显示二维数据。
- 三维图形：在三维前面板图中显示三维数据。
- ActiveX 三维图形：在前面板 ActiveX 对象的三维图中显示三维数据。

本节内容将介绍几种在编写程序时常用的图形显示控件。

2.6.1　波形图表

波形图表又称为实时趋势图，是显示一条或多条曲线的特殊数值显示控件，一般用于显示以恒定速率采集到的数据。波形图表的数据并没有事先存在一个数组中，它是实时显示的，为了能够看到先前的数据，波形图表控件内部含有一个显示缓冲器，其中保留了一些历史数据，即波形图表会保留来源于此前更新的历史数据，又称缓冲区。右击前面板"图表"的图标，从弹出的快捷菜单中选择"图表历史长度"可配置缓冲区大小。波形图表的默认"图表历史长度"为 1024 个数据点。向图表传送数据的频率决定了图表重绘的频率。波形图表如图 2-116 所示。

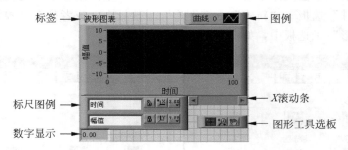

图 2-116　波形图表

1．在波形图表中显示单条曲线

如一次向图表传递一个或多个数据值，LabVIEW 会将这些数据作为图表上的点，从 $x=0$ 开始以 1 为增量递增 x 索引。图表将这些输入作为单条曲线上的新数据。

波形图表接收波形数据类型，该类型包含了波形的数据、起始时间和时间间隔（Δt）。"创建波形（模拟波形）"函数 VI 可在图表的 x 标尺上划分时间，并自动使用 x 标尺刻度的正确间隔。在指定了 $t0$ 和单元素 Y 数组的波形中，各个数据点均拥有时间标识，因此适用于绘制非均匀采样的数据。

2．在波形图表中显示多条曲线

如需向波形图表传送多条曲线的数据，可将这些数据捆绑为一个标量数值簇，其中每一个数值代表各条曲线上的单个数据点。如需在一次更新中向每条曲线传送多个点，可将一个数值簇数组连接到波形图表。每个数值代表各条曲线的单个 y 值点。

如在运行前无法确定需显示的曲线数量，或希望在单次更新中传递多个数据点用于多条曲线，可将一个二维数值或波形数组连接到图表。默认状态下，波形图表将数组中的每一列作为一条曲线。将二维数组数据类型连接到图表，右击该图表，从弹出的快捷菜单中选择"转置数组"，可将数组中的每一行作为一条曲线。

3．波形数据类型

波形数据类型包含波形的数据、起始时间和时间间隔（Δt）。可使用"创建波形"函数 VI 创建波形。默认状态下，很多用于采集或分析波形的 VI 和函数都可接收和返回波形数据类型。将波形数据连接到一个波形图或波形图表时，该波形图或波形图表将根据波形的数据、起始时间和 Δx 自动绘制波形。将一个波形数据的数组连接到波形图或波形图表时，该图形或图表会自动绘制所有波形。

波形数据类型可用于在波形图表中创建多条曲线。"创建波形"函数 VI 可在图表的 x 轴上划分时间，并自动使用 x 标尺刻度的正确间隔。在指定了 $t0$ 和单元素 Y 数组的一维数组波形中，各个数据点均拥有时间标识，因此适用于绘制非均匀采样的数据。该部分内容已经在前面 2.3.4 节中通过实例讲述。

【例 2.6.1】波形图表实例。运行该 VI，查看波形图表显示的不同之处。实现该例程的前面板和程序框图如图 2-117 所示。

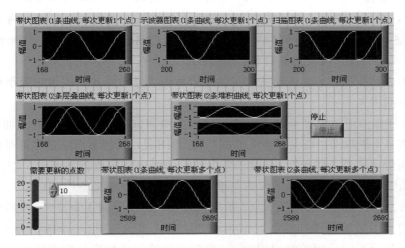

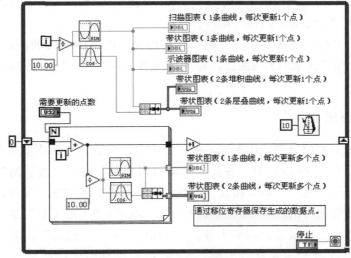

图 2-117　波形图表显示实例

由图 2-117 的前面板显示可以看出，在用户使用波形图表编程时，要注意以下几点。
（1）右击波形图表，在弹出的快捷菜单中选择"图表历史长度"，可配置缓冲区大小。

波形图表的默认"图表历史长度"为 1024 个数据点。

（2）右击波形图表，在弹出的快捷菜单中选择"数据操作"→"清除图表"，可以清除波形图表中显示的曲线。

（3）波形图表曲线有三种刷新模式，右击波形图表，在弹出的快捷菜单中选择"高级"→"刷新模式"，即带状图表、示波器图表和扫描图表。

- 带状图表 ![带状图表图标]：从左到右连续滚动地显示运行数据，每收到一个新的数据，就显示在图表的右边缘，原有的值左移，该模式类似于纸带表记录器。

- 示波器图表 ![示波器图标]：当曲线到达绘图区域的右边界时，LabVIEW 将清屏刷新，即清除整条曲线，并从左边界开始绘制新曲线，该模式类似于示波器。

- 扫描图表 ![扫描图标]：与示波器图表模式类似，不同之处在于当新的数据到达右边界时不清屏，而是扫描图表中最左边有一条垂直扫描线，以它为分界线，将右边的旧数据和左边的新数据隔开，即将原有的曲线逐点向右推，同时在左边画出新的数据点组成的曲线，该模式类似于心电图仪。

示波器图表和扫描图表显示模式明显快于带状图表显示模式，因为它无须处理滚动过程所需要的时间。

（4）如果使用波形图表显示多条曲线，可以使用捆绑将多条曲线合并。如图 2-117 中的"带状图表（2 条曲线，每次更新 1 个点）"波形图表，该波形图表使用的是同一个曲线描绘区，也叫做"层叠式描绘"，但对于多个波形的要求是幅值相差不大。"层叠式描绘"的操作是右击波形图表，在弹出的快捷菜单中选择"层叠显示曲线"即可。

（5）如图 2-117 中的"带状图表（2 条堆积曲线，每次更新 1 个点）"波形图表。该波形图表使用的是不同的曲线描绘区，也叫做"堆积式描绘"，把一个图形分为多个坐标，各个坐标可以显示不同量纲的波形图表。"堆积式描绘"的操作是右击波形图表，在弹出的快捷菜单中选择"分格显示曲线"即可。

（6）用户使用"每次更新多个点"时，会发现波形图表中曲线的刷新速度变得很快，如图 2-117 中的"带状图表（1 条曲线，每次更新多个点）"和"带状图表（2 条曲线，每次更新多个点）"。

2.6.2　波形图

波形图又称为事后记录图，用于显示测量值为均匀采集的一条或多条曲线。波形图仅绘制单值函数，即在 $y=f(x)$ 中，各点沿 x 轴均匀分布。右击"波形图"的图标，在弹出的快捷菜单中有很多选项，如"曲线"图例可用来设置曲线的各种属性，包括线型（实线、虚线、点划线等）、线粗细、颜色及数据点的形状等；"图形工具"选板可用来对曲线进行操作，包括移动、区域放大和缩小等；"X 标尺"和"Y 标尺"用来设置坐标刻度的数据格式、类型（普通坐标或对数坐标），坐标轴名称及刻度栅格的颜色等。波形图如图 2-118 所示。

另外，波形图可显示包含任意个数据点的曲线。波形图接收多种数据类型，从而最大程度地降低了数据在显示为图形前进行类型转换的工作量。

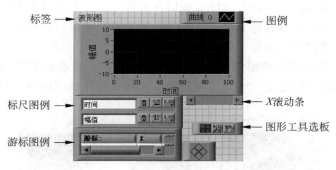

图 2-118　波形图

1．在波形图中显示单条曲线

波形图接收多种数据类型以显示单条曲线。

（1）对于一个数值数组，其中每个数据被视为图形中的点，从 $x=0$ 开始以 1 为增量递增 x 索引。波形图接收包含初始 x 值、Δx 及 y 数据数组的簇。波形图也接收波形数据类型，该类型包含了波形的数据、起始时间和时间间隔（Δt）。

（2）波形图还接收动态数据类型，用于 Express VI。动态数据类型除包括对应于信号的数据外，还包括信号信息的各种属性，如信号名称、数据采集日期和时间等。属性决定了信号在波形图中的显示方式。当动态数据类型中包含单个数值时，波形图将绘制该数值，同时自动将图例及 x 标尺的时间标识进行格式化。当动态数据类型包含单个通道时，波形图将绘制整个波形，同时对图例及 x 标尺的时间标识自动进行格式化。

2．在波形图中显示多条曲线

波形图接收多种数据类型以显示多条曲线。

（1）波形图接收二维数值数组，数组中的一行即一条曲线。波形图将数组中的数据视为图形上的点，从 $x=0$ 开始以 1 为增量递增 x 索引。将一个二维数组数据类型连接到波形图上，右击波形图，从弹出的快捷菜单中选择"转置数组"，则数组中的每一列作为一条曲线显示。多曲线波形图尤其适用于 DAQ 设备的多通道数据采集。DAQ 设备以二维数组的形式返回数据，数组中的一列即代表一路通道的数据。

（2）波形图还接收包含了初始 x 值、Δx 和 y 二维数组的簇。波形图将 y 数据作为图形上的点，从 x 初始值开始以 Δx 为增量递增 x 索引，该数据类型适用于显示以相同速率采样的多个信号。

（3）波形图接收包含簇的曲线数组。每个簇包含一个包含 y 数据的一维数组。内部数组描述了曲线上的各点，外部数组的每个簇对应一条曲线。如每条曲线所含的元素个数都不同，应使用曲线数组而不要使用二维数组。

（4）波形图接收一个簇，簇中有初始值 x、Δx 和簇数组。每个簇包含一个包含 y 数据的一维数组。捆绑函数可将数组捆绑到簇中，或用创建数组函数将簇嵌入数组。创建簇数组函数可创建一个包含指定输入内容的簇数组。

波形图接收包含了 x 值、Δx 值和 y 数据数组的簇数组。这种数据类型为多曲线波形图所常用，可指定唯一的起始点和每条曲线的 x 标尺增量。

（5）波形图还接收动态数据类型，用于 Express VI。动态数据类型除包括对应于信号的数据外，还包括信号信息的各种属性，如信号名称、数据采集日期和时间等。属性决定了信号在波形图中的显示方式。当动态数据类型包含多个通道时，波形图可显示每个通道的曲线并自动格式化图例及图形 x 标尺的时间标识。

【例 2.6.2】本例将使用波形图编写程序，运行该 VI，查看波形图可接收的不同数据类型，并比较它们的不同之处。实现该例程的前面板和程序框图如图 2-119 所示。

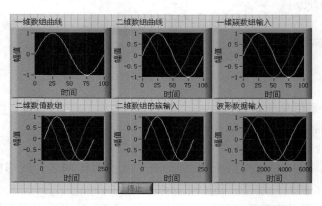

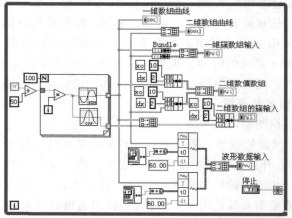

图 2-119　波形图显示实例

【例 2.6.3】创建一个 VI，用波形图表和波形图分别显示 50 个随机数产生的曲线，比较程序的差别。实现该例程的前面板和程序框图如图 2-120 所示。

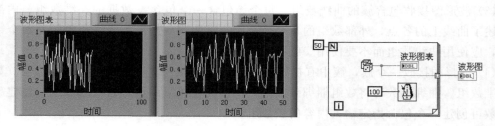

图 2-120　波形图表与波形图的比较

由图 2-120 可以看出，显示的运行结果是一样的，但实现方法和过程不同。在程序框图中可以看出，波形图表产生在循环内，每得到一个数据点，就立刻显示一个。而波形图在循环之外，50 个数都产生之后，跳出循环，然后一次显示出整个数据曲线。从运行过程可以清楚地看到这一点。需要注意的还有：For 循环执行 50 次，产生的 50 个数据存储在一个数组中，这个数组创建于 For 循环的边界上（使用自动索引功能）。在 For 循环结束之后，该数组就将被传送到外面的波形图。仔细看程序框图，穿过循环边界的连线在内、外两侧粗细不同，内侧表示浮点数，外侧表示数组。

2.6.3　*XY* 图

前面介绍的波形图表和波形图只能描绘样点均匀分布的单值函数变化曲线，它们的 x 轴表示时间的先后。XY 图是多用途的笛卡尔绘图对象，用于绘制多值函数，描绘 Y 与 X 的函数关系，如圆形、椭圆或具有可变时基的波形。XY 图描绘一条曲线需要两个数组 X 和 Y，X 数组包含横坐标 x 的数据，Y 数组包含纵坐标 y 的数据，并且将 X 和 Y 数组捆绑成一个簇，X 数组在上，Y 数组在下。XY 图可显示任何均匀采样或非均匀采样的点的集合，XY 图如图 2-121 所示。

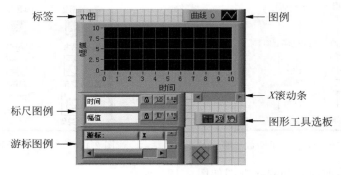

图 2-121　*XY* 图

用户可以右击 XY 图，在弹出的快捷菜单中选择"可选平面"，XY 图中可显示无平面、Nyquist 平面、Nichols 平面、S 平面和 Z 平面。上述平面的线和标签的颜色与笛卡尔线相同，且平面的标签字体无法修改。

另外，XY 图可显示包含任意个数据点的曲线。XY 图接收多种数据类型，从而将数据在显示为图形前进行类型转换的工作量减到最小。

1. 在 *XY* 图中显示单条曲线

XY 图接收三种数据类型以显示单条曲线。

（1）XY 图接收包含 x 数组和 y 数组的簇。

（2）XY 图接收点数组，其中每个点是包含 x 值和 y 值的一个簇。

（3）XY 图形接收复数数组，其中 x 轴和 y 轴分别显示实部和虚部。

2. 在 *XY* 图中显示多条曲线

XY 图接收三种数据类型以显示多条曲线。

（1）XY 图接收曲线数组，其中，每条曲线是包含 x 数组和 y 数组的一个簇。

（2）XY 图接收曲线簇数组，其中，每条曲线为一个点数组。每一个点是包含 x 值和 y 值的一个簇。

（3）XY 图也接收复数曲线簇数组，其中，每条曲线是一个复数数组，x 轴和 y 轴分别显示复数的实部和虚部。

【例 2.6.4】本例使用"绘制波形图 VI"和"绘制 XY 图 VI"绘制波形，这两个 VI 都只有一组输入数据，分别使用"波形图"和"XY 图"显示，同时也分别显示在两个"二维图片"显示控件上，该控件自动调整大小。

"绘制波形图 VI"和"绘制 XY 图 VI"两个 VI 位于程序框图窗口的"函数"选板中，具体位置为"编程"→"图形与声音"→"图片绘制"，如图 2-122 所示。而"二维图片"显示控件则位于前面板窗口的"控件"选板中，具体位置为"新式"→"图形"→"控件"，如图 2-123 所示。

图 2-122　"图片绘制"子函数选板

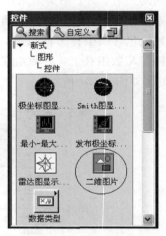

图 2-123　"控件"子函数选板

实现该例程的前面板和程序框图如图 2-124 所示。

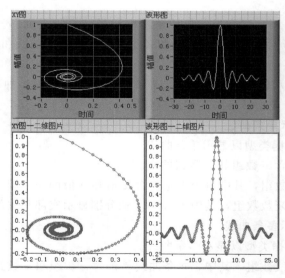

图 2-124　XY 图显示实例

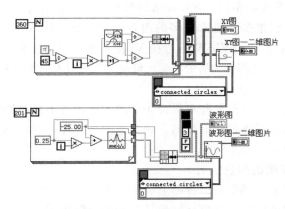

图 2-124　*XY* 图显示实例（续）

图 2-115 中还提供一个快速二维图形显示控件 Express *XY* 图。Express *XY* 图采用了 LabVIEW 的 Express 技术，是在 *XY* 图的基础上改进而成的。用户将 Express *XY* 图放置在前面板上的同时，在程序框图中会自动添加一个创建的 *XY* 图的 VI，与 *XY* 图相比，它的 *XY* 轴数据为动态数据类型，把数据转换为适合 *XY* 图的结构，用户利用 Express *XY* 图可以更加方便地进行程序设计。

2.6.4　强度图和强度图表

强度图和强度图表通过在笛卡尔平面上放置颜色块的方式在二维图上显示三维数据。例如，强度图和强度图表可显示图形数据，如温度图和地形图（以量值代表高度）。强度图和强度图表接收三维数字数组。数组中的每一个数字代表一个特定的颜色。在二维数组中，元素的索引可设置颜色在图形中的位置。数据行在图形或图表上将以新列显示。如希望以"行"的方式显示该行，则可将一个二维数组数据类型连接到强度图或强度图表，右击该强度图或强度图表，在弹出的快捷菜单中选择"转置数组"。强度图和强度图表的区别有点类似波形图与波形图表的区别。

数组索引与颜色块的左下角顶点对应。颜色块有一个单位面积，即由数组索引所定义的两点间的面积。强度图或强度图表最多可显示 256 种不同颜色。

1. 强度图表

在强度图表上绘制一个数据块以后，笛卡尔平面的原点将移动到最后一个数据块的右边。图表处理新数据时，新数据出现在旧数据的右边。如图表显示已满，则旧数据将从图表的左边界移出，这一点类似于波形图表中的带状图表刷新模式。

强度图表和波形图表共享部分可选项，如标尺图例和图形工具选板，右击图表，在弹出的快捷菜单中选择"显示项"，可显示或隐藏上述选项，这里就不再赘述。此外，由于强度图表将颜色作为第三个维度，因此，一个类似于颜色梯度控件的标尺可定义强度图表的范围和数值到颜色的映射。

与波形图表一样，强度图表也有一个来源于此前更新而产生的历史数据，又称缓冲区。右击强度图表，在弹出的快捷菜单中选择"图表历史长度"，可配置缓冲区大小，强度图表缓冲区的默认大小为 128 个数据点。强度图表的显示需要占用大量的内存。

需要注意的是，与强度图不同，强度图表将保留之前写入的历史数据。如强度图表连续运行，历史数据将会越积越多并要求更多的内存空间。强度图表历史中存满历史数据后，LabVIEW 将停止占用内存。LabVIEW 不会在 VI 重新打开时清除强度图表的历史数据。可在程序执行的过程中清除强度图表的历史数据。可将空数组写入强度图表的历史数据属性节点。

2. 强度图

强度图类似于强度图表，但它并不保存先前的数据，也不接收刷新模式。每次将新数据传送至强度图时，新数据将替换旧数据。和其他图形一样，强度图也有游标。每个游标可显示图形上指定点的 x、y 和 z 值。

3. 强度图表和强度图的颜色映射

强度图表或强度图通过颜色在二维图上显示三维数据。为强度图表或强度图设置好颜色映射后，可配置其颜色标尺。颜色标尺包括至少两个随机刻度，每个刻度均包含数值和对应的显示颜色。强度图表或强度图所显示的颜色与指定颜色的数值一一对应。颜色映射适用于数据范围的可视化显示，如曲线数据超过阈值时。

用定义颜色梯度数值控件颜色的方式可为强度图表和强度图设置交互式颜色映射。

属性节点可以两种不同的编程方式设置强度图表和强度图的颜色映射。通常在属性节点中指定值到颜色的映射。对于该方法，可指定 Z 标尺的 "Z 标尺：刻度值属性"。该属性是一个簇数组，其中每一个簇包含一个数值限定值和所对应的显示颜色。以这种方式指定颜色映射时，可通过 Z 标尺：高彩属性指定 Z 标尺的高于范围的颜色，通过 "Z 标尺：低彩属性" 指定 Z 标尺低于范围的颜色。强度图和强度图表只有 254 种颜色，加上超出范围（低于和高于）的颜色共有 256 种颜色。如指定的颜色超出这 254 种颜色，则强度图或强度图表会通过在指定颜色中进行插值的方式创建 254 色码表。

如需在强度图上显示位图，可用色码表属性指定一个 "色码表"。这种方法可指定一个最多包含 256 种颜色的数组。根据强度图表的颜色标尺，传送给强度图表的数据被映射为该色码表中的不同索引。如颜色标尺的范围为 0～100，则数据中的值 0 被映射为索引 1，而值 100 被映射为索引 254，两者之间的值则在 1 到 254 之间进行插值。任何低于 0 的值被映射为低于范围的颜色（索引 0），而任何高于 100 的值被映射为高于范围的颜色（索引 255）。

用户值得注意的是，强度图或强度图表显示的颜色会受到显卡所能显示的颜色和颜色数量的限制，同时还受分配给显示所用的颜色数的限制。

【例 2.6.5】 使用并修改 "例 2.4.5 使用 For 循环结构的自动索引功能创建一个二维数组"。使用两个 For 循环，一个嵌套在另一个的内部，可以创建一个二维数组。外部的 For 循环创建了行元素，内部的 For 循环创建了列元素。将创建的随机数二维数组，通过强度图表和强度图将数据分别显示出来。实现该例程的前面板和程序框图如图 2-125 所示。

在图 2-125 前面板的显示中，外部 For 循环创建的行元素与横坐标一一映射，同样，内部 For 循环创建的列元素与纵坐标一一映射。在本程序中创建的 15 * 25 的二维数组，所以在前面板显示中共有 15 列，每列的高度为 25。在改变行和列的大小时，用户注意运行强度图表和强度图的横坐标和纵坐标变化有何不同。另外，用户若要想改变这种映射关系，可以右击该强度图表或强度图，在弹出的快捷菜单中选择 "转置数组"，则横、纵坐标就分别与列、行一一映射，如图 2-126 所示。

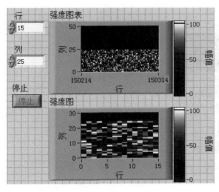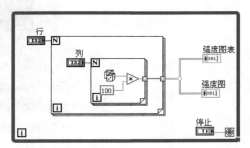

图 2-125　强度图表和强度图显示实例

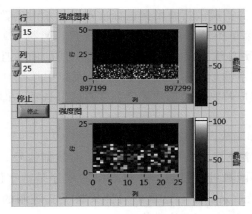

图 2-126　改变行/列与横/纵坐标映射关系的前面板显示图

2.6.5　数字波形图

数字波形图用于显示数字数据，尤其适于用到定时框图或逻辑分析器时使用。

数字波形图接收数字波形数据类型、数字数据类型和上述数据类型的数组作为输入。

默认状态下，数字波形图将数据在绘图区域内显示为数字线和总线。通过自定义数字波形图可显示数字总线、数字线及数字总线和数字线的组合。数字波形数据类型包含数字波形的起始时间、时间间隔（Δx）、数据和属性。可使用创建波形（数字波形）函数创建数字波形。将数字波形数据连接到一个数字波形图上时，该图形会根据时间信息和数字波形数据自动绘制波形。将数字波形数据连接到数字数据显示控件可查看数字波形的采样和信号。

如连接的是一个数字数据的数组（每个数组元素代表一条总线），则数组中的一个元素便是数字波形图中的一条线，并以数组元素绘制到数字波形图的顺序排列。数字波形图如图 2-127 所示。

从图 2-127 中可以看出，数字波形图中左边"图例"区域用来显示数组的个数及名称，右边区域是数值的大小显示。在二进制中是高低电平的显示。二进制表示数值数据显示控件以二进制格式显示数字。右边区域的每一列代表一个二进制位。

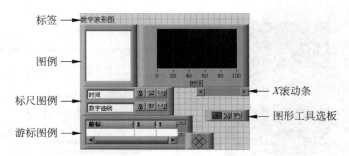

图 2-127　数字波形图

用户如需扩展或折叠位于"图例"的树形视图中的数字总线，右击数字总线左边的扩展/折叠符号。扩展或折叠图例的树形视图中的数字总线时，位于图形的绘图区域中的总线将同时扩展或折叠。如需扩展或折叠图例以标准视图显示时的数字总线，可右击"数字波形图"，在弹出的快捷菜单中选择"属性"→"标尺（Y 标尺）"→"扩展数字总线"。需要注意的是，"扩展数字总线"仅在禁用了显示有总线的曲线且图例为"标准视图"时可用。用户可以右击"数字波形图"，在弹出的快捷菜单中选择"高级"→"更改图例至标准视图"进行设置。用户若取消勾选"扩展数字总线"选项，即可在 1 条总线中包含所有的信号显示。

【例 2.6.6】使用捆绑函数产生数字波形图。

LabVIEW 提供的数字波形图是用 0 或 1 来表示的数据信号。该例程显示的数据信号首先要对数据信号用捆绑函数进行打包，数据捆绑的顺序是数字波形的起始时间 $x0$、时间间隔 Δx、输入数据，最后是属性，这里的属性反映了二进制的位数或字长，当设置为"1"时为 8 位，设置为"2"时为 16 位，依次类推。

该例程中设置一个数值型的一维数据数组，数据类型为 I8 型，数据显示格式为二进制式，让所设置的数据进行右对齐显示。设置起始时间 $x0$ 为 0，时间间隔 Δx 为 1，属性设置为 1，即二进制的字长为 8 位。运行程序并改变数组数据后观察数字波形图的显示结果。实现该例程的前面板和程序框图如图 2-128 所示。图 2-128 数字波形图显示窗口中横坐标为数据信号的采样序号，为 0～4，纵坐标从上到下表示数据数组中数据信号从最低位到最高位的电平变化（即数据信号低位在上，高位在下）。如采样序号为"2"的数据"1110111"（即十进制为"119"），位于横坐标的"2～3"段上，用数字波形图表示的纵坐标从高位到低位的表示为"01110111"，如图 2-128 中圈出的区域。

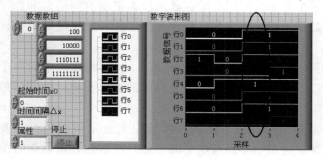
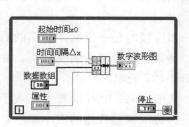

图 2-128　利用捆绑函数产生数字波形图

【**例 2.6.7**】使用创建波形 VI 产生数字波形图。

有关波形数据的相关知识在 "2.3.4 波形数据" 一节中已经详细讲述，这里不再赘述。创建波形 VI 位于如图 2-72 所示的 "数字波形" 子函数选板中，用户可以使用 "定位/调整大小/选择" 工具将其端口展开，如图 2-129 所示。

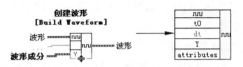

图 2-129   创建波形 VI 的图标和端口

各主要接线端口的解释如下。

- "波形" 是要进行编辑的数字波形。如未连接已有波形，函数可根据所连接的波形成分创建新波形。
- "$t0$" 指定波形的起始时间。
- "dt" 指定波形中数据点间的时间间隔，以秒为单位。
- "波形成分 Y" 是包含波形数据值的数字表格。
- "属性 attributes" 设置所有波形属性的名称和值。也可通过设置波形属性函数设置单个属性的名称和值。
- "输出波形" 是得到的波形。如没有连线已有波形，则值为新建的波形。如连线已有波形，则值为已编辑的波形。

在如图 2-71 所示的波形数据控件中选择 "数字数据" 控件放置在前面板窗口上，用户可以根据需要对其进行数据的设置。用户可以直接将设置好的数字数据作为数字波形图的输入，纵坐标的每条曲线代表一个数字信号，横坐标代表采样序号。用户也可以将数字数据与时间信息绑定作为数字波形图的输入，此时横坐标就代表了时间，在该例程中右击数字波形图，在弹出的快捷菜单中取消勾选 "忽略时间标识" 选项。另外，该例程中 "数字数据" 控件包含 8 个信号。每个信号包含 4 个采样 0～3。实现该例程的前面板和程序框图如图 2-130 所示。

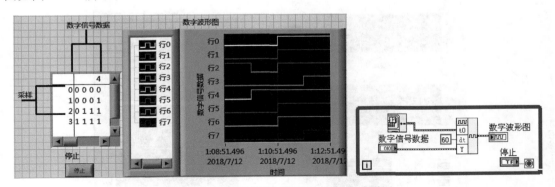

图 2-130   利用创建波形 VI 产生数字波形图

2.6.6   混合信号图

混合信号图可显示模拟数据及数字数据，且接受所有波形图、XY 图和数字波形图所接受的数据。

一个混合信号图中可包含多个绘图区域。但一个绘图区域仅能显示数字曲线或者模拟曲线之一，无法兼有二者。LabVIEW 在绘图区域中绘制图像上数据。混合信号图将在必要时自动创建足以容纳所有模拟和数字数据的绘图区域。向一个混合信号图添加多个绘图区域时，每个绘图区域都有其各自的 y 标尺。所有绘图区域共享同一个 x 标尺，以便比较数字数据和模拟数据的多个信号。

1. 在混合信号图中显示单条曲线

单曲线混合信号图接受与波形图、XY 图和数字波形图中相同的数据类型。

2. 在混合信号图中显示多条曲线

多曲线混合信号图也接受与波形图、XY 图和数字波形图中相同的数据类型。

绘图区域仅接受模拟数据或数字数据之一。将数据连接到混合信号图时，LabVIEW 将自动创建绘图区域以容纳模拟数据和数字数据。如混合信号图上有多个绘图区域，则在绘图区域间使用分隔栏可重新调整每个绘图区域的大小。

混合信号图上的图例由树形控件组成，显示在图形绘图区域的左侧。每个树形控件代表了一个绘图区域。绘图区域具有组 X 的标签，其中，X 代表 LabVIEW 或用户将该绘图区域放置在图形上的顺序。通过图例可将曲线在绘图区域间移动。移动绘图区域和图例间的分隔栏可重新调整图例的大小或隐藏图例。

【例 2.6.8】 将锯齿波形、XY 图及数字波形图在混合信号图中显示出来，掌握在单个前面板控件中显示不同类型信号的方法。

该例程中的数字信号使用"数字波形发生器（随机）"的函数节点 VI 来产生，然后将锯齿波形、XY 图及数字波形图绑定为簇作为混合信号图的输入，然后运行该 VI，查看"混合信号图"中包含的不同类型的信号。用户可以尝试在不同的组之间拖放曲线。通过在绘图区域中拖放曲线可更改组中包含的曲线。另外，用户也可以右击混合信号图，在弹出的快捷菜单中选择"添加绘图区域"可添加新的绘图区域。实现该例程的前面板和程序框图如图 2-131 所示。

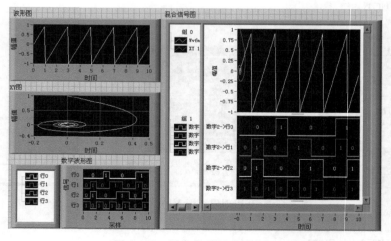

图 2-131　混合信号图显示实例

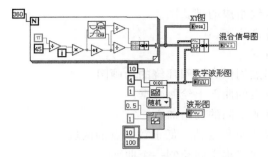

图 2-131　混合信号图显示实例（续）

2.6.7　二维图形

二维图形使用 x 和 y 数据，在图形上绘制和连接数据点，以二维视图显示数据。使用二维图形可以可视化方法查看 XY 图上的二维数据，因为所有的二维图形都是 XY 图。使用二维图形的属性可修改数据在二维图形中的显示方式。

添加二维图形至前面板时，LabVIEW 将在程序框图上将图形连接至与所选图形对应的助手 VI。助手 VI 将输入数据类型转换为二维图形接受的通用数据类型。如图 2-115 所示，LabVIEW 2017 提供以下二维图形。

- 罗盘图：绘制由罗盘图形的中心发出的向量。
- 误差线图：绘制线条图形上下各个点的误差线。
- 羽状图：绘制由水平坐标轴上均匀分布的点发出的向量。
- XY 曲线矩阵：绘制多行和多列曲线图形。

关于在二维图形上绘制数据的例程，见 "… \ National Instruments \ LabVIEW 2017 \ examples \ Graphics and Sound \ 2D Picture Control" 目录，读者自行学习掌握。

2.6.8　三维图形

大量实际应用中的数据，例如，某个平面的温度分布、联合时频分析、飞机的运动等，都需要在三维空间中可视化显示数据。三维图形可令三维数据可视化，修改三维图形属性可改变数据的显示方式。展开如图 2-115 中"三维图形"子函数选板，如图 2-132 所示。

从图 2-115 与图 2-132 可以看出，Lab-VIEW 2017 中提供包含以下的三维图形。

- 散点：显示两组数据的统计趋势和关系。
- 条形：生成垂直条带组成的条形图。
- 饼图：生成饼状图。
- 杆图：显示冲激响应并按分布组织数据。

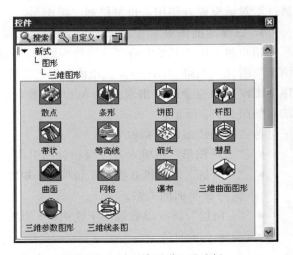

图 2-132　"三维图形"子选板

- 带状：生成平行线组成的带状图。
- 等高线：绘制等高线图。
- 箭头：生成向量图。
- 彗星：创建数据点周围有圆圈环绕的动画图。
- 曲面：在相互连接的曲面上绘制数据。
- 网格：绘制有开放空间的网格曲面。
- 瀑布：绘制数据曲面和 y 轴上低于数据点的区域。
- 三维曲面图形：在三维空间绘制一个曲面。
- 三维参数图形：在三维空间中绘制一个参数图。
- 三维线条图：在三维空间绘制线条。
- ActiveX 三维曲面图：使用 ActiveX 技术，在三维空间绘制一个曲面。
- ActiveX 三维参数图：使用 ActiveX 技术，在三维空间绘制一个参数图。
- ActiveX 三维曲线图：使用 ActiveX 技术，在三维空间绘制一条曲线。

对于 ActiveX 三维图形，它们是使用 ActiveX 技术和处理三维图形的 VI。选择一个 ActiveX 三维图形后，LabVIEW 将在包含三维图形控件的前面板上添加一个 ActiveX 容器。LabVIEW 还会在程序框图上放置一个对 ActiveX 三维图形控件的引用。LabVIEW 将该引用连接至三个三维图形 VI 之一。

本节内容主要介绍三种常用的三维图形，即三维曲面图形、三维参数图形及三维线条图。这三个控件实际上是 ActiveX 控件，在其他支持 ActiveX 的开发环境中也可以调用，当右击 ActiveX 三维曲面图形、ActiveX 三维参数图形或 ActiveX 三维曲线图的图标时，在弹出的快捷菜单有"插入 ActiveX 对象…"选项供用户使用。另外可以使用"CWGraph3D"→"特性…"选项对话框来设置显示窗口的各项属性，包括字体、颜色、图形显示风格等。

LabVIEW 同时也支持 ActiveX 控件的调用，它通过把 ActiveX 控件包含在 ActiveX 容器中实现，关于 LabVIEW 中的 ActiveX 编程将在第 7 章中讲述。

另外，用户将三维图形（三维曲面图、三维参数图、三维曲线图除外）与"三维曲线属性"对话框配合使用，也可绘制三维图形。

1. 三维曲面图形

用户单击图 2-132 中的"三维曲面图形"，或者单击图 2-115 中的"ActiveX 三维曲面图形"图标，当将"ActiveX 三维曲面图形"图标控件放置在前面板窗口上的同时，在程序框图窗口中也会同时出现一个 ActiveX 控件和一个三维曲面 VI 函数。该函数的图标和端口如图 2-133 所示。

各主要接线端口解释如下。

图 2-133　三维曲面 VI
的图标和端口

- "三维图形"可输入对三维控件的引用。
- "x 向量"该一维数组用于说明"z 矩阵"的曲面与 x 平面的关系。
- "y 向量"该一维数组用于说明"z 矩阵"的曲面与 y 平面的关系。
- "z 矩阵"该二维数据数组用于确定曲面与 z 平面的关系。x 向量和 y 向量用于平移或斜移"z 矩阵"中的数据集合。

- "曲线数量"是三维控件属性的曲线列表的索引。通过右击控件调整属性，可添加新曲线。默认值为列表中的第一条曲线。
- "三维图形输出"传递引用至三维控件输出，使引用可与其他 VI 配合使用。

【例 2.6.9】使用三维曲面图形绘制一个正弦曲面。运行该 VI 就会将数据和动画绘制在图形中。当拖曳图形时可更改视图方向。用户也可以在拖曳鼠标时按住 Shift 键，向上或向下移动鼠标可分别放大或缩小图形。实现该例程的前面板和程序框图如图 2-134 所示。

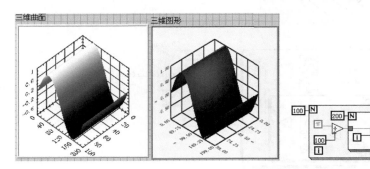

图 2-134　三维曲面图形绘制正弦曲面

2. 三维参数图形

用户单击图 2-132 中的"三维参数图形"，或者单击图 2-115 中的"ActiveX 三维参数图形"图标，当将"ActiveX 三维参数图形"图标控件放置在前面板窗口上的同时，在程序框图窗口中也会同时出现一个 ActiveX 控件和一个三维参数曲面 VI 函数。该函数的图标和端口如图 2-135 所示。

各主要接线端口解释如下。

- "三维图形"可输入对三维控件的引用。
- "x 矩阵"该二维数据数组用于确定与 x 平面相关的曲面。
- "y 矩阵"该二维数据数组用于确定与 y 平面相关的曲面。

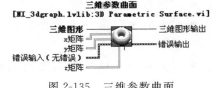

图 2-135　三维参数曲面
VI 的图标与端口

- "z 矩阵"该二维数据数组用于确定曲面与 z 平面的关系。x 向量和 y 向量用于平移或斜移"z 矩阵"中的数据集合。
- "曲线数量"是三维控件属性的曲线列表的索引。通过右击控件调整属性，可添加新曲线。默认值为列表中的第一条曲线。
- "三维图形输出"传递引用至三维控件输出，使引用可与其他 VI 配合使用。

【例 2.6.10】使用三维参数图形绘制一个圆环曲面。

运行该 VI 就会将数据和动画绘制在图形中。当拖曳图形时可更改视图方向。用户也可以在拖曳鼠标时按住 Shift 键，向上或向下移动鼠标可分别放大或缩小图形。实现该例程的前面板和程序框图如图 2-136 所示。

3. 三维线条图

用户单击图 2-132 中的"三维线条图"，或者单击图 2-115 中的"ActiveX 三维曲线图

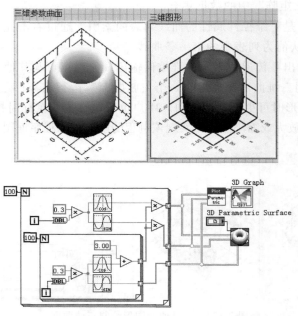

图 2-136　三维参数图形绘制圆环曲面

形"图标，当将"ActiveX 三维曲线图形"图标控件放置在前面板窗口上的同时，在程序框图窗口中也会同时出现一个 ActiveX 控件和一个三维曲线 VI 函数。该函数的图标和端口如图 2-137 所示。

各主要接线端口解释如下。

- "三维图形"可输入对三维控件的引用。
- "x 向量"该一维数据数组包含曲线的 x 轴坐标。
- "y 向量"该一维数据数组包含曲线的 y 轴坐标。

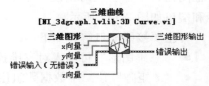

图 2-137　三维曲线 VI 的图标与端口

- "z 向量"该一维数组包含直线或曲线的 z 坐标。x 向量和 y 向量用于平移或斜移"z 向量"中的数据集合。
- "曲线数量"是三维控件属性的曲线列表的索引。通过右击控件调整属性，可添加新曲线。默认值为列表中的第一条曲线。
- "三维图形输出"传递引用至三维控件输出，使引用可与其他 VI 配合使用。

【例 2.6.11】使用三维线条图绘制洛伦兹曲线。

洛伦兹曲线是比较典型的一种三维曲线，求耦合常微分方程组的数值解，洛伦兹模型的自由度为 3，循环过程中使用公式节点的移位寄存器。数据用于生成三维曲线。系统的初始条件为：$X=Y=Z=1$。当 $X=Y=Z=0$ 时，系统有稳定的状态解。不同的初始条件对应不同的解。用户可以通过设置和改变参数，运行该 VI 就会将数据和动画绘制在图形中，从而来观察洛伦兹曲线的特性。当拖曳图形可更改视图方向。用户也可以在拖曳鼠标时按住 Shift 键，向上或向下移动鼠标可分别放大或缩小图形。实现该例程的前面板和程序框图如图 2-138 所示。

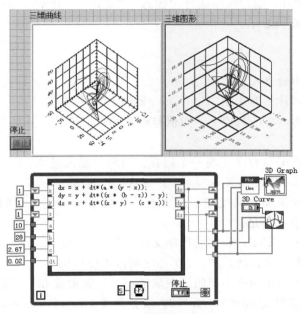

图 2-138　三维线条图绘制洛伦兹曲线

习　　题

1. LabVIEW 提供的数据类型有哪些？

2. 什么是数组？什么是簇？数组和簇有什么不同？

3. 使用循环结构实现计算 0～99 之间所有偶数的和。

4. 创建一个子 VI，该子 VI 的功能是实现摄氏温度到华氏温度的转换，转换公式如下：

$$华氏度＝摄氏度×1.8＋32$$

修改该子 VI 图标并保存，将其添加到用户库中，并编写一个 VI 实现该子 VI 的调用。

5. 创建一个 VI，比较 3 个数的大小，输出其中的最大值和最小值。

6. 创建一个 VI，将字符串"欢迎使用 LabVIEW2011！"中的"2011"替换为"2017"后输出。

7. 在前面板中创建一个 4 行 4 列的数值型数组并为其赋值，求该数组元素中的最大值和最小值，以及各自所在位置的索引。

8. 创建一个 VI，产生一个包含 8 个随机数的一维数组，将该一维数组的元素顺序颠倒，再将数组最后 4 个元素移到数组的最前端，形成新的数组。

9. 产生 1000 个随机数，以图表方式显示在前面板上，使用 For 循环结构和移位寄存器，求出其中的最大值、最小值和平均值，并计算程序执行需要的时间。

10. 产生 80 个范围在 0～100 分的随机整数来模拟 80 个学生的考试成绩，成绩小于 60 分为不及格，成绩在 60～69 分为及格，在 70～79 分为中等，在 80～89 分为良好，成绩大于等于 90 分为优秀，编写程序统计"优秀""良好""中等""及格"以及"不及格"的学生人数，并在前面板显示。

11. 计算 $\displaystyle\sum_{x=1}^{n} x!$ 。

12. 求一个数组中所有元素的和。

13. 编制程序实现计算器功能，包含加减乘除运算。

14. 使用顺序结构，将随机产生的数值与给定的数值比较，计算当两个数值相等时所需要的时间。

15. 使用公式节点编写程序实现一个运算：当两个输入量 X_1 和 X_2 满足 $X_1 + X_2 \geqslant 0$ 时，$Y = X_1 \times \sin X_2$，当 $X_1 + X_2 < 0$ 时，$Y = X_2 \times \sin X_1$。

16. 什么是局部变量和全局变量？二者有什么区别？在使用它们时应该注意哪些事项？并比较它们的优点和不足。

17. 生成应用程序（EXE）和安装程序文件有什么区别？

18. 简要回答波形图表、波形图、XY 图之间的主要区别。

19. 在一个波形图中用两种不同的线宽显示一条正弦曲线和一条余弦曲线，每条曲线长度为 128 个点。正弦曲线 $x0 = 0$，$\Delta x = 2$，余弦曲线 $x0 = 15$，$\Delta x = 2$。

20. 使用"函数"选板中"信号处理"→"信号生成"→"正弦信号 . vi"产生两条正弦曲线，将两条曲线分别作为 XY 图的 XY 输入。通过改变其中一条曲线的频率和相位来研究利萨育图形。

21. 产生一个 30 行 20 列的二维数组，数组元素为 0～100 之间的任意整型数，用强度图表和强度图分别显示出来。

22. 使用三维线条图绘制空间余弦曲线。

23. 使用 For 循环绘制单位球面。

使用 3D Parametric Surface 绘制一个单位球。球面的参数方程表示为：

$$\begin{cases} x = \cos\theta\cos\varphi \\ y = \cos\theta\sin\varphi \\ z = \sin\varphi \end{cases}$$

其中 θ 是球到球面任意一点的矢径与 Z 轴的夹角，φ 是该矢径在 XY 平面的投影与 X 轴的夹角，令 θ 从 0 变化到 π，步长为 $\dfrac{\pi}{24}$，φ 从 0 变化到 2π，步长为 $\dfrac{\pi}{12}$。

视频讲解

第 3 章　基于 LabVIEW 的数学分析

LabVIEW 作为自动化测试、测量领域的专业软件，在测量信号的时域分析和处理中，用户经常需要对信号进行数学运算和分析，LabVIEW 内部集成了 600 多个分析函数，其中包含了丰富而功能强大的数学分析函数节点，这些函数节点涵盖了初等与特殊函数、函数计算与微积分、线性代数、概率统计、曲线拟合、最优化等方面的应用，为用户的编程提供了极大的方便。LabVIEW 本身所具有的强大的数学分析能力可以方便地完成对数据的各种分析和处理，同时也是数字信号处理节点的有益支持，因此，用户熟练掌握这些数学分析函数节点可以在编程实现中达到事半功倍的效果。

从 LabVIEW 8.0 版本后，LabVIEW 软件特别加强了数学分析与信号处理的能力，除了增强的数学函数库，还极大地增强了 MathScript 节点的功能和应用。此外，LabVIEW 还与 MATLAB 联合编程，从而实现更为强大的数学分析功能（对于该部分内容介绍详见第 7 章）。

本章内容将详细讲述 LabVIEW 集成的常用的数学分析 VI 函数的使用方法及相应的应用实例实现。

3.1　图形化编程与数学分析

LabVIEW 作为图形化编程语言，与传统的基于文本编程语言有很大的不同。若使用传统的文本编程语言来实现数学分析，用户可能要编写很多文本代码，而 LabVIEW 是通过连线和图标的方式编程，但是如果仅仅使用 LabVIEW 的基本运算符号和程序结构来实现复杂的数学分析算法，可能会导致杂乱无章的连线，使程序的可读性大大降低。针对这一缺点，LabVIEW 封装了大量的数学函数致力于数学分析，并且提供了基于文本编程语言的公式节点、MathScript 节点和 MATLAB 脚本，用户可以通过封装好的 VI 函数结合基于文本编程语言的节点来实现编程，最终使得程序框图变得非常简洁。因此，用户通过 LabVIEW 集成的数学分析函数节点，实现数学分析的功能不仅不会导致繁杂的连线，反而由于采取了图形化编程和文本语言编程相结合的方式，它比单纯的文本编程语言具有更大的优势，使得程序的可读性和效率性大大增强。

LabVIEW 2017 提供的数学分析函数节点主要位于"函数"选板→"数学"子函数选板下，如图 3-1 所示。

图 3-1　数学分析函数节点

由图 3-1 可以看出，根据不同的数学分析功能，在"数学"子函数选板下数学分析函数节点 VI 被分为 12 个子选板，其主要功能如下所示。

- 数值：主要用于对数值创建和执行算术及复杂的数学运算，或将数从一种数据类型转换为另一种数据类型等数值操作。
- 初等与特殊函数：主要用于执行三角函数、指数函数、双曲线函数、对数函数、离散函数和贝塞尔函数等一些常用的数学函数。
- 线性代数：主要是进行线性代数方面的数学分析，包括求解一些线性方程组，进行与矩阵相关的计算与分析等操作。
- 拟合：主要用于进行曲线拟合的分析或回归运算，主要包括线性拟合、非线性曲线拟合、高斯曲线拟合、曲线拟合、指数拟合、球面拟合等拟合 VI，其中，包含的高级曲线拟合 VI 主要用于计算拟合统计量和系数。
- 内插与外推：主要用于进行一维和二维插值、分段插值、多项式插值和傅里叶插值。
- 积分与微分：主要用于执行积分和微分操作。
- 概率与统计：主要用于执行概率、叙述性统计、方差分析和插值函数。
- 最优化：主要用于确定一维或 n 维实数的局部最大值和最小值、Chebyshev 逼近准则等。
- 微分方程：主要用于求解微分方程，包括常微分方程 VI 和偏微分方程 VI。
- 几何：主要用于进行坐标和角运算，该子选板上的 VI 可返回数学错误代码。
- 多项式：主要用于进行多项式的计算和求解，该子选板上的 VI 可返回数学错误代码。
- 脚本与公式：主要用于计算程序框图中的数学公式和表达式。该子选板上的节点可返回公式解析错误代码、LabVIEW MathScript 错误代码或数学错误代码。

关于数值 VI 子选板的一些基本的数学操作，在第 2 章相关部分已经详细介绍，这里不再赘述。本章将针对其余的 11 种数学分析函数节点 VI 进行介绍，基于 LabVIEW 的数学分析函数节点有数百个，在此不可能面面俱到、一一阐述，因此，本章将对一些常用的数学分析函数节点 VI 按照功能应用进行介绍，并采用实例实现，使用户对于其应用有个直观的认识，对其他没有作介绍的 VI，用户在设计编程时需要进行详细了解和掌握，同时可参考 LabVIEW 即时帮助信息自行学习、了解并掌握其应用功能，这里就不再一一赘述。

3.2   初等与特殊函数

"初等与特殊函数"子选板的 VI 包含了大部分常用的基本数学函数，主要用于执行三角函数、指数函数、双曲线函数、对数函数、离散函数和贝塞尔函数等一些常用的数学函数。其函数节点 VI 位于"函数"选板→"数学"→"初等与特殊函数"子函数选板下，该子选板 VI 分为 12 类：三角函数、指数函数、双曲函数、门限函数、离散数学、贝塞尔函数、Gamma 函数、超几何函数、椭圆积分、指数积分、误差函数和椭圆与抛物函数，如图 3-2 所示。用户单击这 12 类函数分别展开，可以看到每类函数又各自包含了具体应用的基本数学函数，用户可以根据具体的编程需要选择使用。

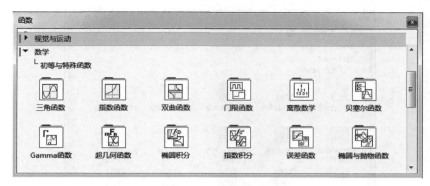

图 3-2　"初等与特殊函数"子选板

【例 3.2.1】利用"初等与特殊函数"子选板提供的函数 VI 画出公式：$y = x^6 + e^x \sin x$ 在 $[-2\pi, 2\pi]$ 之间的曲线并且在波形图中显示（利用 Signal Generation 下的函数产生 $[-2\pi, 2\pi]$ 之间的均匀采样点）。实现该例程的前面板和程序框图如图 3-3 所示。

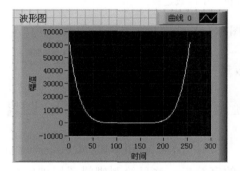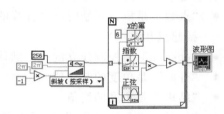

图 3-3　利用"初等与特殊函数"子选板提供的函数 VI 实现公式曲线显示

3.3　函数计算、微积分与微分方程

函数计算主要用于提供一维、二维函数的计算功能；微积分主要用于执行积分和微分操作；微分方程主要用于求解微分方程，包括常微分方程 VI 和偏微分方程 VI。

3.3.1　函数计算

用于函数计算的 VI 主要是一维及二维分析函数 VI，一维及二维分析 VI 用于分析以符号形式表示的一维和二维函数（这些函数都允许带参数），函数可以是因变量-自变量的形式，也可以是数值计算极值和偏导数。坐标系可以是笛卡尔坐标系或者极坐标系。用户可以使用 1D Explorer 或 2D Explorer，同时配合使用图形显示控件可以方便地显示各种函数计算的图形。

一维及二维分析函数节点位于"函数"选板→"数学"→"脚本与公式"→"一维及二维分析"子函数选板下，如图 3-4 所示。

【例 3.3.1】使用极坐标值至直角坐标值转换（优化步长）VI 绘制蝴蝶图。极坐标值至直角坐标值转换（优化步长）VI 和极坐标值至直角坐标值转换 VI 都可以计算极坐标函数的值，并转换至直角坐标系，输出为函数的 x，y 坐标，但是前者较后者计算精度更高。

图 3-4 "一维及二维分析"子函数选板

极坐标值至直角坐标值转换（优化步长）VI 的图标和接线端口如图 3-5 所示。

各主要接线端口解释如下。

图 3-5 极坐标值至直角坐标值
转换（优化步长）VI 的图标和端口

- "点数"是执行开始时已经计算的点的数量（包括起点和终点）。
- "epsilon"是控制建立的点，默认值是 0.05。
- "开始"是角度的起始值。
- "结束"是角度的终值。
- "极径（极角的函数）"是用于表示公式的字符串，这里绘制蝴蝶图用到的极坐标函数是 $r(t) = e^{\cos(t)} - 2\cos(4t) + [\sin(t/12)]^5$，其中，$t$ 是极角，单位是弧度。
- "X"是由第一个元素 $r(t)\cos(t)$ 的值组成的数组。
- "Y"是由第二个元素 $r(t)\sin(t)$ 的值组成的数组。

实现该例程的前面板和程序框图如图 3-6 所示。

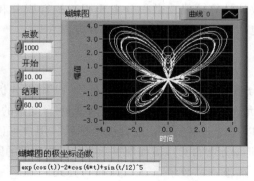

图 3-6 绘制蝴蝶图

3.3.2 微积分

微积分学是微分学和积分学的总称，是数学中的基础分支。微积分函数节点 VI 提供了微积分运算、极限、求导、时域数学、曲线长度、一元函数的零点和极值、二元函数极值、二元函数偏导数等常用函数。

微积分函数节点位于"函数"选板→"数学"→"积分与微分"和"函数"选板→"数学"→"脚本与公式"→"微积分"子函数选板下，如图 3-7 所示。

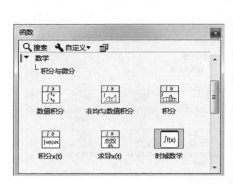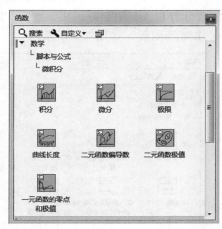

图 3-7　微积分子函数选板

【例 3.3.2】求曲线 $f(x) = 3x^2 + 4x + 6$ 在区间 $[-2, 5]$ 上的积分、微分及曲线长度并用图形显示，同时计算该曲线在该区间上的定积分值。实现该例程的前面板和程序框图如图 3-8 所示。

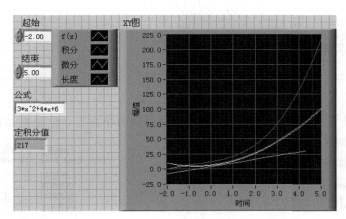

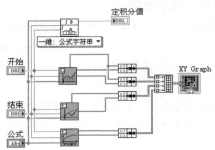

图 3-8　微积分实例

3.3.3 微分方程

微分方程主要用于求解微分方程，包括常微分方程 VI 和偏微分方程 VI。其中，常微分方程 VI 有 ODE 求解、ODE 库塔四阶方法、ODE 卡普五阶方法、ODE 欧拉方法等函数，而偏微分方程 VI 有定义 PDE、定义 PDE 域、定义 PDE 边界条件、定义 PDE 初始条件、PDE 求解等函数，如图 3-9 所示。

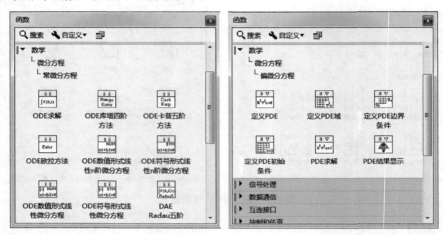

图 3-9　微分方程子函数选板

【**例 3.3.3**】求解常微分方程

$$\begin{cases} \dfrac{\mathrm{d}x}{\mathrm{d}t} = 10(y - x) \\[2mm] \dfrac{\mathrm{d}y}{\mathrm{d}t} = x(28 - z) - y \\[2mm] \dfrac{\mathrm{d}z}{\mathrm{d}t} = xy - \dfrac{8}{3}z \end{cases}$$

$$其中：x(0) = y(0) = z(0) = 0.6, t \in [0, 40]$$

并用图形显示。此常微分方程是洛伦兹混沌系统的动力学方程，洛伦兹系统有一个混沌吸引子。本例采用 ODE 卡普五阶方法求解该常微分方程组的三维表示。ODE 卡普五阶方法 VI 的图标和接线端口如图 3-10 所示。

各主要接线端口解释如下。

- "X（变量名）"是变量字符串数组。
- "开始时间"是常微分方程（ODE）的开始点，默认值为 0。
- "结束时间"是待测时间区间的结束点，默认值为 1.0。

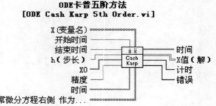

图 3-10　ODE 卡普五阶方法 VI 的图标和端口

- "h（步长）"是算法开始时的步长。Cash Karp 算法的步长可以调整。默认值为 0.1。
- "X0"是描述开始条件的向量，$x[10]$，…，$x[n0]$。"X0"和"X（变量名）"的分量一一对应。

- "精度"用于控制解法的精度。默认值为 0.0，用于指定计算值与实际值之间的最大偏差。
- 输入端口"时间"是时间变量的字符串表示，默认的变量为 t。
- "F（X，t）（常微分方程右侧作为 X 和 t 的函数）"该一维数组用于表示微分方程的右端项。公式可以包含任意数量的有效变量。
- 输出端口"时间"是用于表示时间步长的一维数组。ODE Cash Karp 在"开始时间"和"结束时间"之间可以产生随机的时间步长。
- "X 值（解）"是解向量 x [10]，…，x [n] 组成的二维数组。顶层索引是"时间"数组中指定的时间步长，底层索引是元素 x [10]，…，x [n]。
- "计时"是用于整个计算的时间，以毫秒为单位。

实现该例程的前面板和程序框图如图 3-11 所示。图 3-11 中的 $X/Y/Z$ 图显示了该常微分方程组中 X、Y、Z 的解，同时从 $X/Y/Z$ 图中索引出 X、Z 的解，并用 XZ 图显示出来。

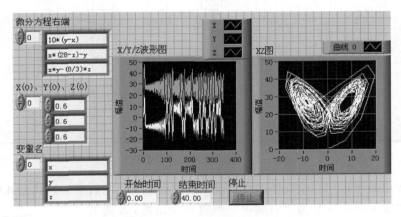

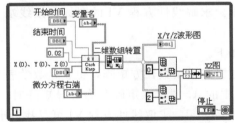

图 3-11　求解常微分方程实例

3.4　线　性　代　数

线性代数是高等代数的一大分支，主要是讨论线性方程组及线性运算的代数，包括求解一些线性方程组，进行与矩阵相关的计算与分析等操作。线性代数在现代工程和科学领域中有着非常广泛的应用，但运算量也非常大，LabVIEW 2017 提供了强大而又方便的线性代数运算功能。

线性代数函数节点位于"函数"选板→"数学"→"线性代数"子函数选板下，如图 3-12 所示。矩阵数据类型是自 LabVIEW 8.0 版本后新增加的数据类型，就是使用户更加直接地实现线性代数运算，本书在第 2 章数据结构内容中已经详细介绍过矩阵数据类型，包括矩阵的一些相关运算，这里不再重述。本部分重点用实例说明"求解线性方程"函数节点的使用，其余线性代数函数节点，用户可参考 LabVIEW 即时帮助信息自行学习掌握其用法。

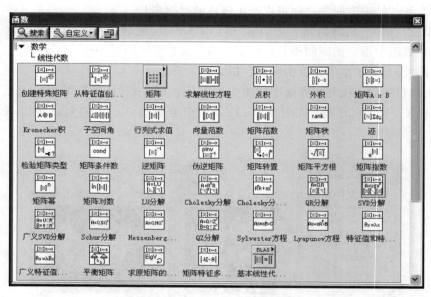

图 3-12　"线性代数"子函数选板

线性方程组是可以用一个线性的方程表示的方程组，它的数学表达式是 $AX = Y$，如 A 为 $m×n$ 的"输入矩阵"，Y 为"右端项"中的 m 个系数，X 为方程组"向量解"中 n 个元素。求解线性方程 VI 的图标和接线端口如图 3-13 所示。

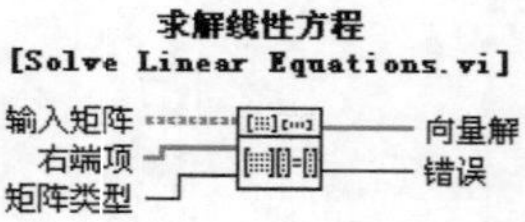

各主要接线端口解释如下。

- "输入矩阵"是实数方阵或实数长方矩阵，也就是数学表达式"$AX = Y$"中的 A。"输入矩阵"为奇异矩阵时，如"矩阵类型"为 General，求解线性方程 VI 可寻找最小二乘解。否则，VI 返回错误。

- "右端项"是由已知因变量值组成的数组。"右端项"的元素数必须等于"输入矩阵"的行数。如"右端项"的元素数与"输入矩阵"的行数不同，VI 可设置"向量解"为空数组，并返回错误。

- "矩阵类型"是"输入矩阵"的类型。了解"输入矩阵"的类型可加快"向量解"的计算，减少不必要的计算，提高计算的正确性。其中，0：General（默认，普通）、1：Positive definite（正定）、2：Lower triangular（下三角）、3：Upper triangular（上三角）。

- "向量解"是方程组"$AX = Y$"的解，A 是"输入矩阵"，Y 是"右端项"。

图 3-13　求解线性方程 VI 的图标和端口

线性方程组的解具有以下特点：

（1）由实际问题列出的线性方程组，其方程个数不一定等于未知量的个数，即 $m \neq n$。

（2）如果 $m > n$，方程组中方程的个数多于未知量个数，方程组是超定的。满足 $AX = Y$ 的解可能不存在，VI 可得到最小二乘解 X，使得 $\| AX = Y \|$ 最小化。

（3）如果 $m < n$，方程组中方程的个数少于未知量个数，方程组是欠定的。有无限个满足 $AX = Y$ 的解。VI 可选择其中的一个解。

（4）如果 $m = n$ 时，如 A 为非奇异矩阵，即没有任何行或列是其他行或列的线性组合，通过使"输入矩阵" A 分解为上三角矩阵 U 和下三角矩阵 L 可求解方程组 X，例如，$AX = LZ = Y$ 与 $Z = UX$ 可以作为原有方程组的另一种表示方法。Z 也是 n 个元素的向量。三角方程组容易通过递归方法求解。因此，得到矩阵 A 的上三角矩阵 U 和下三角矩阵 L 后，通过 $LZ = Y$ 方程组可得到 Z，通过 $UX = Z$ 可得到 X。

（5）如果 $m \neq n$ 时，A 可以分解为正交矩阵 Q 和上三角矩阵 R，使得 $A = QR$，线性方程组可以表示为 $QRX = Y$。然后求解 $RX = Q^TY$。通过递归方法容易求解上三角矩阵得到 X。

【例 3.4.1】求解线性方程组：$AX = Y$，其中：$A = \begin{bmatrix} 4.5 & 9 & 7 & 12 \\ 0.7 & 6 & 5.6 & 7 \\ 4 & 7.5 & 3 & 8 \end{bmatrix}$，$Y = \begin{bmatrix} 2 \\ -8 \\ 13 \end{bmatrix}$，

求解 X。实现该例程的前面板和程序框图如图 3-14 所示。

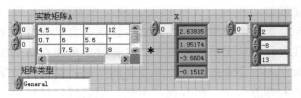
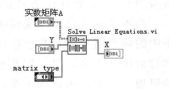

图 3-14　求解线性方程组

3.5　概率与统计

从数学的角度来研究社会和自然现象时，可以把这些现象大致分成两类：确定性现象和随机性现象。确定性现象是指在一定条件下完全可以预知的现象；随机性现象是指在相同条件下重复进行试验，每次结果未必相同，或知道事物过去的状况，但未来的发展却不能完全肯定。概率论和统计学就是研究大量随机现象的规律性的数学工具。概率与统计是研究和揭示随机现象统计规律的一门数学学科。概率与统计的理论与方法在科学技术领域的应用非常普遍，随机性的普遍存在促进了统计的发展，也为统计的应用提供了广阔的空间。随着电子计算机的出现和发展，计算机大批量、高速处理数据的能力使大规模的数据分析处理成为可能，因此，概率与统计的许多方法在测试测量、通信、气象、地震预报、市场分析、地震勘探、刑事侦查等领域有着广泛的应用。

本节内容首先介绍概率与统计中常用而又重要的基本概念。

3.5.1　基本概念

1. 随机变量和随机变量的值

把随机性现象的结果，用一个变量来表达，这个变量就叫随机变量。每一个具体的结果，叫随机变量的值。例如，研究掷骰子的现象，可以把骰子落地后的结果，用一个变量 X 来表示，这个 X 就是随机变量；骰子落地后，可能会出现 1、2、3、4、5 或 6 这六个数，就是随机变量 X 的取值。概率论并不能计算出下一次随机变量的取值是多少，而是重点研究随机变量取值的规律，即各种结果出现的可能性是多少。按照随机变量的取值特点可以把随机变量分为连续性随机变量和离散型随机变量。

2. 随机变量的分布和概率密度

正如前面内容所讲述的一样，概率论的重点是随机变量取值的规律，这个规律主要指随机变量的分布，即研究随机变量在各个取值区间出现机会的多少。

由于不同的随机变量取值（y 轴）不同，为了方便研究分布特征，要求对概率分布曲线进行归一化，即要求整个曲线与 x 轴围成的面积恰好为 1，则这条曲线就成为概率密度曲线，该曲线所对应的函数就是概率密度函数 $f(x)$。所以，人们在研究随机现象后，都会得出一个结果，即概率密度函数。概率密度函数分为连续概率密度函数（PDF）和离散概率函数（PF）。有了这个概率密度函数，就可以方便实现许多统计计算。

3. 随机变量的数字特征

已知概率密度函数后，就能了解到随机变量取值的分布规律。但是，在日常生活中，常常希望知道几个有代表性的数字就可以，比如，天气预报会说，今晚的降水概率为 85%，而不会说，这是今晚到明天白天降水的概率密度曲线，请各位观众自己去算。上述例子中的降水概率就是数字特征，即代表总体状况的数字特征，这种数学思想在我们生活中常常会体现出来，只要用几个有代表性的数字来描述一大堆数字的状况，即遵循数字特性的思想。比如，去市场买菜，问今天的虾怎么样，回答说"不错，很新鲜，也很大，基本上都是 2 两一个"。从统计学的视角来看，"2 两"是平均值（Mean），描述了市场上虾的平均情况；"基本上都是"是方差（Variance），描述了市场上虾的分散情况。

3.5.2　常用的随机变量的数字特征

常用的随机变量的数字特征有平均值、中值、众数、累加值、均方根、标准差、方差、峰度、偏斜度和极值。

1. 平均值、数学期望和均方根

平均值：从统计学的角度上看，可以把平均值理解为一组数据波动的中心。

均方根：又称有效值，常常用 RMS（Root Mean Square）来表示。有效值在物理上体现平均能量的大小，与数值的正负无关（正负不代表大小，而代表方向）。

数学期望：在概率论和统计学中，数学期望 $E(X)$ 实际上就是平均值，又叫期望值，或均值，常用一个希腊字母 μ 来表示。其完整的数学表达为：如果 X 是一个离散的变量，其输出值为 $x1$、$x2$、$x3$、…，输出值对应的概率为 $p1$、$p2$、$p3$、…，那么期望值 $E(X)$ 是输出值与其概率的乘积和：$E(X) = \sum_i x_i p_i$——实际上就是求平均值公式的改版；如果 X 是一个

连续的变量，其概率密度函数为 $f(x)$，那么数学期望为 $E(X) = \int_{-\infty}^{+\infty} f(x)\mathrm{d}x$ ——实际上与离散随机变量的数学期望的算法如出一辙，只是由于随机变量是连续的，所以把求和改成了积分。

在概率论里面，数学期望和方差是概率分布函数的两个最重要的参数，数学期望描述分布的重心，方差描述分布的离散情况。由于方差是标准差的平方，在数学期望（分布中心）相同的情况下，标准差（Standard deviation，Std）越大，离散程度越大。标准差常用希腊字母 σ 表示，当 X 为离散型变量时，标准差的计算公式为 $\sigma = \sqrt{E(X - \mu)^2}$，所以方差计算公式为 $V(X) = \sigma^2 = E(X - \mu)^2$。标准的正态分布的概率密度曲线是钟形的，最中间是对称中心，即均值位置；曲线的两端是下凹的，中心段是上凸的，在凹与凸的交界处有个转折点，即拐点；拐点到中心线的距离就是标准差 σ。标准差越大，代表数据越分散；标准差越小，代表数据越集中。

2. 峰度和偏斜度

峰度（Kurtosis）：描述随机变量分布平坦程度的量，与具有相同的均值和方差的正态分布相比：

峰度＝0，与正态分布的陡缓程度相同；

峰度＞0，比正态分布的陡峭，尖顶峰；

峰度＜0，比正态分布的平坦，平顶峰，如图 3-15 所示。

偏斜度（Skew）：描述随机变量分布对称的量，与具有相同的均值和方差的正态分布相比：

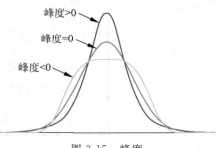

图 3-15　峰度

偏斜度＝0，与正态分布的偏度相同；

偏斜度＞0，与正态分布相比，尾巴拖在右边；

偏斜度＜0，与正态分布相比，尾巴拖在左边；

偏斜度绝对值越大，偏移程度越大，如图 3-16 所示。

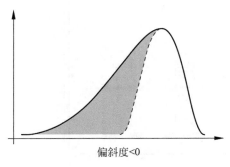
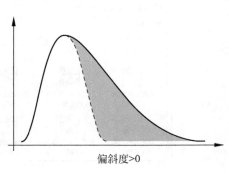

图 3-16　偏斜度

3. 中值、众数和极值

中值（Median）：也叫中位数，是指将数据按大小顺序排列起来，形成一个数列，居于数列中间位置的那个数据，用 Me 表示。

众数（Mode）：指一组数据中出现次数最多的数据。

极值（Extreme value）：就是指一组数中的最大值和最小值，最大值减去最小值可以得到这组数据的范围（Range）。

3.5.3　LabVIEW 中概率与统计函数 VI

LabVIEW 2017 提供了丰富的概率与统计的函数 VI，使得概率与统计的理论与方法得以实现。概率与统计函数节点位于"函数"选板→"数学"→"概率与统计"子函数选板下，如图 3-17 所示。这些 VI 主要用于执行概率、叙述性统计、方差分析和插值函数等操作，如计算均值、标准差和方差、均方根、均方差、中值、方差分析、统计及直方图等。用户在使用这些函数节点时可参考 LabVIEW 即时帮助信息。

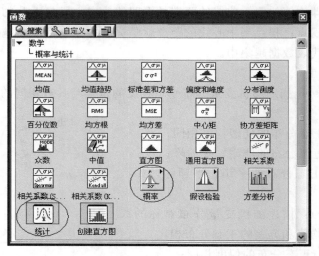

图 3-17　"概率与统计"子函数选板

在图 3-17 中单击"概率"子函数选板，可以看到概率计算函数，如图 3-18 所示。

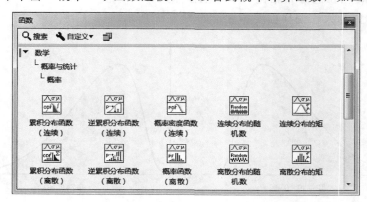

图 3-18　"概率"子函数选板

在图 3-18 所示的"概率"子函数选板中，可以分为计算各种分布的连续概率密度函数（PDF）和计算离散概率函数（PF）。每一个概率计算函数包含很多类型，用户可以通过程序框图中图标下方的下拉菜单来选择所需要的类型，图 3-19 给出了"概率密度函数（连续）"和"概率密度函数（离散）"两个概率计算函数的全部类型。

（a）"概率密度函数（连续）"类型　　　（b）"概率密度函数（离散）"类型

图 3-19　概率密度函数类型

　　另外，统计也是一种常用的数学方法，也是一种必须掌握的编程技巧。在图 3-17 所示的"概率与统计"子函数选板中选择"统计"函数并打开，弹出如图 3-20 所示的"配置统计"对话框，用户可以对该对话框中的选项进行选择配置，选择好编程中需要的选项进行配置完成后，单击"确定"按钮，就可以在程序框图窗口中看到如图 3-21 所示的图标，在图标上就可以看到用户对其配置后的接线端口。

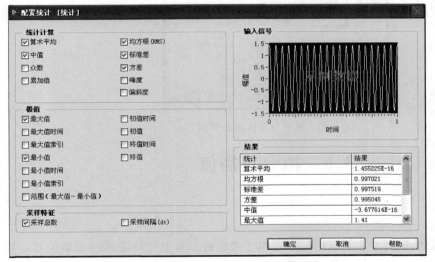

图 3-20　"配置统计"对话框

图 3-21　"统计"
图标接线端口

　　【例 3.5.1】概率与统计函数实例。本例分别使用高斯白噪声和均匀白噪声函数 VI 产生随机数序列，对其各自产生的随机数序列进行概率与统计分析，本例计算的噪声统计特性包括均值、标准值和方差、偏度和峰度、中心距、众数、中值，并用 XY 图显示直方图。实现该例程中高斯白噪声的相关分析的前面板和程序框图如图 3-22 所示，若要实现均匀白噪声的相关分析可通过布尔开关进行操作。"标准差和方差"函数节点 VI 的"权"接线端口确定计算总体或采样标准差和方差，0：Sample（默认）；1：Population，在本例中的采用 1：Population，计算总体标准差和方差。

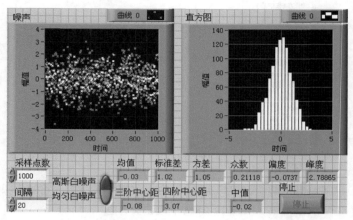

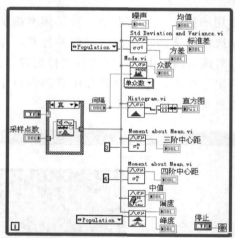

图 3-22   概率与统计函数实例

3.6   拟合与插值

3.6.1   拟合

拟合在分析实验数据时是非常有用的，常用于考察被测对象之间隐藏的函数关系。在实际工程应用和实验中，常常只能测得大量离散的数据点，为了分析这些离散点之间存在何种规律，就经常需要得到一条光滑的数据曲线或直线，这样可以从大量的离散数据中抽象出内部规律。

LabVIEW 2017 提供了大量的线性和非线性的曲线拟合算法 VI 以满足不同的拟合需要，拟合函数节点位于"函数"选板→"数学"→"拟合"子函数选板下，如图 3-23 所示。拟合的目的就是要找出其中隐藏的函数关系，因此，对于不同的被测对象有不同的拟合方法。图 3-23 所示的这些 VI 主要用于进行曲线拟合的分析或回归运算，主要包括线性拟合、指数拟合、高斯曲线拟合、球面拟合、非线性曲线拟合、曲线拟合等拟合 VI，其中，包含的高级曲线拟合 VI 主要用于计算拟合统计量和系数。另外在研究被测对象之间可能存在的复杂函数关系时，常用一些多项式拟合函数去逼近这种隐藏的关系。一般说来，用户对被测对象数据大都需要经过适当的处理，其中包括滤波、曲线拟合等，用户在使用这些函数节点时可参考 LabVIEW 即时帮助信息。

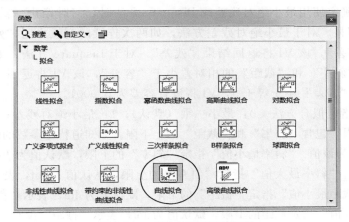

图 3-23　"拟合"子函数选板

曲线拟合的实际应用很广泛。例如：

- 消除测量噪声。
- 填充丢失的采样点（例如，如果一个或者多个采样点丢失或者记录不正确）。
- 数据的差分（例如，在需要知道采样点之间的偏移时，可以用一个多项式拟合离散数据，而得到的多项式可能不同）。
- 数据的合成（例如，在需要找出曲线下面的区域，同时又只知道这个曲线的若干个离散采样点的时候）。
- 求解某个基于离散数据的对象的速度轨迹（一阶导数）和加速度轨迹（二阶导数）。

1. 线性拟合

线性拟合 VI 是通过最小二乘法、最小绝对残差或 Bisquare 方法返回数据集（X，Y）的线性拟合。广义线性拟合 VI 是查找 k 维线性曲线值和 k 维线性拟合系数集，使用最小二乘法、最小绝对残差或 Bisquare 方法获取最佳显示输入数据集合的 k 维线性曲线。若噪声为高斯分布，可使用最小二乘法。最小绝对残差和 Bisquare 拟合方法是健壮的拟合方法。如存在超出区间的数，可使用上述方法。在大多数情况下，Bisquare 方法对于超出区间的数不如最小绝对残差方法敏感。线性拟合 VI 和广义线性拟合 VI 这两者的图标和接线端口分别如图 3-24 和图 3-25 所示。

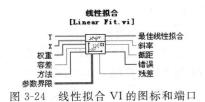

图 3-24　线性拟合 VI 的图标和端口

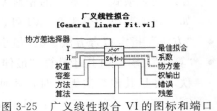

图 3-25　广义线性拟合 VI 的图标和端口

线性拟合 VI 各主要接线端口解释如下。

- "Y" 是由因变值组成的数组。"Y" 的长度必须大于等于未知参数的元素个数。
- "X" 是由自变量组成的数组。"X" 的元素数必须等于 "Y" 的元素数。
- "权重" 是观测点（X，Y）的权重数组。"权重" 的元素数必须等于 "Y" 的元素数。如 "权重" 未连线，VI 将把 "权重" 的所有元素设置为 1。如 "权重" 中的某个元素小于 0，VI 将使用元素的绝对值。
- "容差" 确定使用最小绝对残差或 Bisquare 方法时，何时停止 "斜率" 和 "截距" 的迭代调整。对于最小绝对残差方法，如两次连续的交互之间 "残差" 的相对差小于 "容差"，该 VI 将返回结果 "残差"。对于 Bisquare 方法，如两次连续的交互之间 "斜率" 和 "截距" 的相对差小于 "容差"，该 VI 将返回 "斜率" 和 "截距"。如 "容差" 小于等于 0，VI 将设置容差为 0.0001。
- "方法" 指定拟合方法。0：最小二乘（默认）；1：最小绝对残差；2：Bisquare。
- "参数界限" 包含 "斜率" 和 "截距" 的上下限。如知道特定参数的值，可设置参数的上下限为该值。"斜率最小值" 指定 "斜率" 的下限，默认值为-Inf，表示 "斜率" 没有下限。"斜率最大值" 指定 "斜率" 的上限，默认值为 Inf，表示 "斜率" 没有上限。"截距最小值" 指定 "截距" 的下限，默认值为-Inf，表示 "截距" 没有下限。"截距最大值" 指定截距的上限，默认值为 Inf，表示 "截距" 没有上限。
- "最佳线性拟合" 返回拟合模型的 Y 值。
- "斜率" 返回拟合模型的斜率。
- "截距" 返回拟合模型的截距。
- "残差" 返回拟合模型的加权平均误差。如 "方法" 设为最小绝对残差法，则 "残差" 为加权平均绝对误差。否则 "残差" 为加权均方误差。

广义线性拟合 VI 各主要接线端口解释如下。

- "协方差选择器" 表明 VI 是否计算协方差矩阵。0：Do not compute the covariance matrix；1：Compute the covariance matrix。
- "Y" 是观测到的数据集 Y。"Y" 的元素数必须等于 "H" 中的行数。
- "H" 是该矩阵表示用于拟合数据集合（X，Y）的公式。H_{ij} 是 x_i 的函数值。
- "权重" 是观测点 "Y" 的权重数组。"权重" 的元素数必须等于 "Y" 的元素数。如 "权重" 未连线，VI 将把权重的所有元素设置为 1。如 "权重" 中的某个元素小于 0，VI 将使用元素的绝对值。
- "容差" 确定使用最小绝对残差或 Bisquare 方法时，停止 "系数" 交互调整的时间。对于最小绝对残差方法，如两次连续的交互之间多项式拟合的加权均方误差小于 "容差"，该 VI 将返回结果 "系数"。对于 Bisquare 方法，如两次连续的交互之间多项式 "系数" 的相对差小于 "容差"，该 VI 将返回结果多项式 "系数"。如 "容差" 小于等于 0，VI 可设置 "容差" 为 0.0001。
- "方法" 指定拟合方法。0：最小二乘（默认）；1：最小绝对残差；2：Bisquare。
- "算法" 指定 VI 用于计算 "最佳多项式拟合" 的算法。只有 "H" 不满秩或不为全秩，并且其他算法无效时，才使用不满秩 H 的 SVD 算法。0：SVD（默认）；1：Givens；2：Givens2；3：Householder；4：LU 分解；5：Cholesky；6：不满秩

H 的 SVD。

- "最佳拟合"是通过"系数"得到的拟合数据。
- "系数"是最小化卡方的系数集合。下列等式为 χ^2：

$$\chi^2 = \sum_{i=0}^{n-1} \left(\frac{Y_i - Z_i}{\sigma_i} \right)^2 = \sum_{i=0}^{n-1} \left(\frac{Y_i - \sum_{j=0}^{k-1} b_j x_{ij}}{\sigma_i} \right)^2 = |H_0 B - Y_0|^2$$

- "协方差"是协方差 C 的矩阵，共有 $k \times k$ 个元素。VI 通过下列公式计算协方差矩阵 C：$C = (H_0^{\mathrm{T}} H_0)^{-1}$。
- "权输出"如果方法为 Bisquare，"权输出"返回广义线性拟合的实际权。如果"方法"为最小二乘法或最小绝对残差，"权输出"返回输入的"权"值。
- "残差"返回拟合模型的加权平均误差。如"方法"设为最小绝对残差法，则"残差"为加权平均绝对误差。否则"残差"为加权均方误差。

【例 3.6.1】该例将首先生成数据集，然后用线性函数、指数函数或幂函数对数据进行拟合，计算最佳拟合曲线。实现该例程的前面板和程序框图如图 3-26 所示，图中仅仅给出了使用线性拟合 VI 对数据进行拟合的结果，用户每次运行时可切换选项卡或单击"刷新"按钮，都会生成新的数据集及使用其他两种方法对数据进行拟合的最佳拟合曲线。

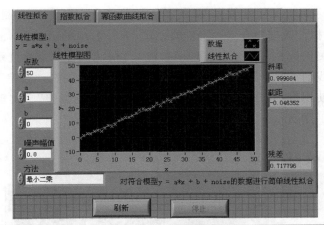

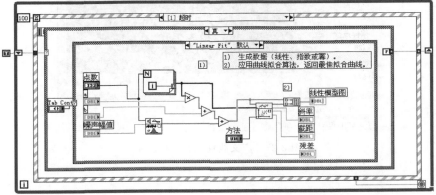

图 3-26　用线性函数、指数函数或幂函数对数据进行拟合

【例 3.6.2】广义线性拟合 VI 实例。本例采用广义线性拟合 VI 中的最小二乘法曲线拟合。

使用广义线性拟合 VI 的最小二乘法拟合曲线时，获取拟合值和表示观测 (x, y) 关系的最佳最小二乘系数的方法：$y = f(a, x) = \sum_{i=0}^{n-1} a_i f_i(x) = a_0 f_0(x) + a_1 f_1(x) + L + a_{n-1} f_{n-1}(x)$，其中：$a = \{a_0, a_1, a_2, L, a_{n-1}\}$，$n$ 是函数的数量，$f_i(x)$ 是模函数。

本例中，假定原始数据为原始函数叠加一定的噪声产生（假定该噪声是均匀白噪声）且满足以下关系：$y = 2\sin(x^2) + 2\cos(x) + \dfrac{4}{x+1} + \text{Noise}$。

假定满足 x 和 y 的猜测函数为：$y = a_0 f_0(x) + a_1 f_1(x) + a_2 f_2(x) + a_3 f_3(x) + a_4 f_4(x)$，其中：

$$f_0(x) = 1.0$$
$$f_1(x) = 2\sin(x^2)$$
$$f_2(x) = 2\cos(x)$$
$$f_3(x) = \frac{4}{x+1}$$
$$f_4(x) = x^4$$

在如图 3-25 所示的广义线性拟合 VI 的图标和端口中，"Y" 为观测到的原始数据集。"H" 矩阵表示用于拟合数据集合 (x, y) 的公式，H_{ij} 是 x_i 的函数值，也就是根据猜测函数产生的，它是猜测函数在自变量各点的函数值。"最佳拟合" 是通过系数得到的拟合数据，也就是拟合曲线的 Y 值，"系数" 就是最终获取的回归系数。"残差" 返回拟合模型的加权平均误差。在使用最小二乘的算法时 "残差" 即为 "均方差"。实现该例程的前面板和程序框图如图 3-27 所示。

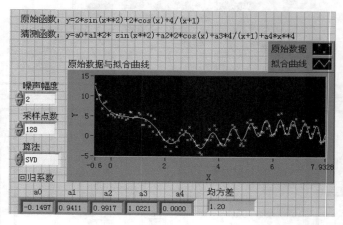

图 3-27　广义线性拟合 VI 实例

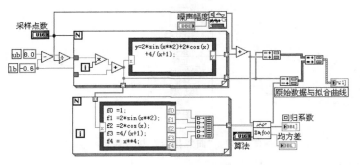

图 3-27　广义线性拟合 VI 实例（续）

2. 曲线拟合 Express VI

另外，LabVIEW 2017 还提供了曲线拟合 Express VI，用户可以更加方便地使用曲线拟合对数据进行拟合处理。用户可以在图 3-23 所示的"拟合"子函数选板中选择"曲线拟合"，或者也可以在"函数"选板→Express→"信号分析"子函数选板中选择"曲线拟合"函数并打开，会自动弹出一个如图 3-28 所示的"配置曲线拟合"对话框，用户可以对该对话框中的选项进行选择配置，选择好编程中需要的选项进行配置完成后，单击"确定"按钮，就可以在程序框图窗口中看到如图 3-29 所示的图标，在图标上就可以看到用户对其配置后的接线端口。

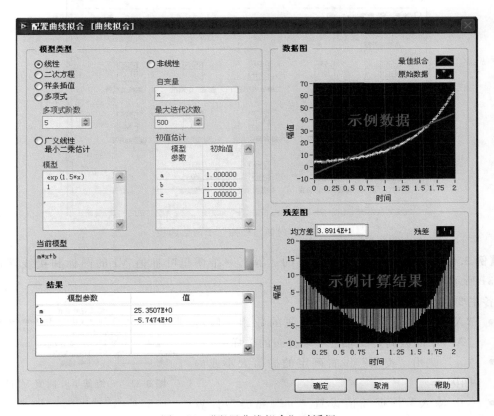

图 3-28　"配置曲线拟合"对话框

图 3-29　"曲线拟合"接线端口

3.6.2　插值

插值是在离散数据之间补充一些数据，使这组离散数据能够符合某个连续函数。插值是计算数学中最基本和最常用的方法，是函数逼近理论中的重要方法。

LabVIEW 2017 提供了多个插值函数，主要用于进行一维和二维插值、分段插值、多项式插值和傅里叶插值。插值函数节点位于"函数"选板→"数学"→"内插与外推"子函数选板下，如图 3-30 所示。内插与外推主要应用于：

- 内插（对采样点之间的数据的估计，例如，在采样点之间的时间差距不够大时）。
- 外推（对采样范围之外的数据进行估计，例如，在需要试验以后的数值时）。

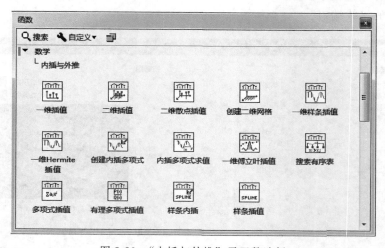

图 3-30　"内插与外推"子函数选板

【例 3.6.3】一维傅里叶插值 VI 的运算。一维傅里叶插值 VI 的图标和接线端口如图 3-31 所示。

各主要接线端口解释如下。

- "X"是由用于插值的值组成的数组。假设"X"中的数据是 x 轴上均匀分布的采样。
- "n"是由"类型"设置确定的插值大小或内插因子。
- "dt 输入"根据插值设置"n"和类型计算"dt 输出"。

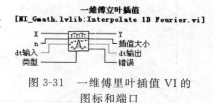

图 3-31　一维傅里叶插值 VI 的图标和端口

- "类型"表明如何通过"n"确定"插值大小"。0: "插值大小"——输出大小＝n；1: "内插因子"——输出大小＝$n*X$的大小。
- "Y"是由已进行插值的值组成的输出数组。
- "插值大小"返回由已进行插值的值组成的输出数组"Y"的大小。若"类型"为"插值大小"，则"插值大小＝n"；若"类型"为"内插因子"，则"插值大小＝$n*X$"的大小。
- "dt 输出"是"dt 输入"$*N/m$，N 是输入数组"Y 输入"的大小，m 是插值大小（由"n"和"类型"）确定。

该实例 VI 实现的是将数组变换为频域，然后变换回时域，形成输出插值数组。使用"混合单频与噪声波形"生成数据，可调整数据生成的参数，例如，单频频率、采样率、采样数、噪声水平、直流偏移。可修改插值因子 n，设置每个 Y 数据点之间插值点的数量。实现该例程的前面板和程序框图如图 3-32 所示。

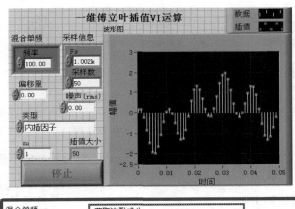

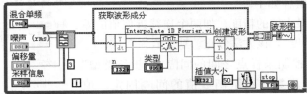

图 3-32　一维傅里叶插值 VI 的运算

3.7　最优化与零点求解

3.7.1　最优化

最优化是应用数学的重要研究领域，它是研究在给定约束之下如何寻求某些因素（量），以使某一（或某些）指标达到最优的一些学科的总称。它的起源可以追溯到法国数学家拉格朗日关于一个函数在一组等式约束条件下的极值问题。最优化方法的目的在于针对所研究的系统，求得一个合理运用人力、物力和财力的最佳方案，发挥和提高系统的效能及效益，最终达到系统的最优目标。实践表明，随着科学技术的日益进步和生产经营的日益发展，最优化方法在工业、公共管理、经济管理、工程建设、军事技术、国防等各领域发挥着越来越重要的作用，并发展出组合优化、线性规划、非线性规划、动态控制和最优控制（控制论与运筹学的交叉分支）等多个分支。

LabVIEW 2017 提供了多个最优化函数，主要用于确定一维或 n 维实数的局部最大值和最小值、Chebyshev 逼近准则等。用户可选择基于函数导数的最优化算法，也可选择无须导数的最优化算法。也可使用一些特殊方法如线性编程、符号形式的 Levenberg-Marquardt 算法、Pade 逼近和 Chebyshev 逼近等。最优化函数节点位于"函数"选板→"数学"→"最优化"子函数选板下，如图 3-33 所示。

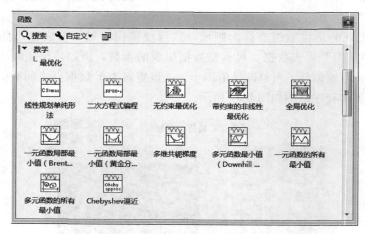

图 3-33　"最优化"子函数选板

【例 3.7.1】一元函数的所有最小值 VI 实例。一元函数的所有最小值 VI 的图标和接线端口如图 3-34 所示。

各主要接线端口解释如下。

- "精度"确定最小值的精度。如两个连续近似值的差小于等于"精度"，该方法停止。默认值为 1.00E-8。
- "步长类型"控制采样点之间的间隔。"步长类型"值为 0，固定函数，表示函数值的间隔固定。值为 1 即使用修正函数，表示优化步长。一般情况下，通过修正函数可得到精确的"最小值"。默认值为 0。

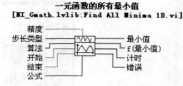

图 3-34　一元函数的所有最小值 VI 的图标和端口

- "算法"指定 VI 使用的方法。0：黄金分割搜索法（默认）；1：函数局部最小值（Brent 法）。默认值为 0。
- "开始"是区间的开始点。默认值为 0.0。
- "结束"是区间的结束点。默认值为 1.0。
- "公式"是描述函数的字符串。公式可包含任意个有效的变量。
- "最小值"该数组包含区间（"开始"，"结束"）中"公式"的所有最小值。
- "f（最小值）"是函数在"最小值"点的取值。
- "计时"是用于整个计算的时间，以毫秒为单位。

注：如需找到函数的全部最大值，必须连线负函数作为输入。"$-f$（最小值）"是函数值的最大值。

本例查找一元函数 $f(x) = \sin(x^2)$ 在给定区间 $(-1.0, 6.0)$ 的最小值。实现该例程的前面板和程序框图如图 3-35 所示。图中的曲线为 $f(x)$，曲线上的小方块即为最小值的位置，如果"开始"或"结束"值接近最小值，可使用修正的函数"步长类型"。

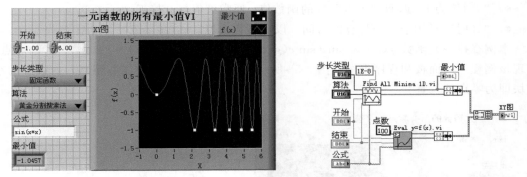

图 3-35 一元函数的所有最小值 VI 实例

3.7.2 零点求解

零点 VI 用于在一维或 n 维、线性函数或非线性函数中查找零值。零点函数节点位于"函数"选板→"数学"→"脚本与公式"→"零点"子函数选板下，如图 3-36 所示。这些零点函数节点主要用于一元函数的所有零点、Newton Raphson 零点查找、非线性系统方程求解等。

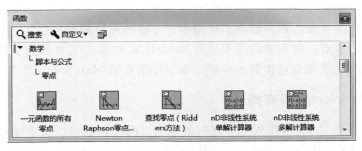

图 3-36 "零点"子函数选板

【例 3.7.2】一元函数的所有零点 VI（公式）实例。一元函数的所有零点 VI 的图标和接线端口如图 3-37 所示。

各主要接线端口解释如下。

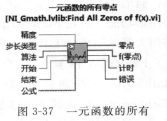

图 3-37 一元函数的所有零点 VI 的图标和端口

- "精度"控制零点和极值的精度，默认值为 $1.00E-8$。
- "步长类型"控制采样点之间的间隔。通常情况下，通过修正函数可得到精确的零点和极值。0：固定函数（默认），表明间隔均匀的函数值。1：修正函数，表明优化步长的大小。
- "算法"是 VI 使用的方法。0：Ridders（默认）；1：Newton Raphson。
- "开始"是区间的开始点，默认值为 0.0。

- "结束"是区间的结束点，默认值为 1.0。
- "公式"是描述函数的字符串。公式可包含任意个有效的变量。
- "零点"是"公式"的确定零点。
- "f（零点）"返回"零点"处的函数值。通常该值与 0 接近。
- "计时"是用于整个计算的时间，以毫秒为单位。

本例查找一元函数 $f(x) = \sin(\sin c(gamma(x)))$ 在给定区间 $[-2.0, 2.0]$ 的零点。实现该例程的前面板和程序框图如图 3-38 所示，给出了 $f(x)$ 的曲线和零点，曲线上的小方块即为零点的位置。

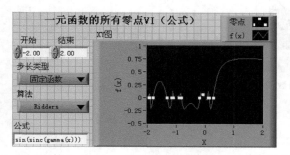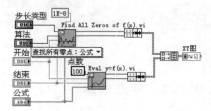

图 3-38　一元函数的所有零点 VI（公式）实例

3.8　MathScript 节点

LabVIEW 2017 主要为用户提供了使用非常方便的两种脚本节点——MathScript 节点和 MATLAB 脚本节点，脚本节点用于执行 LabVIEW 中基于文本的数学脚本。有关脚本的知识在第 2 章的相关部分已作简单介绍，本节详细介绍 MathScript 节点。

3.8.1　MathScript 节点概述

MathScript 节点是 LabVIEW 8.0 以后版本推出的面向数学的文本编程语言，它的文本描述语言为 LabVIEW MathScript，它是用于编写函数和脚本的文本编程语言，一种与 MATLAB 语言语法极为相似的语言，熟悉 MATLAB 使用方法的用户可以很方便地利用 MathScript 节点编写出与 MATLAB 风格相似的基于 LabVIEW MathScript 语法的脚本代码。新的 MathScript 节点包含了 600 多个数学分析与信号处理函数，并增加和增强了丰富的图形功能。利用 MathScript 节点在 LabVIEW 图形化代码中嵌入 .m 文件脚本使用户能访问大量的图形化工具库，从而进行信号处理、分析和数学计算。

LabVIEW 内置了一个 MathScript RT 模块引擎，用于解释和运行用户使用 MathScript 节点创建的基于 LabVIEW MathScript 语法的脚本，加载以 LabVIEW MathScript 语法或其他文本编程语言语法编写的脚本，编辑已创建或加载的脚本，调用 MathScript RT 模块引擎处理 MathScript 和其他脚本。在 MathScript RT 模块 2010 及更早版本中，用户将相关的数据赋给单个变量。但在 MathScript RT 模块 2011 中，可定义结构，在 LabVIEW MathScript 窗口或 MathScript 节点管理和组织相关数据，也可将簇连接至 MathScript 节点。在节点中，簇转换为 MathScript 结构。

MathScript 节点是内建于 LabVIEW 的，可处理大多数在 MATLAB 或兼容环境中创建的文本脚本，因此，用户不需要安装 MATLAB 软件也可以正常运行这些代码，可以使用内建的 600 多个数学分析与信号处理函数。

一般来说，通过 MathScript 节点处理一般的数学分析与信号处理是足够的，但用户值得注意的是，MathScript RT 模块引擎并不支持 MATLAB 提供的所有函数。某些现有脚本中的函数可能不受支持，对于这些函数，可使用公式节点或其他脚本节点。所以，不是所有的文本脚本均有 MathScript 支持。另外在涉及更具体复杂的领域，如神经网络分析、图形处理、小波变换、复杂混沌分析等方面，则需要结合 MATLAB 来实现，关于 LabVIEW 与 MATLAB 的接口技术的内容将在第 7 章详细阐述。有关 MathScript 节点的语法规范本节不作详细介绍，用户可以参考 LabVIEW 的即时帮助信息进行学习掌握。

综上所述，MathScript 节点的核心是高级文本化编程语言，具有对信号处理、分析和数学计算相关任务的复杂性进行抽象化的语法和功能，如表 3-1 所示。

表 3-1　MathScript 节点特性描述表

MathScript 节点特性	描　　述
强大的文本数学	MathScript 包括用于数学、信号处理和分析的 600 多种内置函数；函数范围包括线性代数、曲线拟合、数字滤波器、微分方程、概率与统计等
面向数学的数据类型	MathScript 采用矩阵和数组作为基本的数据类型，并具有用于生成数据、访问元素和其他操作的内置算子
兼容性	MathScript 通常兼容 MathWorks 公司的 MATLAB® 软件及其使用的 m 文件脚本语法。这种兼容性意味着用户可以通过 MathScript 来使用网上和书上的上千种算法
可扩展性	用户可以通过定制自己的函数来扩展 MathScript
LabVIEW 的组成部分	MathScript 不需要额外的第三方软件来编译和执行

3.8.2　LabVIEW 中 MathScript 节点使用

在 LabVIEW 2017 中使用 MathScript 的方法有两种。

一种是使用 LabVIEW MathScript 窗口，通过 LabVIEW MathScript 窗口，提供了一个交互式界面，通过它用户可以像使用 MATLAB 一样输入 m 文件脚本命令，编译运行 M 脚本文件，并能立即看到运行结果、观察变量和命令历史等。窗口包括一个命令行界面，用户可以逐句输入命令来快速计算、调试脚本。作为选择，用户也可以通过脚本编译窗口来输入和执行多组命令。在该窗口工作时，变量显示窗口会不断更新来显示图形/文本结果及一个历史命令窗口。这个历史命令窗口可以让用户使用剪贴板来重新使用以前执行的命令来加快算法的开发。在 LabVIEW 2017 的"工具"菜单下选择"MathScript 窗口…"就可以打开，如图 3-39 所示。

另一种方法是在程序框图窗口中使用 MathScript 节点，MathScript 节点位于"函数"选板→"数学"→"脚本与公式"→"MathScript 节点"子函数或者"函数"选板→"编程"→"结构"→"MathScript 节点"子函数，如图 3-40 所示。该函数节点 VI 由蓝色矩形框表示，利用 MathScript 节点，用户可以直接输入 m 文件脚本语言或从文本文件中导入。用户可以在 MathScript 节点的边界定义、命名输入和输出，来指定图形化 LabVIEW 程序和文本化 MathScript 节点之间传输的数据。

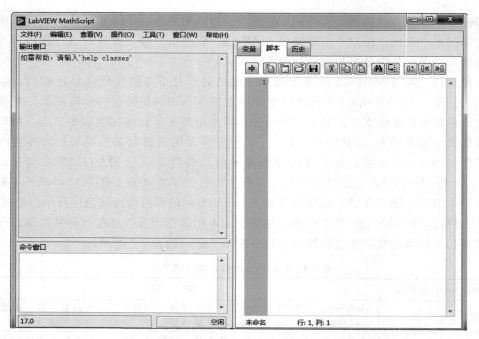

图 3-39 "MathScript 窗口…"

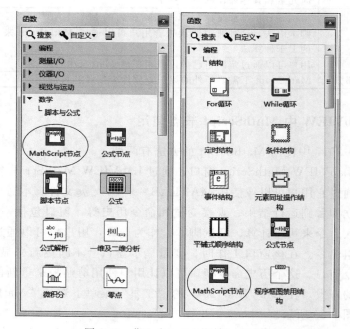

图 3-40 "MathScript 节点"子函数

用户在使用 MathScript 节点时必须为节点上的输出变量赋一个 LabVIEW 数据类型。具体操作为右击 MathScript 节点边框上的输出变量，在弹出的快捷菜单中选择"选择数据类型"选项进行相应的操作，通常选择"自动选择类型"。LabVIEW 与 MathScript 节点数据类型对照表如表 3-2 所示。

表 3-2　LabVIEW 与 MathScript 节点数据类型对照表

LabVIEW 数据类型	图　　标	MathScript 节点数据类型
双精度浮点型	`DBL`	标量→DBL
双精度浮点复数	`CDB`	标量→CDB
双精度浮点型一维数组	`DBL`	一维数组→DBL 1D
双精度浮点复数一维数组	`CDB`	一维数组→CDB 1D
双精度浮点型多维数组	`DBL`	矩阵→Real Matrix（2D only）
双精度浮点复数多维数组	`CDB`	矩阵→Complex Matrix（2D only）
字符串	`abc`	标量→String
路径		N/A
字符串一维数组	`abc`	一维数组→String 1D

MathScript 节点只按行处理一维数组输入。如需将移位数组的方向从行改为列，或从列改为行，应在对数组中的元素进行运算前将数组转置。转换 VI 和函数或字符串/数组/路径转换函数可将 LabVIEW 数据类型转换为 MathScript RT 模块支持的数据类型。

【例 3.8.1】使用"MathScript 窗口…"单击"脚本"标签在页面上输入下列命令：

$$x = \text{linspace}(0, 2 * \text{pi}, 30);$$
$$b = \sin(x)./(\cos(x));$$
$$\text{plot}(x, b); \text{axis}([0\ 2 * \text{pi} -20\ 20]);$$

用户在"脚本"页面上单击运行"➡"按钮，将出现"曲线 1"窗口并显示"x"相对于"b"的 XY 曲线。用户可以关闭"曲线 1"窗口，如图 3-41 所示。

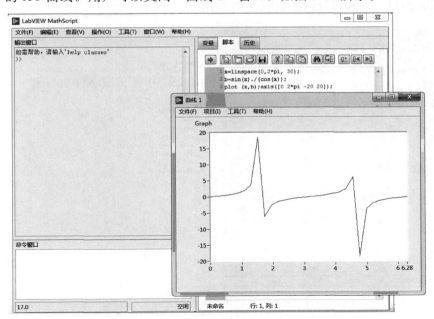

图 3-41　"MathScript 窗口…"与"曲线 1"

用户也可以点击"变量"标签来显示所建立的变量，如"b"和"x"。用户在"分区/变量"树形条中选择"b"，将出现一个代表数值的表。选中"优先显示图形"复选框，将首先看到变量值的图形显示，而不是缺省的数值显示，如图 3-42 所示。

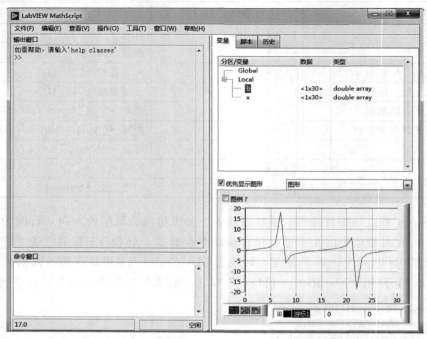

图 3-42　"MathScript 窗口…"中变量值"b"的图形显示

【例 3.8.2】使用"MathScript 窗口…"产生 logistic 混沌的相平面。实现该例的
"MathScript 窗口…"和运行结果如图 3-43 和图 3-44 所示。

图 3-43　logistic 混沌的相平面的"MathScript 窗口…"

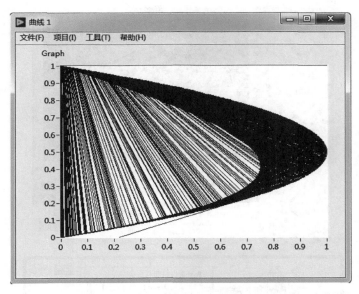

图 3-44　"MathScript 窗口…"运行产生 logistic 混沌相平面图

【例 3.8.3】使用"MathScript 节点"实现例 3.8.2。实现该例程的前面板和程序框图如图 3-45 所示。

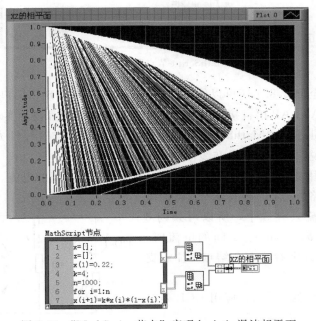

图 3-45　"MathScript 节点"实现 logistic 混沌相平面

【例 3.8.4】使用"MathScript 节点"实现指数衰减（信号再生）。该例使用 LabVIEW 中的"Express VI"合成了一个正弦波。然后使用"MathScript 节点"对该生成信号乘以衰减指数来再生信号。这类似于对所采集的音频信号进行衰减。实现该例程的前面板和程序框图如图 3-46 所示。

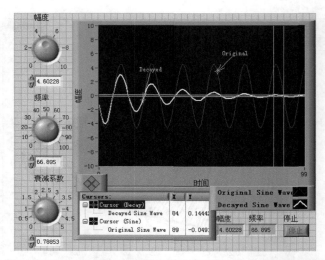

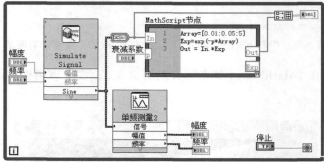

图 3-46   "MathScript 节点" 实现指数衰减实例

对于例 3.8.1 至例 3.8.4 还可以使用 MATLAB 脚本来实现，用户可以学习第 7 章中的 LabVIEW 与 MATLAB 语言接口技术相关知识后，自行编程设计实现。

下面结合本节讲述的 "MathScript 节点" 和 3.4 节中 "求解线性方程 VI" 函数节点相关知识，用实例说明 LabVIEW 在线性电阻电路中的应用。

【例 3.8.5】使用支路电流法求解图 3-47 中的流过三个电阻的电流。

该电路图中支路数为 4，但恒流源支路的电流已知，则未知电流只有 3 个，所以可只列 3 个方程。当不需求 a、c 和 b、d 间的电流时，$(a、c)$、$(b、d)$ 可分别看成一个结点。注意支路中含有恒流源。

对图 3-47 中所示的结点 a，应用 KCL 列结点电流方程：$I_1 + I_2 - I_3 = -7$。

因所选回路不包含恒流源支路，所以，3 个网孔只列两个 KVL 方程即可。对图 3-47 中所示的回路 1 和回路 2，应用 KVL 列回路电压方程：

图 3-47   支路电流法分析电路

$$\begin{cases} 12I_1 - 4I_2 = 42 \\ 4I_2 + 4I_3 = 0 \end{cases}$$

将其整理成矩阵形式的线性方程组为：

$$\begin{bmatrix} 1 & 1 & -1 \\ 12 & -4 & 0 \\ 0 & 4 & 4 \end{bmatrix} \begin{bmatrix} I_1 \\ I_2 \\ I_3 \end{bmatrix} = \begin{bmatrix} -7 \\ 42 \\ 0 \end{bmatrix}$$

下面使用 LabVIEW 设计实现求解电流，具体步骤如下。

（1）通过自定义控件的方法实现电阻元件来搭建电路图，有关自定义控件的创建这里不再赘述，有兴趣的用户自行学习掌握。各个电阻和电压源、电流源元件都设置成数值型输入控件，以便参数可以根据具体要求进行调整。

（2）在前面板上放置其他另外 3 个数值型显示控件，用来表示所求的三个电流 I_1，I_2，I_3。

（3）使用"MathScript 节点"生成线性方程组的系数矩阵和已知向量，再使用"求解线性方程 VI"函数节点求出向量解，向量的各个元素就是所求的三个电流 I_1，I_2，I_3 的值。

（4）由于该例程的参数量是带有单位的，所以在编程时还要注意有单位数据和无单位数据之间的转换，否则 LabVIEW 会报错。该转换是通过"函数"选板→"数值"→"转换"→"单位转换"函数节点"× ▬▬ m/s ▬▬ y"来实现，具体方法用户参考即时帮助信息学习使用。

实现该例程的前面板和程序框图如图 3-48 所示。最后求得 $I_1 = 2\text{A}$，$I_2 = -4.5\text{A}$，$I_3 = 4.5\text{A}$。

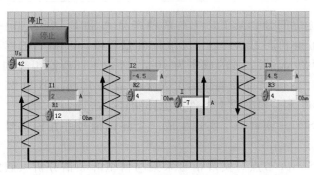

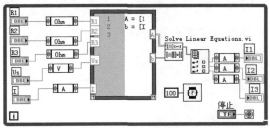

图 3-48　"支路电流法"实例

习　　题

1. 计算函数 $\sin x / x$ 的值，计算结果打包后送到 XY Graph 显示。（使用 Eval $y = f(x)$. vi）

2. 求解线性方程组：$AX = B$，其中：$A = \begin{bmatrix} 20 & 3 & 15 \\ 3 & 56 & 4 \\ 12 & 23 & 45 \end{bmatrix}$，$B = \begin{bmatrix} 4 \\ -34 \\ 53 \end{bmatrix}$，求解 X。

3. 求下列序列的方差和均方根值。

序列号	1	2	3	4	5	6	7	8	9	10
甲	4.3	3.2	3.9	4.0	3.5	3.7	4.6	3.7	3.8	4.1
乙	30	29	34	32	24	35	33	37	28	26

4. 假设要通过生产量 X_1 及一千克面粉的价格 X_2，计算生产糕点的总成本（RMB）。为了简化问题，数据表由 5 个数据点组成，如下表所示，计算下列方程的系数：$Y = b_0 + b_1 X_1 + b_2 X_2$。

成本（RMB）Y	生产量 X_1	面粉价格 X_2
160	290	3.10
80	110	3.20
120	195	3.05
300	680	2.85
50	60	2.70

5. 生产中的最优化问题。某工厂生产两种产品 A 和 B，每售出一件 A 可得利润 60 元，每售出一件 B 可得利润 150 元。由于仓库容量有限，A 和 B 的库存总数量不能超过 130 件。A 的成本为 20 元/件，B 的成本为 40 元/件，工厂所能用来购买原材料的资金最多为 1 800 元。每生产一件产品需要付给工人报酬 A 为 10 元，B 为 35 元。需支付工人报酬总和应不超过 1 500 元。根据以上条件应怎样制订生产计划？

6. 使用 "MathScript 窗口…" 实现生成一个测试信号并在该信号上应用滑动平均滤波器。

7. 使用 "MathScript 节点" 实现信号采集与傅里叶频谱分析（假定有一个模拟的带高斯白噪声的正弦信号）。

8. 使用 "MathScript 节点" 实现求和运算。

第 4 章　基于 LabVIEW 的信号发生、分析与处理

　　一个测试系统通常由三大部分组成：信号的获取与采集、信号的分析与处理、结果的输出和显示，其中，信号的分析和数据处理是构成测试系统的重要组成部分之一。如果信号分析与处理要求取值如峰值、有效值、均方差、频谱、相关函数等各种量用硬件电路来获取，其电路是复杂的、昂贵的，甚至是不易实现的，但是用软件编程是很容易实现的。LabVIEW 在信号的发生、分析和处理上有着明显的优势。LabVIEW 2017 提供了非常丰富的信号发生以及对信号进行采集、分析、显示和处理的函数、VIs 及 Express VIs，这些工具使得用户使用 LabVIEW 2017 进行信号的发生、分析和处理变得游刃有余。本章主要介绍在 LabVIEW 中进行信号的发生、信号的时域分析、信号的频域分析及波形调理测量的方法。信号的发生介绍几种可以产生正弦波、方波、三角波、多频信号、噪声信号等的常用信号发生器，信号的时域分析主要介绍信号特征量的提取及信号的各种时域运算，信号的频域分析主要介绍各种变换及谱分析，以及窗函数的应用，最后介绍波形测量、信号调理的方法及可实现实时运算的逐点信号分析。用户通过对本章的学习，能对 LabVIEW 2017 信号分析及处理有较全面了解，并能掌握各种 VI 的编程应用。

4.1　信号的发生

视频讲解

　　在做软件仿真时，LabVIEW 中信号的发生分为两种：一种是通过外部硬件产生信号，然后用 LabVIEW 编写程序控制计算机的 A/D 数据采集卡进行采集而获取信号；另一种方式是用 LabVIEW 程序本身产生信号，即用软件产生信号。本节介绍用软件方式发生信号的方法。

　　用 LabVIEW 程序进行信号的发生主要依靠一些可以产生波形数据的函数、VIs 及 Express VIs 来完成，另外一些数学运算函数也可以用以产生波形信号。LabVIEW 2017 中用以产生信号的函数、VIs 及 Express VIs 主要位于"函数"选板中的"波形生成"子选板、"信号生成"子选板及"数学"子选板中。

　　信号生成 VI 位于"函数"选板→"信号处理"→"信号生成"函数子选板中，节点用来生成正弦波、三角波、方波、锯齿波、白噪声等多种常用波形，如图 4-1 所示。

　　波形生成 VI 位于"函数"选板→"信号处理"→"波形生成"函数子选板中，如图 4-2 所示。

　　根据函数表达式函数生成波形，VI 位于"函数"选板→"数学"→"初等与特殊函数"函数子选板中，如图 4-3 所示。

　　本节主要介绍用上述选板中的函数、VIs 及 Express VIs 产生信号的方法。

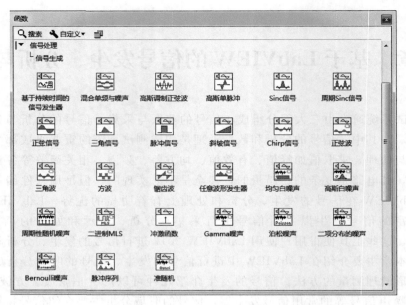

图 4-1 "信号生成"函数子选板

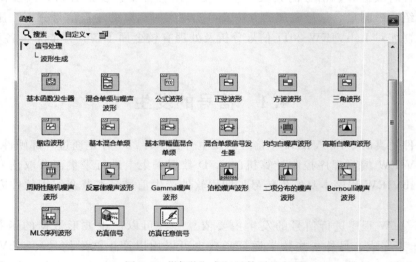

图 4-2 "波形生成"函数子选板

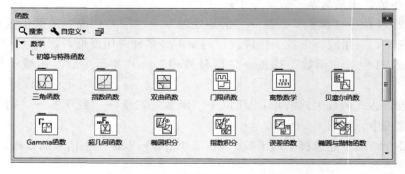

图 4-3 "初等与特殊函数"函数子选板

4.1.1　基本函数发生器

基本函数信号是指常见的正弦波、方波、三角波等，LabVIEW 2017 提供了丰富的函数和 VI 来实现此功能。下面以基本函数发生器 VI 为例介绍信号的产生。基本函数发生器 VI 是 LabVIEW 中一种常用的用以产生波形数据的 VI，它可以产生 4 种基本信号，即正弦波、方波、三角波和锯齿波，可以控制信号的频率、幅值及相位等信息，其图标和端口如图 4-4 所示。

其主要端口参数说明如下。

- 偏移量：波形的直流偏移量，默认值为 0.0。
- 重置信号：是否将信号复位，设置为 TRUE 时，将波形相位重置为相位初值，且将时间标志置为 0，默认值为 FALSE。
- 信号类型：产生波形的类型，包括正弦波、三角波、方波和锯齿波。
- 频率：波形频率（单位为 Hz），默认值为 10。
- 幅值：波形幅值，也称为峰值电压，默认值为 1.0。
- 相位：波形的初始相位（单位为度），默认值为 0.0。
- 采样信息：一个包括采样信息的簇，包含 Fs 和 $\sharp s$ 两个参数；Fs 为采样率，单位是样本数/s，默认值为 1000；$\sharp s$ 为波形的样本数，默认值为 1000。
- 方波占空比：对方波信号而言，反映一个周期内高低电平所占的比例，默认值为 50%。
- 信号输出：信号输出端。
- 相位输出：波形的相位，单位为度。

图 4-4　基本函数发生器 VI 的图标与端口

【例 4.1.1】使用基本函数发生器 VI 制作一个信号发生器，要求信号类型、频率、幅值、相位等信息可调。在前面板设置幅值、频率、相位三个控件，信号类型使用文本输入控件，并设置它们各自的值，用波形图进行显示。实现该例程的前面板和程序框图如图 4-5 所示。

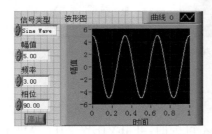

图 4-5　函数信号发生器产生信号

4.1.2　基本多频信号发生器

多频信号是由多种频率成分的正弦波叠加而成的波形信号，LabVIEW 2017 提供了基本混合单频 VI、基本带幅值混合单频 VI、混合单频信号发生器 VI 三个 VI 专门用来产生多频信号，它们位于"波形生成"子选板中。本节介绍基本混合单频 VI，也称为基本多频信号发生器，可生成整数个周期的单频正弦之和的波形，其图标和端口如图 4-6 所示。

其主要端口参数说明如下。

- 幅值：所有单频的缩放标准，即波形的最大绝对值。
- 重置信号：如值为 TRUE，相位可重置为相位控件的值，时间标识可重置为 0，默认值为 FALSE。
- 单频个数：频率成分的个数。
- 起始频率：多个频率成分的起始频率。
- 种子：种子大于 0 时，可使噪声采样发生器更换种子值。种子相位关系为线性时，忽略该值。
- delta 频率：相邻多个频率成分之间的频率差。
- 强制转换频率？：值为 TRUE，指定的单频频率将被转换为 Fs/n 的最近整数倍。

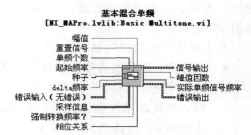

基本混合单频
[NI_MAPro.lvlib:Basic Multitone.vi]

图 4-6   基本混合单频 VI 的图标与端口

- 相位关系：正弦单频的相位分布。相位分布对所有波形的峰值/均方根比都有影响。
- 峰值因数：信号输出的峰值电压和均方根电压的比。
- 实际单频信号频率：如"强制转换频率？"的值为 TRUE，则值为执行强制转换和 Nyquist 标准后的单频频率。

【**例 4.1.2**】使用基本混合单频 VI 设定三个频率相差 5Hz 的正弦波叠加，正弦波初始频率为 5Hz。将叠加后得到的信号用波形图显示。本例中，没有设置信号幅值，使用节点自定义幅值为 1，可从叠加后波形看出，叠加后最大幅值为 3，三个信号频率分别为 5Hz、10Hz、15Hz。实现该例程的前面板和程序框图如图 4-7 所示。

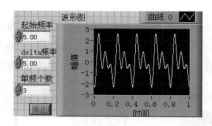
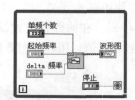

图 4-7   三个频率信号叠加的波形

4.1.3   白噪声信号发生器

在进行系统仿真时，噪声信号也是必不可少的，LabVIEW 2017 提供了白噪声、高斯噪声、周期随机噪声信号等多种常用的噪声信号发生器，这几种噪声信号分布于"波形生成"和"信号生成"两个子选板中。

均匀白噪声波形 VI 能够产生一定幅值均匀分布的白噪声信号，其中，幅值为信号输出的最大绝对值，默认值为 1.0，其图标和端口如图 4-8 所示。

均匀白噪声波形
[NI_MABase.lvlib:Uniform White Noise Waveform.vi]

图 4-8   均匀白噪声波形 VI 的图标与端口

【例 4.1.3】产生一个幅值在 [−5，5] 之间的均匀分布白噪声信号。由图可见，前面板设置幅值为 5.0，框图中显示幅值为 [−5，5]。实现该例程的前面板和程序框图如图 4-9 所示。

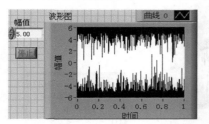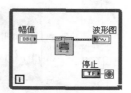

图 4-9　均匀分布的白噪声信号

4.1.4　高斯白噪声信号发生器

高斯白噪声波形 VI 用来产生一定标准差高斯分布的白噪声信号，标准差数据端口决定了其偏差值，且输入为绝对值，其图标和端口如图 4-10 所示。

图 4-10　高斯白噪声波形 VI 的图标与端口

【例 4.1.4】产生标准偏差为 5 的高斯白噪声信号。实现该例程的前面板和程序框图如图 4-11 所示。

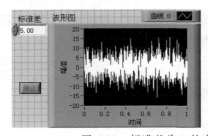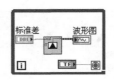

图 4-11　标准差为 5 的高斯白噪声信号

4.1.5　周期性随机噪声信号发生器

周期性随机噪声波形 VI 用来产生周期性的随机噪声信号，频谱幅值数据端口决定了噪声信号的功率谱幅值，其图标和端口如图 4-12 所示。

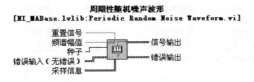

图 4-12　周期性随机噪声波形 VI 的图标与端口

【例 4.1.5】产生频谱幅值为 1 的白噪声信号。实现该例程的前面板和程序框图如图 4-13 所示。

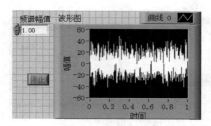
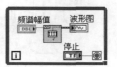

图 4-13　频谱幅值为 1 的白噪声信号

4.2　信号的时域分析与处理

对信号的分析与处理可分为在时域和频域中完成，它们从不同的角度和方面对信号进行分析，反映信号的不同特征。本节介绍对信号进行时域分析与处理的方法。

以时间为自变量描述物理量的变化是信号最基本、最直观的表达形式。在时域内对信号进行波形变换、缩放、统计特征计算、相关性分析等处理，统称为信号的时域分析。通过时域分析方法，可以有效提高信噪比，求取信号波形在不同时刻的相似性和关联性，获得反映系统运行状态的特征参数，为系统动态分析和故障诊断提供有效信息。

LabVIEW 2017 中，用于信号时域分析与处理的函数、VI 及 Express VIs 主要位于"函数"选板→"信号处理"→"波形测量"和"函数"选板→"信号处理"→"信号运算"两个子选板中，如图 4-14 和图 4-15 所示。

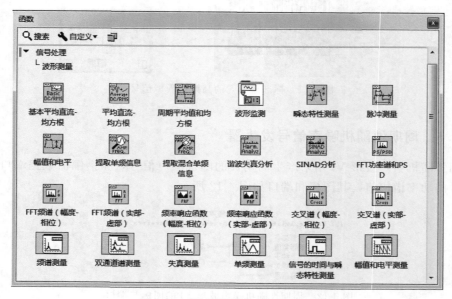

图 4-14　"波形测量"子函数选板

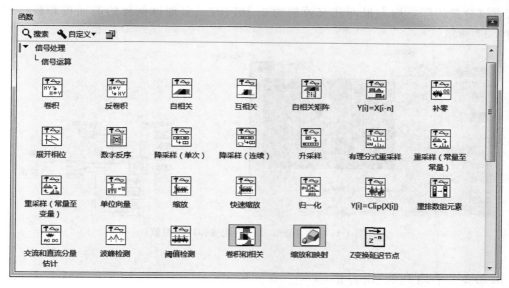

图 4-15　"信号运算"子函数选板

4.2.1　基本平均直流-均方根

基本平均直流-均方根 VI 是从信号输入端输入一个波形或数组，对其加窗，根据平均类型输入端口的值计算加窗后信号的平均直流 DC 及均方根 RMS 值。此函数对于每个输入的波形只返回一个直流值和一个均方根值，其图标和端口如图 4-16 所示。

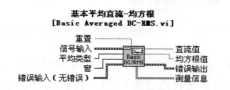

图 4-16　基本平均直流-均方根 VI 的图标与端口

其主要端口参数说明如下。

- 重置：重置时间信号的历史。
- 信号输入：输入的波形。
- 平均类型：测量时使用的平均类型。此函数计算每个输入波形的 DC 和 RMS 值，因此平均时间由输入记录的长度决定。如果平均类型为 Exponential，则此函数通过对上一个 DC 和 RMS 值进行指数加权平均测量得到 DC 和 RMS 值。
- 窗：在计算前对时间记录应用的窗。如果平均类型为 Exponential，则忽略该输入。
- 直流值：测量的直流值，以 V 为单位。
- 均方根值：测量的均方根值，以 V 为单位。
- 测量信息：返回与测量有关的信息。

【例 4.2.1】使用基本函数发生器产生一信号，该信号类型、频率、幅值等参数可调节，然后测量其直流值和均方根值。本程序中，产生一幅值为 1 的正弦波，从前面板可见其直流分量为零，均方根即其有效值为 0.707107。实现该例程的前面板和程序框图如图 4-17 所示。

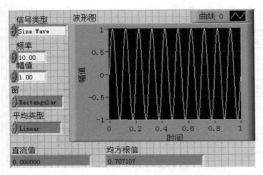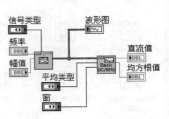

图 4-17　计算正弦波的直流值和均方根值

4.2.2　平均直流-均方根

平均直流-均方根 VI 同样也是用于计算信号的平均直流 DC 及均方根 RMS 值，只是 Averaged DC-RMS.vi 的输出是一个波形数据，其图标和端口如图 4-18 所示。

图 4-18　平均直流-均方根 VI 的图标与端口

该节点与基本平均直流-均方根 VI 不同的端口参数说明如下。

- 平均时间：平均时间定义直流波形和均方根值波形的 dt，以秒为单位。默认值为 −1.00，即使用输入块持续时间作为平均时间。对于线性平均，在平均时间指定的时间周期内，通过计算平均值可产生每个输出数据点。对于指数平均，在平均时间指定的时间周期内，通过指数时间常数进行指数插值可产生每个输出数据点。
- 平均控制：包含用于完全控制直流或均方根测量的高级参数。
- 直流波形：信号输入在平均时间内和上次重置后连续在标识的时间段内测量到的直流值。
- 均方根值波形：输入信号在平均时间内的均方根值，从最近一次重置后开始计时。
- 数据就绪：指明直流波形和均方根值波形中是否包含数据。输出值为 FALSE 表示波形输出中没有数据。

【例 4.2.2】用基本函数发生器产生正弦波，然后显示其直流波形和均方根值波形。与上例相比，使用平均直流-均方根 VI 得到的输出为波形数据，波形图更准确地显示了结果，其中，直流波形得到的结果几乎为 0，均方根值波形数据集中在 0.707107 附近，实现该例程的前面板和程序框图如图 4-19 所示。

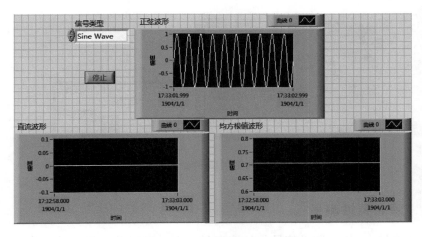

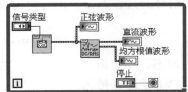

图 4-19　正弦波的直流波形和均方根值波形

4.2.3　周期平均值和均方根

周期平均值和均方根 VI 可以测量信号在一个周期中的均值及均方根值，其图标和端口如图 4-20 所示。

其主要端口参数说明如下。

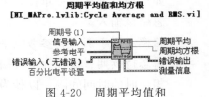

图 4-20　周期平均值和均方根 VI 的图标与端口

- 周期号：指定周期信号中待测的周期。
- 参考电平：指定如何计算波形的高参考电平、中间参考电平和低参考电平。LabVIEW 通过参考电平定义一个完整周期内的测量间隔。中间参考电平和高参考电平之间的距离必须等于低参考电平和中间参考电平之间的距离。如两个距离不相等，LabVIEW 可调整高参考电平或低参考电平，使距离等于较小的值。例如，如高参考电平为 90%，中间参考电平为 50%，低参考电平为 20%，LabVIEW 使用 80% 替代 90% 作为高参考电平。
- 百分比电平设置：指定 LabVIEW 用于确定波形高状态电平和低状态电平的方法。如选择百分比参考单位，可通过百分比电平设置确定参考电平。否则，LabVIEW 忽略该输入。
- 周期平均：输入波形一个完整周期内的平均电平。
- 周期均方根：周期性输入信号一个完整周期的均方根值。

【例 4.2.3】测量正弦信号的周期平均值和周期均方根。产生一个幅值为 1V、频率为 10Hz 的正弦波信号，其一个周期的平均电平为 0，均方根值为 0.71。本例中没有指定周期号，即默认首个周期。实现该例程的前面板和程序框图如图 4-21 所示。

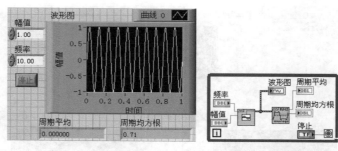

图 4-21　正弦信号的周期平均值和周期均方根

4.2.4　瞬态特性测量

瞬态特性测量 VI 用于测量信号的过渡态量：上升时间及其超调量，其图标和端口如图 4-22 所示。

其主要端口参数说明如下。

- 边沿号：指定要测量的瞬态。如边沿号为 n 并且极性为上升，VI 可测量输入波形中检测到的第 n 个上升瞬态。
- 极性：指定要测量瞬态的方向，可选值为上升（默认）或下降。

图 4-22　瞬态特性测量 VI 的图标与端口

- 参考电平：指定用于确定瞬态间隔的高低参考电平。
- 百分比电平设置：指定 LabVIEW 用于确定波形高状态电平和低状态电平的方法。如选择百分比参考单位，可通过百分比电平设置确定参考电平。否则，LabVIEW 忽略该输入。
- 斜率：用于衡量高参考电平与低参考电平间瞬态区域中信号的变化率。
- 瞬态持续期：极性为上升瞬态时，从波形与低参考电平相交到波形与高参考电平相交时的时间间隔，以秒为单位。
- 前瞬态：包含信号输入中上升或下降瞬态前波形的下冲和过冲。
- 后瞬态：包含信号输入中上升或下降瞬态后波形的下冲和过冲。

【例 4.2.4】输入正弦波，测量其瞬态持续时间、边沿斜率、前冲或过冲。实现该例程的前面板和程序框图如图 4-23 所示。

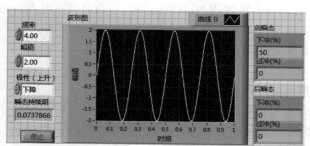

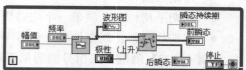

图 4-23　正弦波的瞬态特性

4.2.5　脉冲测量

脉冲测量 VI 用于测量信号的周期、脉冲宽度及信号的占空比，其图标和端口如图 4-24 所示。

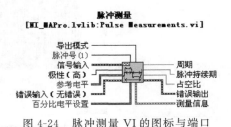

图 4-24　脉冲测量 VI 的图标与端口

其主要端口参数说明如下。

- 导出模式：指定 VI 是否返回周期或占空比。
- 脉冲号（1）：LabVIEW 要测量的高或低极性的脉冲。
- 参考电平：指定如何计算波形的高参考电平、中间参考电平和低参考电平。
- 周期：相邻两次同方向穿过中间参考电平的时间间隔，以秒为单位。
- 脉冲持续期：脉冲号指定的脉冲最早两次与中间参考电平相交的时间之差，以秒为单位。脉冲持续期也称为脉冲宽度。
- 占空比：周期的分数。占空比即占空因子，用脉冲持续期与周期的比值表示。

【例 4.2.5】输入方波，测量其周期、脉冲持续期、占空比。如图 4-25 所示产生一幅值为 1、频率为 4Hz 的方波信号，其脉冲持续期为 0.12，占空比为 0.50，周期为 0.25s。实现该例程的前面板和程序框图如图 4-25 所示。

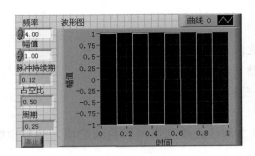
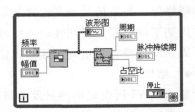

图 4-25　方波的脉冲参数测量

4.2.6　幅值和电平测量

"幅值和电平测量" Express VI 用于测量信号的电压。将 Express VI 放置在框图中，会自动弹出一个初始化配置窗口，如图 4-26 所示，下面对窗口中的选项进行介绍。

- 幅值测量

均值（直流）：采集信号的直流分量。

均方根：计算信号的均方根值。

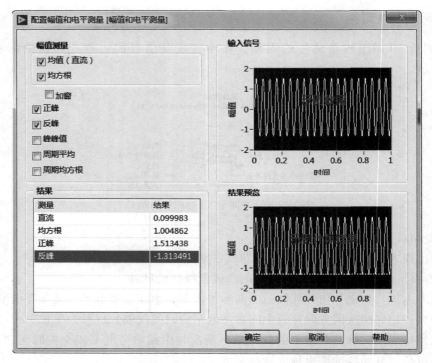

图 4-26　"幅值和电平测量" Express VI 配置窗口

加窗：给信号加一个 low side lobe 窗。只有勾选了直流或均方根复选框，才可以使用该项。平滑窗可用于缓和有效信号中的急剧变化。如能采集到整数个周期或对噪声谱进行分析，则通常不在信号上加窗。

正峰：测量信号的最高正峰值。

反峰：测量信号的最低负峰值。

峰峰值：测量信号最高正峰和最低负峰之间的距离。

周期平均：测量周期性输入信号一个完整周期的平均电平。

周期均方根：测量周期性输入信号一个完整周期的均方根值。

● 结果

显示该 VI 所设定的测量及测量结果。单击测量栏中列出的任何测量项，结果预览中将出现相应的数值或图表。

● 输入信号

显示输入信号，如将数据连往 VI，然后运行，则输入信号将显示实际数据。如关闭后再打开 VI，则输入信号将显示采样数据，直到再次运行该 VI。

● 结果预览

显示测量预览，如将数据连往 VI，然后运行，则结果预览将显示实际数据。如关闭后再打开 VI，则结果预览将显示采样数据，直到再次运行该 VI。

【例 4.2.6】利用幅值和电平测量正弦波的直流分量、均方根、正峰值、反峰值和峰峰值等参数。正弦波没有设置前面板参数，直接采用节点默认值，结果中，波形均值采用科学计数法表示，几乎为 0。实现该例程的前面板和程序框图如图 4-27 所示。

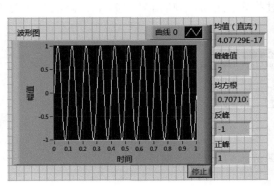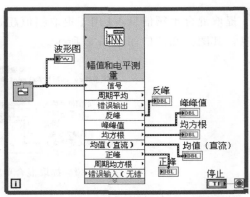

图 4-27　正弦波幅值和电平参数

4.2.7　提取单频信息

提取单频信息 VI 用于提取信号的频率、幅值和相位等信息，其图标和端口如图 4-28 所示。

其主要端口参数说明如下。

- 时间信号输入：是时域波形。
- 导出模式：选择要导出至导出的信号的信号源和幅值。
- 高级搜索：控制频域搜索范围、中心频率和频率宽度。可用于限制单频搜索范围。
- 导出的信号：包含由导出模式指定的信号。
- 检测到的频率：检测到的单频的频率，以 Hz 为单位。
- 检测到的幅值：检测到的单频的幅值，以 Vp 为单位。
- 检测到的相位：检测到的单频的相位，以度为单位。

图 4-28　提取单频信息 VI 的图标与端口

【例 4.2.7】使用提取单频信息 VI 检测频率为 10Hz、幅值为 1V 的正弦信号。如图 4-29 所示，检测到的相位用波形图表显示出来。实现的前面板和程序框图如图 4-29 所示。

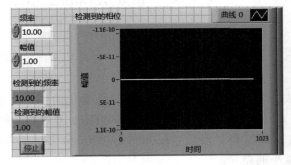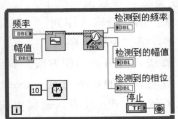

图 4-29　提取正弦信号单频信息

4.2.8　提取混合单频信息

提取混合单频信息 VI 用于提取幅值超过指定阈值的单频信号的频率、幅值和相位等信息，其图标和端口如图 4-30 所示。

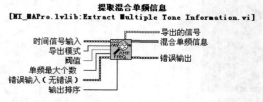

图 4-30　提取混合单频信息 VI 的图标与端口

其主要端口参数说明如下。

- 阈值：每个单频必须超出的最小幅值，使 VI 可以从时间信号输入中提取幅值。
- 单频最大个数：VI 可以提取的最大单频数量。
- 输出排序：对 VI 提取出的单频进行排序的方式。0：递增频率；1：递减幅值。
- 混合单频信息：指 VI 提取出的每个单频信号的频率、幅值和相位。

4.2.9　卷积积分

卷积是线性系统时域分析方法中的一种，它可以求线性系统对任何激励信号的零状态响应。卷积运算在测试信号处理中占有重要地位，特别是关于信号的时域与变换域分析，它成为沟通时-频域关系的一个桥梁。定义式为：

$$y(t) = x(t) * h(t) = \int_{-\infty}^{\infty} x(\tau)h(t-\tau)\mathrm{d}\tau \tag{4-1}$$

利用卷积运算可以描述线性时不变系统的输出与输入关系，系统的输出 $y(t)$ 是任意输入 $x(t)$ 与系统脉冲响应函数 $h(t)$ 的卷积。

LabVIEW 2017 提供实现卷积运算的 VI 有"卷积.vi""反卷积.vi"及卷积和相关 Express VI。它们位于"函数"选板→"信号处理"→"信号运算"子选板中，如图 4-15 所示。

本节以卷积 VI 为例进行介绍，卷积 VI 计算输入序列 X 和 Y 的卷积，连接到输入端的数据类型决定了卷积的数据类型，能实现对一维信号和二维信号的卷积运算，其图标和端口如图 4-31 所示。

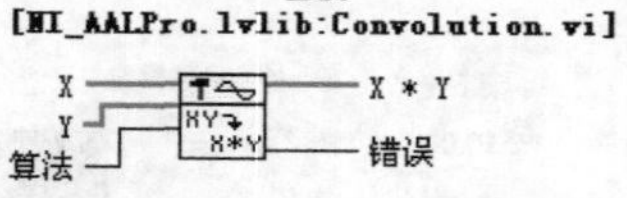

卷积
[MI_AALPro.lvlib:Convolution.vi]

图 4-31　卷积 VI 的图标与端口

其主要端口参数说明如下。

- X：第一个输入序列。
- Y：第二个输入序列。
- 算法：使用的卷积方法。算法的值为 direct 时，VI 使用线性卷积的 direct 方法计算卷积；如算法为 frequency domain，VI 使用基于 FFT 的方法计算卷积。如 X 和 Y 较小，direct 方法通常更快；如 X 和 Y 较大，frequency domain 方法通常更快。此外，两个方法数值上存在微小的差异。

【例 4.2.8】实现两个信号的卷积运算。设置两个信号，信号类型可选，在框图程序中，采用选择结构实现。前面板选择两个信号分别为正弦信号和冲击信号，图 4-32 中右上图为两个信号的叠加，右下图显示其卷积结果，可采用卷积滑动杆来控制卷积过程，实现的前面板和程序框图如图 4-32 所示。

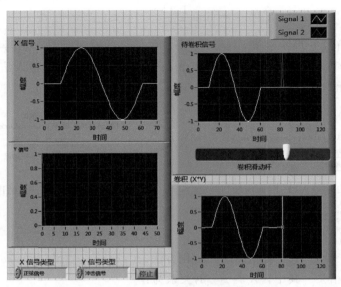

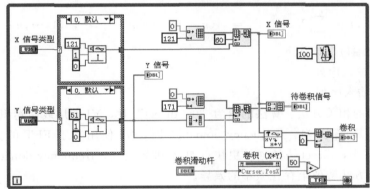

图 4-32　两个信号的卷积运算

4.2.10　相关分析

相关分析是研究现象之间是否存在某种依存关系，并对具体有依存关系的现象探讨其相关方向及相关程度，是研究随机信号之间的相关关系的一种统计方法。在时域，无法描述随机信号单个样本函数的波形或表达式，其关注目标是信号在不同时刻瞬时值的相互依从关系——时域相关特性。单个信号的时域相关特性用自相关函数描述；两个信号的时域相关特性用互相关函数描述。

研究信号的自相关函数可以了解不同时刻同一个随机样本的波形相似程度。对各态历经随机信号或功率信号，自相关函数定义为：

$$R_{xx}(\tau) = \lim_{T \to \infty} \frac{1}{T} \int_0^T x(t)x(t+\tau)\mathrm{d}t \qquad (4\text{-}2)$$

式中 T 为样本记录长度，τ 为延迟时间。

两个各态历经随机信号或功率信号 $x(t)$ 和 $y(t)$ 的互相关函数可以反映两个样本在不同时刻之间的相互依存关系。互相关函数定义为：

$$R_{xy}(\tau) = \lim_{T \to \infty} \frac{1}{T} \int_0^T x(t) y(t + \tau) \mathrm{d}t \tag{4-3}$$

相关分析在信号处理中有着广泛的应用，如信号的时延估计、信号识别、故障诊断等。LabVIEW 2017 提供了自相关 VI 与互相关 VI，分别用于求解输入信号的自相关和互相关序列，其图标和端口如图 4-33 和图 4-34 所示。

图 4-33   自相关 VI 的图标与端口

图 4-34   互相关 VI 的图标与端口

自相关主要端口参数如下：

X：输入序列。

归一化：用于计算 X 的自相关的归一化方法。0：none；1：unbiased；2：biased。

R_{xx}：X 的自相关。其中，X 与 R_{xx} 的关系为：

$$R_{xx}(i) = \sum_{k=0}^{n-1} X_k X_{k+i} \quad i = -(n-1), -(n-2), \cdots, 0, 1, \cdots, n-1 \tag{4-4}$$

互相关主要端口参数如下。

X：第一个输入序列。

Y：第二个输入序列。

算法：使用的相关方法。算法的值为"0：direct"时，VI 使用线性卷积的 direct 方法计算互相关；如算法为"1：frequency domain"时，VI 使用基于 FFT 的方法计算互相关。如 X 和 Y 较小，direct 方法通常更快；如 X 和 Y 较大，frequency domain 方法通常更快。此外，两个方法数值上存在微小的差异。

归一化：用于计算 X 和 Y 的互相关的归一化方法。

R_{xy}：X 和 Y 的互相关。其中，X、Y 与 R_{xy} 的关系为：

$$R_{xy}(i) = \sum_{k=0}^{n-1} X_k Y_{k+i} \quad i = -(n-1), -(n-2), \cdots, 0, 1, \cdots, n-1 \tag{4-5}$$

【例 4.2.9】检测被噪声淹没的正弦信号中是否有周期成分。实现该例程的前面板和程序框图如图 4-35 所示。前面板第一行是正弦波自相关波形和频谱；第二行是白噪声自相关波形和频谱；第三行是正弦波和等幅白噪声叠加后，再做自相关处理的波形及频谱。由图可以看出，周期信号经过自相关仍然呈现周期特征，白噪声则被衰减，叠加后波形中也可以很明显地发现周期成分。从对应三个频谱图中也可以看出。

【例 4.2.10】实现两个正弦信号的互相关分析。框图程序中，两个正弦波使用频率和幅值为该节点默认值，由最后结果可见，两个同样的正弦信号互相关结果与上例中自相关结果相同。实现该例程的前面板和程序框图如图 4-36 所示。

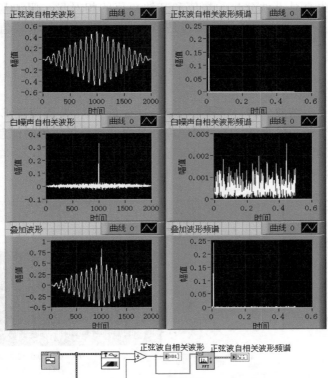

图 4-35　检测被噪声淹没的正弦信号中是否有周期成分

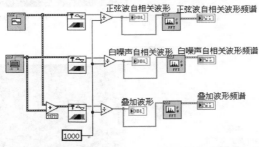

图 4-36　两正弦信号的互相关

4.2.11　谐波失真分析

为了决定一个系统引入非线性失真的大小，需要得到系统引入的谐波分量幅值与基波幅值的关系。谐波失真是谐波分量的幅值和基波幅值的相对量。假如基波的幅值是 A_1，而二次谐波的幅值是 A_2，三次谐波的幅值是 A_3，$\cdots$，N 次谐波的幅值是 A_N，总的谐波失真（THD）为

$$THD = \sqrt{A_2^2 + A_3^2 + \cdots A_N^2}/A_1 \qquad (4\text{-}6)$$

THD 通常用百分数表示。

LabVIEW 2017 中谐波失真分析 VI、SINAD 分析 VI、失真测量 Express VI 能够实现输入信号的谐波分析，输出 THD、SINAD 和各次谐波分量幅值的信息。

本节介绍失真测量 Express VI，将 Express VI 放置在框图中，会自动弹出属性对话框，如图 4-37 所示，下面对窗口中的选项进行介绍。

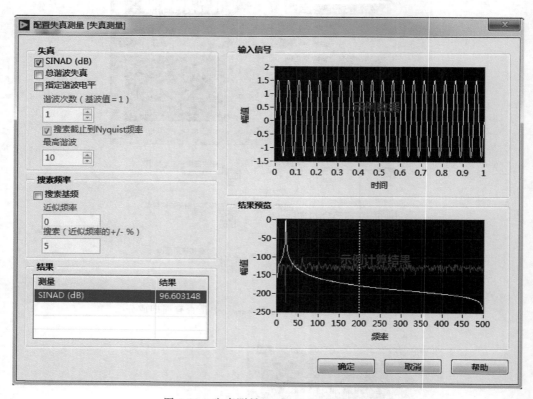

图 4-37   失真测量 Express VI 配置窗口

● 失真

SINAD（dB）：计算测得的信号与噪声失真比（SINAD），以 dB 为单位。

总谐波失真：计算测量到的总谐波失真 THD，测量范围包括最高谐波。

指定谐波电平：返回用户指定的谐波。

谐波次数（基波值＝1）：指定要测量的谐波。只有选择指定谐波电平时，才可使用该选项。

搜索截止到 Nyquist 频率：指定在谐波搜索中仅包含低于 Nyquist 频率，即采样频率的一半的频率。只有选择总谐波失真或指定谐波电平时，才可使用该选项。

最高谐波：控制用于谐波分析的最高谐波（包括基频）。例如，对于三次谐波分析，

设置最高谐波为 3 可测量基波、二次谐波和三次谐波。只有选择总谐波失真或指定谐波电平时，才可使用该选项。

● 搜索频率

搜索基频：控制频域搜索范围，指定中心频率和频率宽度，用于寻找信号的基频。其中，近似频率用于在频域中搜索基频的中心频率。默认值为 0。搜索（近似频率的＋/－％）用于在频域中搜索基频的频率宽度，以采样频率的百分数表示，默认值为 5。

● 结果

显示 Express VI 设定的测量及测量结果。单击测量栏中的任何测量项，结果预览中可显示相应的数值或图表。

● 输入信号

显示输入信号，如将数据连往 VI，然后运行，则输入信号将显示实际数据。如关闭后再打开 VI，则输入信号将显示示例数据，直到再次运行该 VI。

● 结果预览

显示测量预览，如将数据连往 VI，然后运行，则结果预览将显示实际数据。如关闭后再打开 VI，则结果预览将显示示例数据，直到再次运行该 VI。

【例 4.2.11】对一个波形中带有噪声信号进行失真分析。设置信号为叠加噪声的正弦信号，正弦波幅值为 1，噪声幅值为 0.6，采用失真测量 Express VI 可直接显示其失真参数。实现该例程的前面板和程序框图如图 4-38 所示。

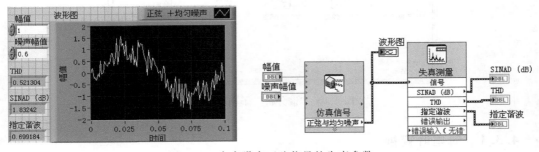

图 4-38　含有噪声正弦信号的失真参数

4.3　信号的频域分析与处理

对信号进行时域的分析与处理不能够反映出信号的全部特征和揭示其全部信息时，就需要对信号进行频域分析。频域分析是数字信号处理中最常用、最重要的方法，其内容包括对信号进行加窗、进行傅里叶变换求其频谱、功率谱等。

LabVIEW 2017 中提供了丰富的信号频域分析处理节点，主要分布在"信号处理"选板中的两个子选板：一个是"变换"子选板，其实现的函数功能主要有傅里叶变换、希尔伯特变换、小波变换、拉普拉斯变换等；另一个是"谱分析"子选板，所包含的函数主要包括功率谱分析、联合时频分析等。两个选板分别如图 4-39 和图 4-40 所示。

视频讲解

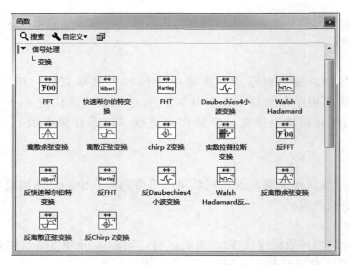

图 4-39　"变换"子函数选板

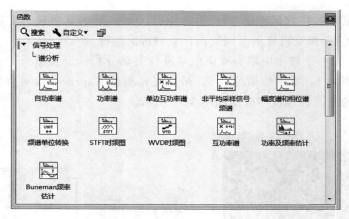

图 4-40　"谱分析"子函数选板

4.3.1　傅里叶变换

傅里叶变换是数字信号处理中最重要的一个变换之一，意义在于人们能从频域中观察信号的特征。对连续信号进行谱分析，采用的变换为离散傅里叶变换 DFT，但当采样点数较大时，离散傅里叶变换计算量非常大，所以采用其快速算法——快速傅里叶变换 FFT 完成。离散傅里叶变换的公式如下：

$$X(k) = DFT[x(n)] = \sum_{k=0}^{N-1} x(n)\mathrm{e}^{-\mathrm{j}\frac{2\pi}{N}kn} \quad k = 0, 1, \cdots, N-1 \tag{4-7}$$

FFT VI 是计算输入序列 X 的快速傅里叶变换（FFT）。通过连线数据至 X 输入端，可确定要转换的数据类型，其图标和端口如图 4-41 所示。

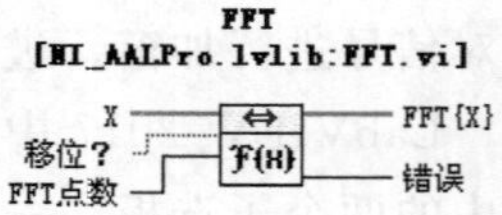

其主要端口参数说明如下。

- X：输入序列。

图 4-41　FFT VI 的
图标与端口

- "移位？"：指定 DC 元素是否位于 FFT {X} 中心，默认值为 FALSE。
- FFT 点数：要进行 FFT 的长度。如 FFT 点数大于 X 的元素数，VI 将在 X 的末尾添加 0，以匹配 FFT 点数的大小；如 FFT 点数小于 X 的元素数，VI 只使用 X 中的前 n 个元素进行 FFT，n 是 FFT 点数；如 FFT 点数小于等于 0，VI 将使用 X 的长度作为 FFT 点数。
- FFT {X}：X 的 FFT。

【例 4.3.1】通过 3 个正弦信号发生器产生 3 个不同频率不同幅值的正弦信号，将其叠加为一个信号。通过"FFT.vi"函数节点观察其频谱。实现该例程的前面板和程序框图如图 4-42 所示，由图可见，时域信号中很难看出信号各成分的频率和幅值，经过傅里叶变换后，可看出 3 个分量的频率分别是 30Hz、50Hz、70Hz。

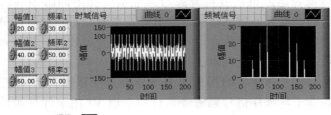

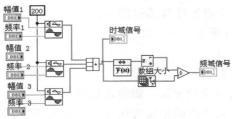

图 4-42　FFT 观察信号的频谱

4.3.2　Hilbert 变换

Hilbert 变换是一种重要的变换，它常用于通信系统和数字信号处理系统中，如提取瞬时频率和相位信息，计算单边频谱，获取振荡信号的包络，进行回声检测和降低采样速率等。

信号 $x(t)$ 及其 Hilbert 变换 $h(t)$ 构成一对 Hilbert 变换对。其变换 $h(t)$ 定义为：

$$h(t) = H[x(t)] = \frac{1}{\pi} \int_{-\infty}^{\infty} \frac{x(\tau)}{t-\tau} \mathrm{d}\tau \tag{4-8}$$

LabVIEW 2017 中提供了计算输入序列的快速希尔伯特变换 VI 及其反快速希尔伯特变换 VI。快速希尔伯特变换 VI 的图标和端口如图 4-43 所示。

其端口参数说明如下。

- X：数据数组中的元素数量。
- Hilbert {X}：输入序列的快速希尔伯特变换。

【例 4.3.2】对一个高斯调制正弦信号进行包络提取。信号的 Hilbert 变换结果与原信号组成变换对，计算出其复数的模值，就是对原信号的上包络，对上包络直接取负后得其下包络。实现该例程的前面板和程序框图如图 4-44 所示。

快速希尔伯特变换
[NI_AALPro.lvlib:Fast Hilbert Transform.vi]

X —[Hilbert]— Hilbert{X}
　　　　　　　 错误

图 4-43　快速希尔伯特变换 VI 的
图标与端口

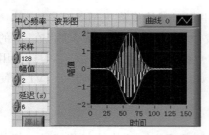

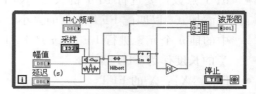

图 4-44　对高斯调制正弦信号进行包络提取

4.3.3　功率谱分析

相关分析能在时域表达随机信号自身或与其他信号在不同时刻的内在联系，在应用中，还经常研究这种内在联系的频域描述，这就是功率谱分析。功率谱分析主要分为自功率谱和互功率谱。当随机信号均值为 0 时，自功率谱密度函数与自相关函数、互功率谱密度函数与互相关函数互为傅里叶变换对。

LabVIEW 2017 提供了非常多的用于功率谱分析与计算的 VI，如自功率谱、互功率谱、单边互功率谱、非平均采样信号频谱等。自功率谱 VI 用于计算时域信号的单边且已缩放的自功率谱。功率谱 VI 用于计算信号的双边功率谱，其图标和端口如图 4-45 所示。

其主要端口参数说明如下。

- X：输入的时域序列。
- 功率谱：信号 X 的双边功率谱。如输入信号以
  伏特为单位（V），功率谱的单位为伏特－rms 的平方。如输入信号不是以伏特为单位，则功率谱的单位为输入信号单位－rms 的平方。

功率谱
[NI_AALPro.lvlib:Power Spectrum.vi]

图 4-45　功率谱 VI 的图标与端口

【例 4.3.3】验证帕斯瓦尔定理。在框图程序中添加一频率为 100Hz 的正弦信号和一噪声信号进行叠加，作为时域波形，并求其时域能量，对该信号进行功率谱分析可得其频域能量，经验证二者相等。实现该例程的前面板和程序框图如图 4-46 所示。

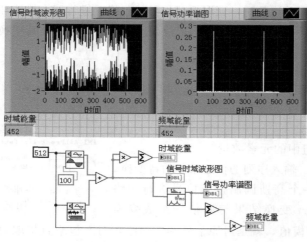

图 4-46　验证帕斯瓦尔定理

互功率谱 VI 用于计算输入信号 X 和 Y 的互功率谱 S_{xy}。其图标和端口如图 4-47 所示。

其主要端口参数说明如下。

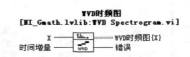

图 4-47　互功率谱 VI 的图标与端口

- X：第一个输入序列。
- Y：第二个输入序列。
- S_{xy}：输入信号 X 和 Y 的单边互功率谱。

4.3.4　联合时频分析

传统的信号分析方法是信号单独在时域或频域中进行分析，联合时频分析则可以同时在时域和频域对信号进行分析，这有助于更好地观察和处理特定信号。它的作用主要是观察信号功率谱如何随时间变换，以及信号如何提取。LabVIEW 2017 提供了两个用于时频分析的 VI：STFT 时频图 VI，依据短时傅里叶变换（STFT）算法计算联合时频域中信号的能量分布；WVD 时频图 VI，依据 Wigner-Ville 分布（WVD）算法计算输入信号在联合时频域中的能量分布。其图标和端口分别如图 4-48 和图 4-49 所示。

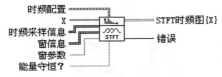

图 4-48　STFT 时频图 VI 的图标与端口　　　图 4-49　WVD 时频图 VI 的图标与端口

STFT 时频图主要端口参数说明如下。

- 时频配置：时频配置指定频率区间的配置。
- X：时间波形。
- 时频采样信息：用于对联合时频域中的信号进行采样的密度及输出的二维时频数组的大小。
- 窗信息：用于计算 STFT 窗的信息。
- 窗参数：Kaiser 窗的 beta 参数、高斯窗的标准差，或 Dolph-Chebyshev 窗的主瓣与旁瓣的比率 s。如窗类型是其他窗，VI 可忽略该输入。
- 能量守恒？：指是否缩放 STFT 时频图 $\{X\}$，用于保证联合时频域中的能量与时域中的能量相等，默认值为 TRUE。
- STFT 时频图 $\{X\}$：该二维数组用于描述联合时频域中的时间波形能量分布。

WVD 时频图主要端口参数说明如下。

- X：时域信号。
- 时间增量：控制 Wigner-Ville 分布的时间间隔。时间增量以采样为单位。默认值为 1。增加时间增量可以减少计算时间及内存占用，但同时也会降低时域分辨率；减少时间增量可以改进时域分辨率，但同时会增加计算时间及内存占用。
- WVD 时频图 $\{X\}$：该二维数组用于描述联合时频域中 X 的能量分布。

本函数节点不再以实例说明，有兴趣的用户可以自行学习掌握。

4.3.5　窗函数

当运用计算机进行信号处理时，考虑到计算量和运算速度，采样的数据不可能无限长，通常取有限时间长度的数据进行分析，这就需要对无限长的信号进行截断。截断方法是：将无限长的信号乘以窗函数。在此，"窗"的含义是指通过窗口能够观测到整个信号的一部分，其余被屏蔽。信号被截断以后，其频谱等于原信号的频谱和窗函数频谱的卷积，其频谱会发生畸变，原来集中的能量会被分散到一个比较宽的频带中去，这种现象称之为泄漏。泄漏的主要原因是由于窗函数是一个频带无限的函数。为了减小或抑制泄漏，常用多种不同形式的窗函数对时域信号进行加权处理。从卷积过程可知，窗函数应力求其频谱的主瓣宽度窄、旁瓣幅度小。

LabVIEW 中，前面涉及的各种频谱分析、功率谱分析等的参数设置中都需要选择窗函数，而且这些 VI 中提供了丰富的窗函数类型以供选择。在基本函数 VI 中，LabVIEW 2017 也提供了丰富的窗函数类型 VI，位于"函数"选板→"信号处理"→"窗"子函数选板中，如图 4-50 所示。对窗函数的使用要点是在合适的场合选用合适的窗函数。

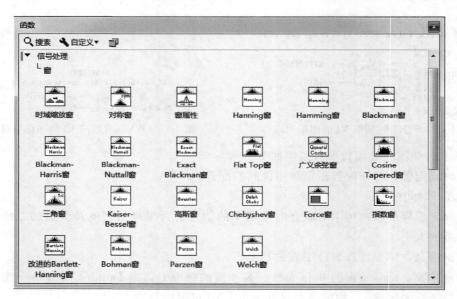

图 4-50　"窗"子函数选板

对一个数据序列加窗，LabVIEW 认为此序列即是信号截断后的序列，因此窗函数输出的序列与输入序列的长度相等。例如，Hamming 窗 VI 即为在输入信号 X 上使用 Hamming 窗。其图标和端口如图 4-51 所示。

其主要端口参数说明如下。

● X：实数向量。

● 加窗后的 X：加窗后的输入信号。

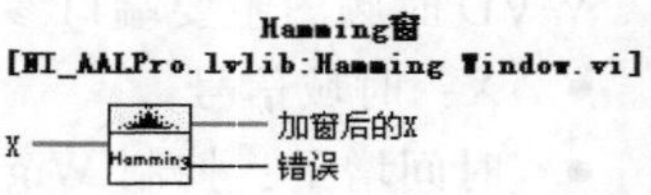

【例 4.3.4】 比较对标准正弦信号加窗前后的频谱图。由

图 4-51　Hamming 窗 VI 的
图标与端口

图 4-52 可见，信号频率选取 16.2Hz，即信号为非整周期采样，因此右上图频谱宽，即发生频谱泄漏，右下图信号经加窗后，频谱显得比较集中。实现的前面板和程序框图如图 4-52 所示。

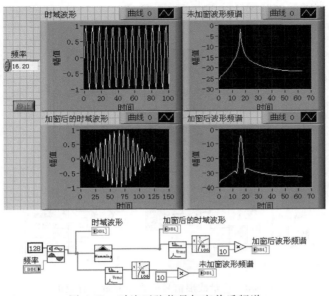

图 4-52　对比正弦信号加窗前后频谱

4.3.6　LabVIEW 中其他频域分析处理 VI

LabVIEW 2017 中，除了"信号处理"子选板下"变换""谱分析"子选板中的各种频域分析及处理 VI，在"波形测量"选板下也有大量对信号进行谱分析的基本 VI。

当然，LabVIEW 中还有其他一些用于特定场合的频域分析处理 VI，例如，"变换"子选板下用于将时域实数序列变换为频域实数序列的 Hartley 变换 FHT VI，"谱分析"子选板下用于估计未知长度正弦信号频率的 Buneman 频率估计 Buneman Frequency Estimator VI，这些 VI 虽然不是非常广泛地被使用，但对于某些特定的处理对象，使用恰当的 VI 能够更好地分析出被测量信号或系统的特性。

4.4　波形测量与信号调理

4.4.1　波形测量

波形测量 VI 位于"函数"选板→"信号处理"→"波形测量"子函数选板中，如图 4-14 所示。该函数选板提供了 18 个普通 VI 和 6 个 Express VI，主要用于对波形的各种信息进行测量，包括直流交流分析、振幅测量、瞬态特性测量、脉冲测量、傅里叶变换、功率谱测量、谐波失真分析、频率响应和 SINAD 分析等。一些 VI 可以计算多次测量的平均值，它们可以将上次分析的结果保存下来，以供下次使用，这一优点在处理大规模数据时是非常有用的。另外，如果用户处理的数据规模较大，也可以将数据分成若干小块，每次分析一小块，通过 VI 的记忆功能得到整个数据的分析结果。

【例 4.4.1】测量波形信号的直流分量与有效值。本例用到的波形测量函数是基本平均直流-均方根 VI。该函数使用比较简单，只需将波形信号数据作为输入并设定好相应的参数即可。本例中产生的波形信号由正弦波形信号、直流分量和均匀白噪声叠加而成。实现该例程的前面板和程序框图如图 4-53 所示。

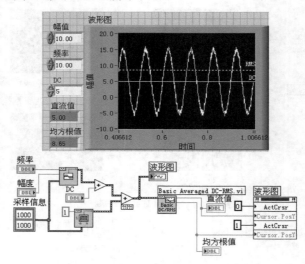

图 4-53   测量波形信号的直流分量与有效值

【例 4.4.2】使用波形测量中的 Express VI 测量信号的振幅谱与功率谱。本例使用频谱测量 Express VI，对信号进行频率谱与功率谱测量。该函数使用也比较简单，本例中仿真波形信号可选择（正弦、方波、三角波、锯齿波信号）。实现该例程的前面板和程序框图如图 4-54 所示。

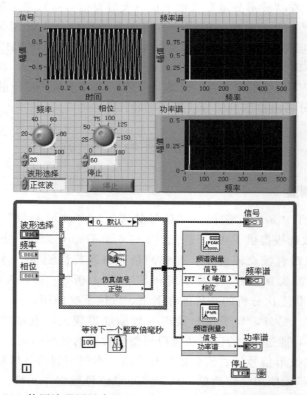

图 4-54   使用波形测量中的 Express VI 测量信号的振幅谱与功率谱

4.4.2　信号调理

信号调理是在信号分析前所做的必要工作，信号调理的任务较复杂，目的是尽量减少干扰信号的影响，提高信号的信噪比，信号调理的好坏直接影响到分析结果。常用的信号调理方法有信号滤波、小信号放大和加窗等。

LabVIEW 2017 提供信号调理功能的是波形调理函数选板，位于"函数"选板→"信号处理"→"波形调理"子函数选板中，如图 4-55 所示。该函数选板提供了数字 FIR 滤波器、数字 IIR 滤波器、按窗函数缩放等函数节点。

在众多的信号调理方法中，信号滤波是测试测量中常用的信号调理方法，高级的信号采集设备通常都集成了信号调理工具，通过滤波能够有效地提高信号的信噪比。本部分详细内容可参考"5.2.2 波形调理 VI 的滤波器 VI"一节学习。

【例 4.4.3】使用"数字 FIR 滤波器" VI 对信号进行调理。在对相位信息有要求时，通常使用 FIR 滤波器，因为 FIR 滤波器的相频响应总是线性的，可以防止时域数据发生畸变。本例使用的是"波形调理"函数选板中的数字 FIR 滤波器 VI。该例中原始信号是一个叠加了高频均匀白噪声的

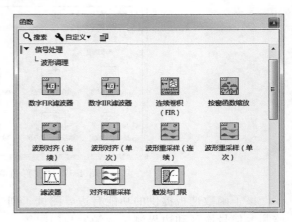

图 4-55　"波形调理"子函数选板

正弦波，该正弦波信号频率为 10，幅值为 1，产生高频噪声的方法是将均匀白噪声通过一个巴特沃斯高通滤波器滤去低频分量，再使用 FIR 滤波器对原始信号滤波，滤掉高频噪声，提取出正弦波形信号。

数字 FIR 滤波器 VI 的滤波器规范参数设置为：拓扑结构表示设计滤波器的方法，设置为"Equi-ripple FIR"；类型表示滤波器类型，设置为"Lowpass"；最低通带表示通带最高频率；最低阻带表示阻带最低频率；对于低通滤波器，最高通带和最高阻带参数不起作用。

实现该例程的前面板和程序框图如图 4-56 所示。

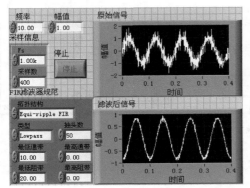
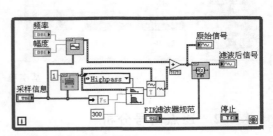

图 4-56　使用数字 FIR 滤波器 VI 对信号进行调理

4.5　波形监测与逐点信号分析

4.5.1　波形监测

在"波形测量"子函数选板中，有一个"波形监测"子函数选板，单击后就可以看到 LabVIEW 2017 提供的波形监测的函数节点，如图 4-57 所示。

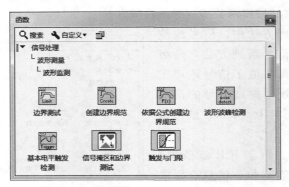

图 4-57　"波形监测"子函数选板

该子函数选板提供的功能有边界测试、创建边界规范、波形波峰监测、基本电平触发监测、信号掩区和边界测试及触发与门限等。

【例 4.5.1】触发监测。本例使用基本电平触发检测 VI，其功能是找到波形第一个电平穿越的位置。该函数节点可使用获得的触发位置作为索引或时间。触发条件由阈值电平、斜率和滞后指定。信号为两个正弦波，一个频率为 100，另一个频率为 150，幅值均为 1，触发电平为 0.50，斜率设置为上升沿触发，滞后量为 0。运行程序，用户通过游标可以清楚地看到两正弦信号的触发时间。实现该例程的前面板和程序框图如图 4-58 所示。

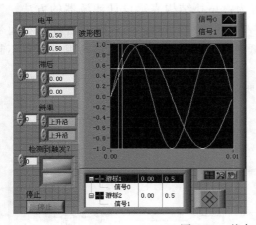 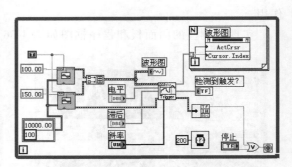

图 4-58　基本电平触发波形监测

4.5.2　逐点信号分析

在现代数据采集与处理系统中，对实时性能的要求越来越高。而传统的基于缓冲和数组的分析过程需要先将采集到的数据放在缓冲区或数组中，待数据量达到一定要求时才能将数据一次性地进行分析处理，即分析是按照数据块进行的。因为构建数据块需要时间，所以基于数组的分析不能实时地分析采集到的数据，通过这种方法很难构建高速实时的系统。

因此，从 LabVIEW 6.1 以后的版本中提供了一个新的分析函数——逐点信号分析函数。逐点信号分析是信号分析方法的一大变换。在逐点分析中，数据分析是针对每个数据点的，一个数据点接一个数据点，对采集到的每一点数据都可以立即连续进行分析并实现实时处理。因此通过实时分析，用户可以实时地观察到当前采集数据的分析结果，从而使用户能够跟踪和处理实时事件，分析可以与信号同步进行。此外，由于不需要构建缓冲区，分析与数据可以直接相连。这使得采样率可以更高，数据量可以更大，而数据丢失的可能性更小，编程也更加容易。

实时数据采集与处理系统需要连续稳定的运行系统。逐点分析函数 VI 由于把数据采集与分析连接在一起，因此逐点分析是高效和连续稳定的，它与数据采集与分析是紧密相连的，这使得它能够广泛应用于 FPGA、DSP 芯片、ARM、专用 CPU 和专用集成电路 ASIC 等控制领域。

逐点分析函数 VI 提供了与数组分析相应的分析功能，它位于"函数"选板→"信号处理"→"逐点"子函数选板中，如图 4-59 所示。

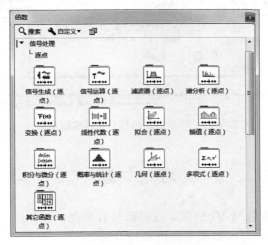

图 4-59　"逐点"子函数选板

【例 4.5.2】基于逐点信号分析的实时滤波处理。本例中的实时信号由正弦波（逐点）发生函数模拟产生，并且叠加了均匀白噪声（逐点）信号。使用两种方法进行滤波处理。

在逐点信号分析中，使用 Butterworth 滤波器（逐点）.vi 中的低通滤波器类型，实时地滤除噪声还原正弦信号，VI 读取一个数据，分析并输出一个结果，同时读入下一个数据并重复以上分析过程，一点接一点地连续、实时地进行分析。

在基于数组的滤波处理中，使用 Butterworth 滤波器.vi 中的低通滤波器类型，此时，VI 必须等待数据缓冲准备好，然后读取一组数据并分析全部数据，输出显示全部数据的分析结果，因此分析是非连续的、非实时的。

实现该例程的前面板和程序框图如图 4-60 所示。从图中显示的两种滤波效果中可以看到，基于逐点信号分析的实时滤波与基于数组的滤波效果是一致的，但是在逐点信号分析的实时滤波中在对数据采集的同时给出了分析结果，而且不需要对采集到的数据进行缓存处理。

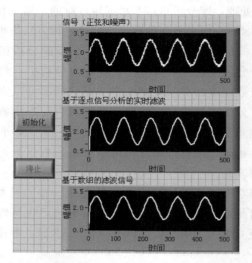

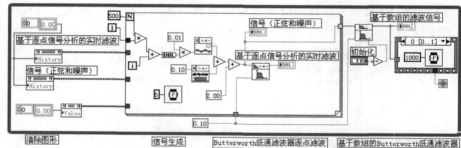

图 4-60　基于逐点信号分析的实时滤波

习　　题

1. LabVIEW 中仿真信号 VI 的基本波形信号有哪些？

2. 计算一个锯齿波信号的周期平均值和均方差值。

3. 计算一个正弦信号叠加噪声信号后的单边傅里叶频谱。

4. 计算一个方波信号的功率谱。

5. 比较加各种不同窗函数之后正弦信号的频谱有什么不同。

6. 对一方波波形的边界进行测试测量。

7. 火车车轮状态的实时监测。

8. 创建一个 VI，连续采集正弦波和三角波信号。

9. 设计一个简单的基本函数信号发生器。要求能输出正弦波、方波、三角波和锯齿波，且能设置波形的幅度、频率、占空比等参数。

10. 使用"公式波形"函数，通过公式 $\sin(w*t)*\sin(2*pi(1)*t)$ 产生一个调幅波。

第 5 章　基于 LabVIEW 的滤波器设计

数字滤波器是数字信号处理最重要的内容之一，滤波器设计是信号的频域分析中的另一个非常重要的应用。滤波器分为模拟滤波器和数字滤波器，分别处理模拟信号和数字信号。与模拟滤波器相比，数字滤波器具有下列优点：

- 可以用软件编程。
- 稳定性高，可预测。
- 不会因温度、湿度的影响产生误差，不需要精度组件。
- 很高的性能价格比。

下面几种滤波操作都基于滤波器设计技术：

- 平滑窗口。
- 无限冲激响应（IIR）或者递归数字滤波器。
- 有限冲激响应（FIR）或者非递归数字滤波器。
- 非线性滤波器。

在测试 VI 中是使用数字滤波器。由于滤波器的分类方法很多，其参数类型也比较多，所以，用户在 LabVIEW 中使用数字滤波器 VI 时特别注意参数的设置。

另外，在 LabVIEW 中，对信号的滤波操作有两种方法：一种是用户自己通过编程实现对信号的滤波和变换，这样能够作出特别适合自己的滤波程序，能很好地达到自己的要求，但是编程相对来说比较复杂，程序可读性较差；另一种是调用 LabVIEW 中滤波器设计的函数节点，这样编程方便而且速度快，程序执行效率高，本章重点介绍第二种方法。

本章首先介绍数字滤波器的相关知识，与模拟滤波器相比有何优点，以及在实际的应用中如何选择适当的滤波器，然后重点讲述基于 LabVIEW 的数字滤波器的设计实现，包括有限冲激响应（FIR）滤波器和无限冲激响应（IIR）滤波器的设计实现，重点讲述 LabVIEW Butterworth（中巴特沃斯）滤波器、Chebyshev（切比雪夫）滤波器、椭圆（Elliptic）滤波器和贝塞尔（Bessel）滤波器函数 VI 的使用，本章最后讲述基于 LabVIEW 的中值滤波器及自适应滤波器的设计实现。

5.1　数字滤波器概述

5.1.1　数字滤波器的基本概念

在对信号进行采集处理时，常因为受到外在因素的干扰，会产生噪声信号，从而导致信号的失真，这就需要用到滤波技术消除这些噪声。滤波技术在信号的获取、传输和处理中具有重要作用。滤波器是一种选频装置，具有频率选择的功能，它能使信号中特定的频率成分通过而衰减其他不需要的频率成分。在测试装置中，利用滤波器的这种选频作用，可以滤除干扰噪声或进行频谱分析。

数字滤波器是具有一定传输选择特性的数字信号处理装置，它的输入、输出信号均为数字信号，数字滤波器本身是一个线性时不变离散系统。数字滤波器的基本工作原理是利用离散系统特性去改变输入数字信号的波形或频谱，使有用信号频率分量通过，抑制无用信号分量输出。

滤波器分为模拟滤波器和数字滤波器两类。模拟滤波器的性能，在结构确定之后，取决于器件的宽容度。但模拟滤波器在低频和甚低频时实现比较困难，而数字滤波器则在各种情况下实现都比较方便。数字滤波器实际是采用数字系统实现的一种运算过程，它具有一般数字系统的固有特点。依靠软件实现的数字滤波器与模拟滤波器或与硬件实现的滤波器相比，有着灵活性强，精度高，可靠性高，稳定性好，处理功能强，不会因温度、湿度的影响产生误差，具有极低的成本等优点，在电子设备中不能实现的一些特殊的理想滤波器，而利用计算机进行数字滤波，就会变得比较容易，所以在许多数字信号处理领域有着广泛的应用，并且在逐步取代模拟滤波器。

5.1.2　数字滤波器的分类

根据不同的分类方法，滤波器可分为多种类型。

- 如果按照滤波器电路中是否带有有源器件来分，可以分为有源滤波器和无源滤波器；
- 如果按照通过的频率范围来分，可以分为低通、高通、带通和带阻滤波器及其他类型通带的滤波器；
- 如果按照处理信号的性质来分，可以分为模拟滤波器和数字滤波器。

随着计算机的飞速发展，数字滤波器也有了很大的发展和应用，其中，数字滤波器又可分为有限冲激响应（FIR）滤波器和无限冲激响应（IIR）滤波器两大类，其他还有按照阶次、按照何种方法逼近理想滤波器等进行的分类方法，根据不同场合有其特定含义。

理想滤波器是一个理想化的模型，在实际应用中很难实现，但是研究理想滤波器又具有特殊的意义。一个理想滤波器应在所需的通带内幅频特性为常值，相频特性为通过原点的直线；在通带外幅频特性值应为零，这样才能使通带内输入信号的频率成分得以不失真地传输，而在通带外的频率成分全部衰减掉。几种常用滤波器的理想频率响应如图 5-1 所示。

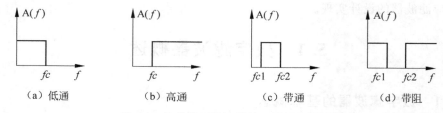

（a）低通　　　　（b）高通　　　　（c）带通　　　　（d）带阻

图 5-1　几种常用滤波器的理想频率响应

由图 5-1 可知，对于几种常用滤波器的理想频率响应描述如下。

- 低通滤波器对信号中低于某一频率 fc 的成分均能以常值增益通过，fc 称为低通滤波器的上截止频率。
- 高通滤波器对信号高于某一频率 fc 的成分均能以常值增益通过，fc 称为高通滤波器的下截止频率。

- 带通滤波器对信号中高于某一频率 $fc1$ 和低于频率 $fc2$ 的成分以常值增益通过，$fc1$、$fc2$ 分别称为带通滤波器的下、上截止频率。
- 带阻滤波器对信号中仅让两截止频率 $fc1$ 和 $fc2$ 之间的频率成分不能通过。

几种典型常用实际（非理想）滤波器的通带、阻带如图 5-2 所示。

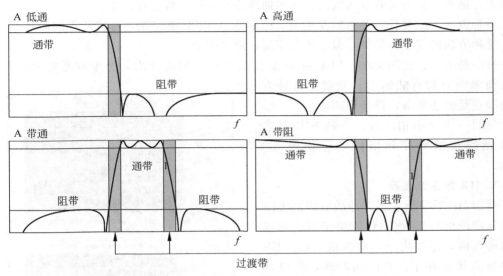

图 5-2　几种典型常用实际（非理想）滤波器的通带与阻带

5.1.3　实际（非理想）数字滤波器的类型

数字滤波，就是将输入的信号序列，按规定的算法处理之后，得到希望的输出序列的过程。数字滤波器按照离散系统的时域特性，可分为有限冲激响应（FIR）滤波器和无限冲激响应（IIR）滤波器两种类型，这两种滤波器中都包含低通、高通、带通、带阻等子类型。两者划分的主要标准是系统函数对单位样值响应是否无限长。一般离散系统可以用 N 阶差分方程来表示：

$$y(n) + \sum_{k=1}^{N} b_k y(n-k) = \sum_{r=0}^{M} a_r x(n-r) \tag{5-1}$$

其系统函数为：

$$H(z) = \frac{Y(z)}{X(z)} = \frac{\sum_{r=0}^{M} a_r z^{-r}}{1 + \sum_{k=1}^{N} b_k z^{-k}} \tag{5-2}$$

- 当 b_k 全为 0 时，$H(z)$ 为多项式形式，此时 $h(n)$ 为有限长，称为 FIR 系统。
- 当 b_k 不全为 0 时，$H(z)$ 为有理分式形式，此时 $h(n)$ 为无限长，称为 IIR 系统。

值得注意的是，FIR 滤波器和 IIR 滤波器在性能和设计方法上有很大的不同。

1. FIR 数字滤波器

对于 FIR 数字滤波器的系统只有零点，冲激响应在有限时间内衰减为 0，输出只取决于当前和以前的输入值，因此，这一类系统不像 IIR 系统那样容易取得比较好的通带与阻带衰减特性。要想取得好的衰减特性，一般要求系统的单位抽样响应截取的长度要长。其主要的优点是：首先，FIR 滤波器的系统是稳定的；其次，FIR 滤波器可以做到严格的线性相移；最后，FIR 系统允许设计多通带（或多阻带）的滤波器。

FIR 数字滤波器的幅频响应中带有纹波，其设计就是要在满足频率响应的同时合理地分配纹波。FIR 数字滤波器的设计方法主要是建立在对理想滤波器频率特性作某种近似的基础上，这些近似方法有窗函数法、频率抽样法及最佳一致逼近法等。

一种方法：定义好需要的幅度响应，然后求其 FFT 逆变换，再将所得的时域信号加窗。这种方法的优点是简单，但是效率不高，定义困难。

另一种方法：使用 Parks-McClellan 算法将加权后的纹波均匀分配到通带和阻带中，并且频率响应拥有陡峭的过渡带。这种方法的缺点是方法复杂，设计周期长。

与归一化频率相比较，一种 FIR 数字滤波器的典型幅度和相位响应如图 5-3 所示。

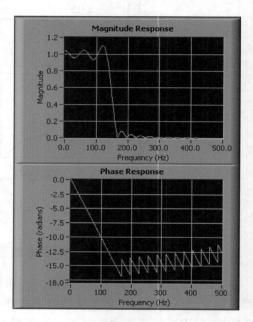

图 5-3　FIR 数字滤波器的典型幅相频特性曲线

2. IIR 数字滤波器

对于 IIR 数字滤波器，冲激响应会无限持续（理论上），输出不仅取决于当前和以前的输入值，还取决于以前的输出值。IIR 滤波器的优点在于：它的递归性，可以减少存储需求，具有幅频特性较平坦的特点。但其相位响应非线性。

IIR 数字滤波器的设计源于传统的模拟滤波器的设计，可以通过对低通模拟滤波器进行模拟频率和数字频率的变换而得到对应滤波特性的数字低通滤波器，但是两者之间有一定的误差。模拟滤波器设计的经典方法是用"最佳逼近特性"法，相应的有 Butterworth 滤波器、Chebyshev 滤波器、椭圆滤波器、贝塞尔滤波器等类型。各个滤波器具有不同的频率特性，用户在逼近所需的同一个滤波器特性时，要注意根据具体要求选择适当的逼近类型。

下面简单介绍在测试测控、数字信号处理领域常用的几种 IIR 数字滤波器。

1) Butterworth 滤波器

Butterworth 滤波器的幅频响应表达式为：

$$|H(\omega)| = \frac{1}{\sqrt{1 + \left(\dfrac{\omega}{\omega_c}\right)^{2n}}} \tag{5-3}$$

式中，ω_c 为通带截止频率，n 为滤波器的阶数。Butterworth 滤波器有以下幅频特性：

- 通带内具有最大平坦的幅频特性。
- 随频率的增大，平滑单调下降。

- 在通带中，是理想的单位响应，在阻带中响应为零。

- 在截止频率处即当 $\omega = \omega_c$ 时，$|H(\omega_c)| = \dfrac{1}{\sqrt{2}}$，有半功率频率，即有 3dB 衰减。

Butterworth 低通滤波器的幅频特性曲线如图 5-4 所示。由图中可以看出，LabVIEW 模拟仿真出了不同阶数 n 的 Butterworth 低通滤波器过渡带的陡峭程度，也即过渡带的陡峭程度正比于滤波器的阶数。随着阶数 n 越高，响应越接近矩形，过渡带越窄，所以高阶 Butterworth 低通滤波器的幅频响应特性就越近于理想低通滤波器。但是与理想低通滤波器的处理结果相比，巴特沃斯处理的信号的模糊程度大大减少，它的尾部会含有大量高频成分。通过 Butterworth 滤波器处理的信号将不会出现抖动现象，这是由于在滤波器的通带和阻带之间有一平滑过渡的缘故。

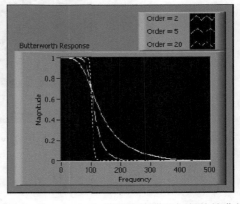

图 5-4　Butterworth 低通滤波器的幅频特性曲线

2）Chebyshev 滤波器

Chebyshev 滤波器的幅频响应表达式为：

$$|H(\omega)| = \frac{1}{\sqrt{1 + \varepsilon^2 T_n^2\left(\dfrac{\omega}{\omega_c}\right)}} \tag{5-4}$$

式中，ω_c 为通带截止频率；n 为滤波器的阶数；ε 为小于 1 的正数，决定通带纹波大小的系数，表示通带内幅度波动的程度，ε 越大波动幅度越大；T_n 为 n 阶 Chebyshev 多项式，其定义为：

$$T_n\left(\frac{\omega}{\omega_c}\right) = \begin{cases} \cos\left(n \cdot \arccos \dfrac{\omega}{\omega_c}\right), & \left|\dfrac{\omega}{\omega_c}\right| \leqslant 1 \\ \cos h\left(n \cdot \arccos h \dfrac{\omega}{\omega_c}\right), & \left|\dfrac{\omega}{\omega_c}\right| \geqslant 1 \end{cases} \tag{5-5}$$

Chebyshev 滤波器有以下幅频特性：

- 通带内峰值误差最小。
- 通带内具有等幅的纹波起伏特性。
- 阻带内幅频响应单调下降且具有更大的衰减。
- 与 Butterworth 滤波器相比，过渡迅速。

Butterworth 滤波器在通带与阻带之间过渡缓慢，相比于 Butterworth 滤波器，Chebyshev 低通滤波器在通带与阻带之间能够达到快速的过渡，并且这种快速的过渡能够产生较小的绝对误差和较快的滤波执行速度。Chebyshev 低通滤波器的幅频特性曲线如图 5-5 所示。注意 Chebyshev 低通滤波器通带的最大纹波误差和陡峭的过渡带，陡峭的过渡带可以减小绝对误差，提高滤波速度。

3）反 Chebyshev 滤波器

反 Chebyshev 滤波器又称为 Chebyshev Ⅱ 型滤波器，其幅频响应表达式为：

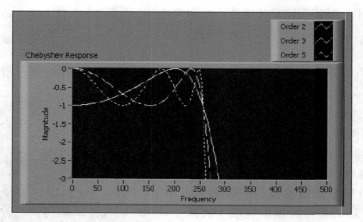

图 5-5　Chebyshev 低通滤波器的幅频特性曲线

$$| H(\omega) | = \dfrac{1}{\sqrt{1 + \left[\varepsilon^2 T_n^2 \left(\dfrac{\omega}{\omega_c} \right) \right]^{-1}}} \qquad (5\text{-}6)$$

式（5-6）中各参数的意义同切比雪夫滤波器的幅频响应表达式（5-4）中参数的意义。
反 Chebyshev 滤波器有以下幅频特性：

- 阻带内峰值误差最小。
- 阻带内具有等幅的纹波起伏特性。
- 通带内幅频响应单调下降且具有更大的衰减。
- 与 Butterworth 滤波器相比，过渡迅速。

反 Chebyshev 滤波器与切比雪夫滤波器类似，但是通过比较两者的幅频特性可以发现不同之处，另外反 Chebyshev 滤波器将误差分散到阻带中。反 Chebyshev 低通滤波器的幅频特性曲线如图 5-6 所示。注意反 Chebyshev 低通滤波器阻带的最大纹波误差和陡峭的过渡带，陡峭的过渡带可以减小绝对误差，提高滤波速度。

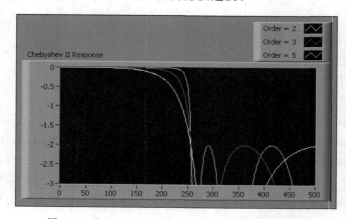

图 5-6　反 Chebyshev 低通滤波器的幅频特性曲线

相比于 Butterworth 滤波器，反 Chebyshev 低通滤波器和 Chebyshev 低通滤波器有着相同的优点，即在通带与阻带之间能够达到快速的过渡，并且这种快速的过渡能够产生较小的绝对误差和较快的滤波执行速度。

Chebyshev 滤波器在过渡带比 Butterworth 滤波器的衰减快，但频率响应的幅频特性不如后者平坦。Chebyshev 滤波器和理想滤波器的频率响应曲线之间的误差最小，但是在通带内存在幅度波动。如果需要快速衰减而允许通带存在少许幅度波动，可用 Chebyshev 滤波器；如果需要快速衰减而不允许通带存在幅度波动，用反 Chebyshev 滤波器。

4）椭圆滤波器

椭圆滤波器的幅频响应表达式为：

$$| H(\omega) | = \frac{1}{\sqrt{1 + \varepsilon^2 R_n\left(\frac{\omega}{\omega_c}\right)}} \tag{5-7}$$

式中，ω_c 为通带截止频率；n 为滤波器的阶数；ε 为纹波系数，表示纹波情况；R_n 为 n 阶雅可比椭圆函数。

椭圆滤波器有以下幅频特性：

● 在通带和阻带内峰值误差最小。

● 在通带和阻带内均为等纹波起伏特性。

与相同阶数的 Butterworth 和 Chebyshev 滤波器相比，椭圆滤波器在通带和阻带之间的过渡带最为陡峭，因此，椭圆滤波器有很广泛的应用。椭圆低通滤波器的幅频特性曲线如图 5-7 所示。注意椭圆滤波器的通带和阻带中的最大纹波误差和陡峭的过渡带，甚至椭圆滤波器能够以较低的阶数获得较窄的过渡带宽，但是它在通带和阻带上都有波动。

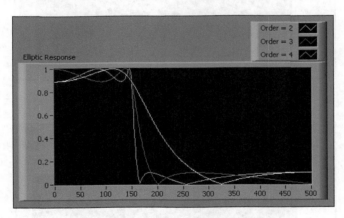

图 5-7　椭圆低通滤波器的幅频特性曲线

椭圆低通滤波器在通带和阻带内均为等纹波，比 Butterworth 和 Chebyshev 滤波器有更陡的下降斜坡，但损失了通带和阻带内的纹波指标。椭圆滤波器相比其他类型的滤波器，在阶数相同的条件下有着最小的通带和阻带波动。它在通带和阻带的波动相同，这一点区别于在通带和阻带都平坦的 Butterworth 滤波器，以及通带平坦、阻带等纹波或是阻带平坦、通带等纹波的切比雪夫滤波器。

5）贝塞尔滤波器

在电子学和信号处理领域，贝塞尔滤波器是具有最大平坦的群延迟（线性相位响应）的线性滤波器。贝塞尔滤波器常用在音频天桥系统中。模拟贝赛尔滤波器在几乎整个通带都具有恒定的群延迟，因而在通带上保持了被过滤的信号波形。滤波器得名于德国数学家弗雷德里希·贝塞尔，他发展了滤波器的数学理论基础。

贝塞尔滤波器又称为最平时延或恒时延滤波器。其相移和频率成正比，即时移 τ 值对所有频率为一常数，其关系表达式为：

$$\tau = -\frac{\mathrm{d}}{\mathrm{d}\omega}\varphi(\omega) \tag{5-8}$$

即信号经过贝塞尔滤波器后相移近似于线性，在 $0 \sim \omega_0$ 的频率范围内，时延 $\tau \approx \frac{1}{\omega_0}$。随着滤波器阶数 n 的增加，近似程度也随之增强。

贝塞尔滤波器有以下幅频特性：

● 最平稳的幅度和相位响应。

● 在通带内相位响应接近于线性。

贝塞尔低通滤波器的幅频和相频特性曲线如图 5-8 和图 5-9 所示。

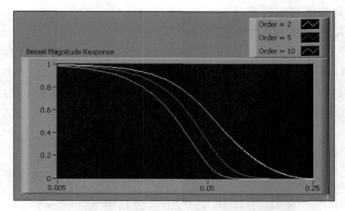

图 5-8　贝塞尔低通滤波器的幅频特性曲线

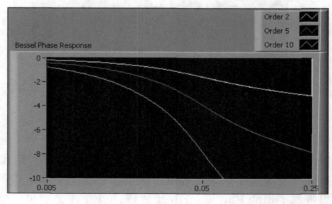

图 5-9　贝塞尔低通滤波器的相频特性曲线

用户可以使用贝塞尔滤波器来减小 IIR 滤波器固有的非线性相位畸变。IIR 滤波器的阶数越高，过渡带越陡峭，非线性相位畸变就越明显。贝塞尔滤波器必须通过提高阶数来减小峰值误差，因此，它的应用范围是有限的。在实际应用中，可以通过设计 FIR 滤波器来实现线性的相位响应。

除了以上介绍的滤波器类型，还有中值滤波器，反幂律滤波器、$\frac{1}{f}$ 滤波器等，用户可以参考其他滤波器相关书籍学习掌握，这里不再一一介绍。

5.1.4　实际（非理想）数字滤波器的基本参数设置

在实际工程应用中，常用的有 Butterworth、Chebyshev、反 Chebyshev、椭圆、贝塞尔等数字滤波器，它们都是借助于已相当成熟的同名模拟滤波器而设计的，因此有雷同的特性参数。

1. 滤波器类型选择

首先要选择滤波器的通过频带类型，即在低通、高通、带通或带阻滤波器中选择一个类型。带通指的是滤波器的某一设定的频率范围，在这个频率范围内的波形可以以最小的失真通过滤波器。通常，这个带通范围内的波形幅度既不增大也不缩小，称它为单位增益（0dB）。带阻指的是滤波器使某一频率范围的波形不能通过。理想情况下，数字滤波器有单位增益的带通，完全不能通过的带阻，并且从带通到带阻的过滤带宽为零。在实际情况下，则不能满足上述条件。特别是从带通到带阻总有一个过渡过程，在一些情况下，使用者应精确说明过渡带宽。在有些应用场合，在带通范围内放大系数不等于单位增益是允许的。这种带通范围内的增益变化叫作带通纹波。另外，带阻衰减也不可能是无穷大，必须定义一个满意值。带通纹波和带阻衰减都是以分贝（dB）为单位，定义如下：

$$dB = 20 \times \log \left(A_o(f)/A_i(f) \right)$$

其中，$A_o(f)$ 和 $A_i(f)$ 是某个频率等于 f 的信号进出滤波器的幅度值。

其次要确定选择 FIR 滤波器还是 IIR 滤波器，因为这两者在设计时是完全不同的，如果选择 IIR 滤波器，最后还要选择用哪种最佳特性逼近方式实现滤波器特性，即在 Butterworth 滤波器、Chebyshev 滤波器、椭圆滤波器、贝塞尔滤波器等类型中选择一个。

2. 截止频率

对低通滤波只需确定上截止频率，高通滤波只需确定下截止频率，对带通和带阻滤波应确定上、下截止频率。

3. 采样频率

一般软件中数字滤波器模板中的频率都是归一化的频率，归一化的频率通过采样频率这一参数和实际频率对应起来。对各种类型滤波，采样频率均应设置成滤波器输入信号的采样频率。

4. 滤波器的阶数

滤波器的阶数越高，其幅频特性曲线过渡带衰减越快。

5. 纹波幅度

Chebyshev 滤波器通带段幅频特性呈波纹状，需此参数控制纹波幅度，一般取 0.1dB。Butterworth 和贝塞尔滤波器通带段幅频特性曲线比较平坦，不需要此参数。

5.1.5　数字滤波器的选择

在选择滤波器时，用户要考虑实际应用的需求，如是否需要线性的相频响应，是否允许纹波存在，是否需要窄的过渡带等因素。图 5-10 所示给出了一个选择滤波器的大致步骤。当然在实际应用中，需要多次实验才能选择确定出最合适类型的滤波器。

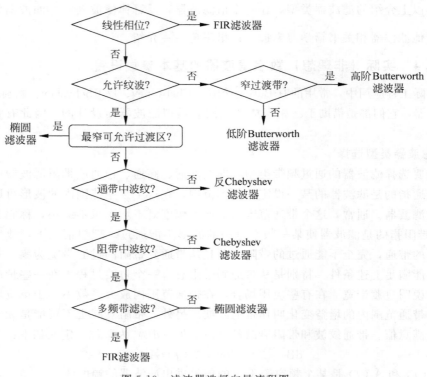

图 5-10   滤波器选择向导流程图

5.2   LabVIEW 中的数字滤波器

在测试 VI 中，也可以利用 LabVIEW 提供的滤波器 VI 对信号进行去噪或提取特定频率信号。灵活应用各种数字信号滤波器，是对数字信号进行正确分析的重要步骤和手段。本节所涉及的数字滤波器都符合虚拟仪器的使用方法。它们可以处理所有的设计问题、计算、内存管理，并在内部执行实际的数字滤波功能。这样用户无须成为一个数字滤波器或者数字滤波的专家就可以对数据进行处理。

LabVIEW 中提供了大量的滤波器函数，包括 Express VI 的滤波器 VI、波形调理 VI 的滤波器 VI 和"函数"选板中的滤波器 VI 三部分。无论是 IIR 滤波器还是 FIR 滤波器都可实现，可传递的信号数据类型也包括波形信号和数组信号两种，可供用户灵活调用。它使得用户无须较高深的数学知识和对于系统与滤波器之间关系的深入了解也可以对数据进行滤波处理。用户可以在 LabVIEW 中用数字滤波器控制滤波器的类型、阶次、截止频率、脉动量和阻带衰减等参数。

5.2.1   Express VI 的滤波器 VI

Express VI 中的滤波器 VI 设置了针对所有类型的滤波器选项，位于程序框图窗口中的"函数"选板→Express→"信号分析"→"滤波器"，如图 5-11 所示。

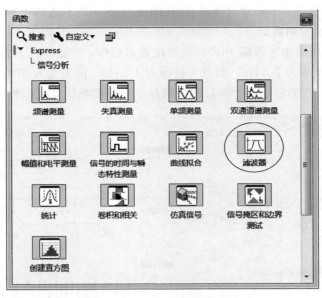

图 5-11　Express VI 中的滤波器 VI

用户单击图 5-11 中的滤波器 VI 图标，弹出如图 5-12 所示的配置滤波器对话框。在这个配置滤波器的对话框中，配置了一个低截止频率为 100Hz、高截止频率为 400Hz 的四阶

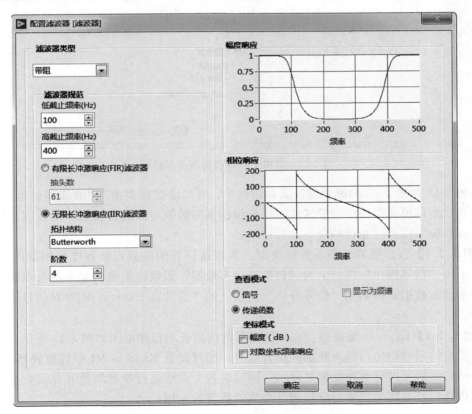

图 5-12　Butterworth 带阻 IIR 配置滤波器对话框

Butterworth 带阻滤波器（IIR 型滤波器），在图 5-12 所示的右边两个窗口中分别显示了幅度响应曲线和相位响应曲线。

　　另外，图 5-13 也给出了带阻 FIR 滤波器配置对话框，在这个配置滤波器的对话框中，配置了一个低截止频率为 100Hz、高截止频率为 400Hz、抽头数为 57 的带阻滤波器（FIR 型滤波器），在图 5-13 的右边两个窗口中分别显示了幅度响应曲线和相位响应曲线。

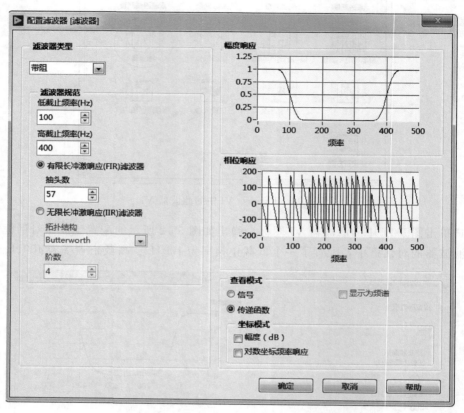

图 5-13　带阻 FIR 配置滤波器对话框

　　在图 5-12 和图 5-13 的配置滤波器对话框中，有"滤波器类型""滤波器规范""查看模式"及"坐标模式"四个设置区域，用户根据实际需要对其进行配置，配置完成后可通过"幅度响应"以及"相位响应"查看结果。

　　【例 5.2.1】波形转换至动态数据类型。实现该例程的前面板和程序框图如图 5-14 所示，图中用"信号操作"选板上的"转换至动态数据"函数将生成的基本混合单频波形数据转换至动态数据，再利用"信号分析"选板上的"滤波器 Express VI"对信号进行滤波并显示。

　　【例 5.2.2】Express 滤波器。实现该例程的前面板和程序框图如图 5-15 所示。该例程中有一正弦信号与均匀白噪声叠加的仿真信号，通过设置 Express VI 中的滤波器 VI 的参数，对该仿真信号进行滤波处理并显示，同时对各个参数进行单频测量并显示，可以清楚地看到仿真信号参数与实际的单频测量参数的数值的差别。

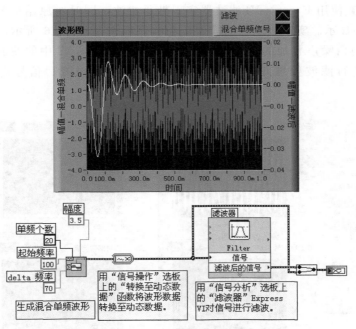

图 5-14　波形转换至动态数据类型

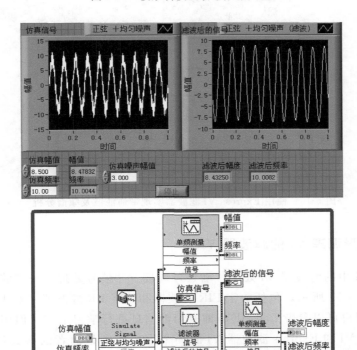

图 5-15　Express 滤波器

　　【例 5.2.3】使用 Express VI 滤波器实现带通滤波，同时对原始信号和滤波后信号进行频谱分析并显示。实现该例程的前面板和程序框图如图 5-16 所示。该例程中有一正弦信号与均匀白噪声叠加的仿真信号，通过设置 Express VI 中的滤波器 VI 的参数，对该仿真信号进行滤波处理并显示，同时对原始信号和滤波后信号进行频谱分析并显示。

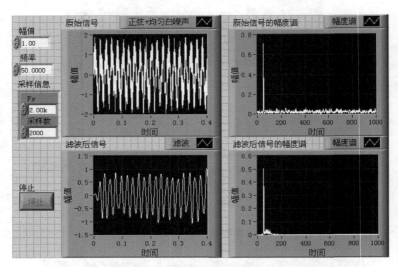

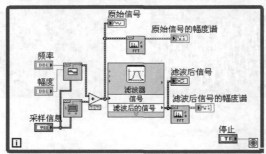

图 5-16　使用 Express VI 滤波器实现带通滤波及频谱分析

5.2.2　波形调理 VI 的滤波器 VI

　　波形调理 VI 中的滤波器 VI 处于"函数"选板→"信号处理"→"波形调理"子函数选板中，如图 5-17 所示，包括数字 FIR 滤波器和数字 IIR 滤波器。对于这两类滤波器 VI 的详细用法用户可以参考 LabVIEW 即时帮助信息进行学习掌握。但用户值得注意的是，波形滤波器 VI 和 Express 滤波器 VI 的一个重要区别是两者的参数设置方式不同，波形滤波器 VI 使用接线端口方式进行参数设置，而 Express 滤波器 VI 使用配置对话框进行参数设置；另一个区别是 Express 滤波器 VI 只能是一个滤波器对一个输入信号进行滤波处理，而波形滤波器 VI 可以扩展至多个不同特性的滤波器对多个不同的信号进行处理，因此增加了 VI 的灵活性，在进行信号滤波处理时可以减少程序的大小，增加程序的可读性。

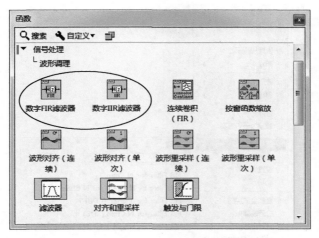

图 5-17　波形调理 VI 中的滤波器 VI

用户可以对波形调理 VI 中的这两类滤波器 VI 的各个端口进行设置，其中，数字 FIR 滤波器和数字 IIR 滤波器的最佳逼近函数类型与功能基本类型分别如图 5-18 和图 5-19 所示。

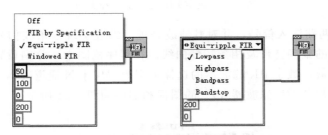

图 5-18　数字 FIR 滤波器最佳逼近函数类型与功能基本类型

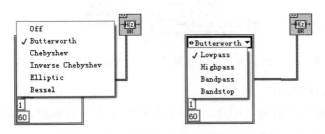

图 5-19　数字 IIR 滤波器最佳逼近函数类型与功能基本类型

另外，用户对多个波形进行滤波，VI 在每个输入波形上使用不同的滤波器，并为每个波形保持独立的滤波器状态。用户可对数字 FIR 滤波器和数字 IIR 滤波器这两种类型的滤波器选择类型，如右击数字 FIR 滤波器图标，在弹出的快捷菜单中选择"选择类型"，其中，有供用户选择的多种方式，如图 5-20 所示。数字 IIR 滤波器的操作也与此相同。

【例 5.2.4】波形滤波器 VI 进行多通道信号多种参数滤波。该例程中有两路输入信号，分别是幅度为 2V、频率为 10Hz 的正弦波和幅度为 1V、频率为 20Hz 的三角波，初

图 5-20　数字 FIR 滤波器选择类型

相位都为 0，显示两路输入信号，并对其滤波处理，编程实现三角波信号经六阶切比雪夫低通滤波器滤波后的幅频特性及相频特性曲线。在程序框图中，分别设置了两个通道波形的不同的滤波器参数，数字 IIR 滤波器的选择类型为 "用于 N 通道的 N 规范 IIR 滤波器"。"用于 N 通道的 N 规范 IIR 滤波器 VI" 的图标和端口如图 5-21 所示。

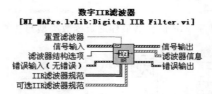

图 5-21　用于 N 通道的 N 规范 IIR 滤波器 VI 的图标和端口

各主要接线端口解释如下。

- "重置滤波器" 的值为 TRUE 时，可重新设计滤波器系数，强制重置内部滤波器状态为 0。
- "信号输入" 该波形数组包含要进行滤波的信号。
- "滤波器结构选项" 指定 IIR 级联滤波器的阶数。0：IIR 二阶——返回 IIR 二阶滤波器阶段；1：IIR 四阶——返回 IIR 四阶滤波器阶段；2："自动选择（默认）"——依据 "类型" 返回 IIR 二阶或 IIR 四阶滤波器阶段。如 "类型" 为低通或高通，该 VI 可返回 IIR 二阶滤波器阶段；如 "类型" 为带通或带阻，该 VI 可返回 IIR 四阶滤波器阶段。
- "IIR 滤波器规范" 是该数组包含滤波器参数。数组的大小必须与信号输入数组中的波形数量一致。默认值为空数组。"IIR 滤波器规范" 是包含 IIR 滤波器设计参数的簇。

（1）"拓扑结构"确定滤波器的设计类型。0：Off；1：Butterworth；2：Chebyshev；3：Inverse Chebyshev；4：Elliptic；5：Bessel。

（2）"类型"依据以下值指定滤波器的通带。0：Lowpass；1：Highpass；2：Bandpass；3：Bandstop。

（3）"阶数"是滤波器的阶数。如"阶数"为 0，滤波器可通过"可选 IIR 滤波器规范"计算阶数。

（4）"低截止频率"是低截止频率，必须符合 Nyquist 准则。Nyquist 准则为：0＜fl＜0.5fs，fl 是截止频率，fs 是采样频率。如"低截止频率"小于 0 或大于采样频率的 1/2，VI 可设置"信号输出"波形为空，并返回错误。默认值为 100。

（5）"高截止频率"是高截止频率。如"类型"为 0（Lowpass）或 1（Highpass），LabVIEW 可忽略该参数。

（6）"通带波纹"必须大于 0，以分贝为单位。如"通带波纹"小于等于 0，VI 可设置"信号输出"波形为空，并返回错误。默认值为 1.0。

（7）"阻带衰减"指定阻带衰减。"阻带衰减"必须大于 0，以分贝为单位。如"阻带衰减"小于等于 0，VI 可设置信号输出波形为 0 或空数组，并返回错误。默认值为 60.0。

● "可选 IIR 滤波器规范"是该数组包含附加滤波器参数。数组必须为空，或与"IIR 滤波器规范"数组大小一致。"可选 IIR 滤波器规范"簇包含计算 IIR 滤波器阶数所需的信息。

（1）"最低通带"是两个通带频率中的较低值，默认值为 100 Hz。

（2）"最高通带"是两个通带频率中的较高值，默认值为 0。

（3）"最低阻带"是两个阻带频率中的较低值，默认值为 200 Hz。

（4）"最高阻带"是两个阻带频率中的较高值，默认值为 0。

（5）"通带增益"是通带频率的增益。增益按线性或 dB 设定，默认值为 −3dB。

（6）"阻带增益"是阻带频率的增益。增益按线性或 dB 设定，默认值为 −60dB。

（7）"标尺"确定解析通带和阻带增益参数的方式。

● "信号输出"该信号数组中的信号已依据滤波器规范控件进行滤波。

● "滤波器信息"簇包含滤波器的幅度和相位响应，可绘制成图形。"滤波器信息"中还包含滤波器的阶数。

（1）"幅度 H（ω）"是滤波器的幅度响应。可连线该簇至图形。"f0"是幅度响应的起始频率；"df"是幅度响应中元素之间的间距，以赫兹为单位；"幅度 H（ω）"是该数组中包含滤波器的幅度响应。

（2）"相位 H（ω）"是滤波器的相位响应。"f0"是相位响应的起始频率；"df"是幅度响应中元素之间的间距，以赫兹为单位。"相位 H（ω）"是该数组包含滤波器的相位响应，以度为单位。

（3）"阶数"是滤波器的阶数。

实现该例程的前面板和程序框图如图 5-22 所示。

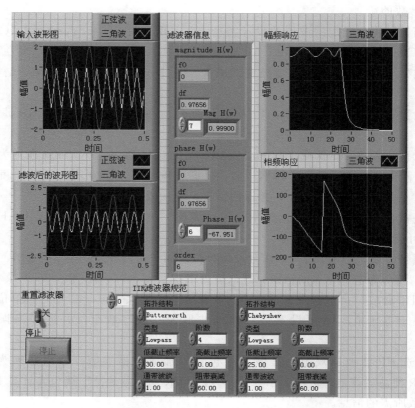

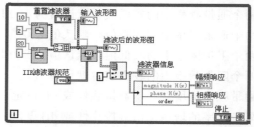

图 5-22　波形滤波器 VI 进行多通道信号多种参数滤波

5.2.3　"函数"选板的滤波器 VI

"函数"选板中的"滤波器"子函数选板提供了多种常用的滤波器，并且提供了设计 FIR 和 IIR 滤波器的 VI，使用起来非常方便，只需输入相应的指标参数即可。滤波器子函数选板位于"函数"选板→"信号处理"→"滤波器"子函数选板中，如图 5-23 所示。

由图 5-23 可以看出，LabVIEW 2017 提供了丰富的滤波器 VI 函数，其中，IIR 滤波器类型有 Butterworth、Chebyshev、反 Chebyshev、椭圆和贝塞尔滤波器。根据前面已经讲述的各个类型滤波器的原理，所以它们的用途也不尽相同。

- Butterworth 滤波器在所有频率上提供最大平坦的幅频特性响应，但是过渡带下降较为缓慢，过渡带的陡峭程度正比于滤波器的阶数。

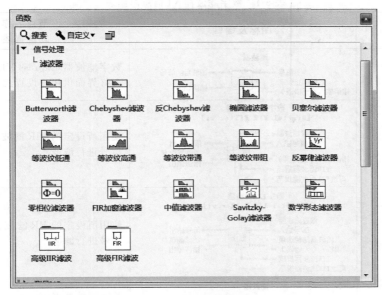

图 5-23　"滤波器"子函数选板

- Chebyshev 滤波器在通带中具有等幅的纹波起伏特性，阻带中单调衰减，过渡迅速。
- 反 Chebyshev 滤波器与 Chebyshev 滤波器类似，不同的是反 Chebyshev 滤波器在阻带内具有等幅的纹波起伏特性，将误差分散到阻带中。
- 椭圆滤波器在通带和阻带内峰值误差最小，且均为等纹波起伏特性。与相同阶数的 Butterworth 和 Chebyshev 滤波器相比，椭圆滤波器在通带和阻带之间的过渡带最为陡峭，因此它有很广泛的应用。
- 贝塞尔滤波器具有最平稳的幅度和相位响应，在通带内相位响应接近于线性。必须通过提高阶数来减小峰值误差，因此，它的应用范围是有限的。

LabVIEW 2017 提供的 FIR 滤波器函数 VI 有 FIR 加窗滤波器和基于 Parks-McClellan 算法的等波纹低通、等波纹高通、等波纹带通、等波纹带阻等优化滤波器。

另外，在"函数"选板→"信号处理"→"滤波器"子函数选板下，还有与数字滤波器相关的两个高级 VI 库，分别是"高级 IIR 滤波"和"高级 FIR 滤波"，在这两个高级滤波器子选板中，滤波器的设计和执行 VI 含有一些更高级的功能选项，而且滤波器的设计部分和滤波器的执行部分是分开的。这样可以预先进行滤波器的设计，因为滤波器的设计花费时间较长，但滤波过程则很快。因此，在含有循环结构的程序中，可以将滤波器的设计部分放在循环体之外，将设计好的滤波器系数传递到循环中，在循环内只进行滤波处理，就可以免去设计部分的循环调用，从而可以提高程序的执行效率。

LabVIEW 2017 提供的数字滤波器 VI 的信息总结表如表 5-1 所示。用户值得注意的是，对于一般不太复杂的应用，可以使用表 5-1 中所列举的普通滤波器 VI 即可实现滤波器的设计。

表 5-1　数字滤波器 VI 信息总结表

在函数选板 中的位置	图标及端口	节点名称 功能描述
"Express" → "信号分析"	**滤波器** 信号 ── 滤波后的信号 低截止频率 错误输入（无错误）── 错误输出	数字滤波器 Express VI，可提供简单友好界面供用户设置滤波器参数
"信号处理" → "波形调理"	**数字FIR滤波器** [Digital FIR Filter.vi] 重置滤波器 信号输入 ── 信号输出 错误输入（无错误）── 滤波器信息 FIR滤波器规范 ── 错误输出 可选FIR滤波器规范	使用所设定的 FIR 滤波器对输入波形信号进行滤波
	数字IIR滤波器 [Digital IIR Filter.vi] 重置滤波器 信号输入 ── 信号输出 滤波器结构选项 ── 滤波器信息 错误输入（无错误）── 错误输出 IIR滤波器规范 可选IIR滤波器规范	使用所设定的 IIR 滤波器对输入波形信号进行滤波
	滤波器 信号 ── 滤波后的信号 低截止频率 错误输入（无错误）── 错误输出	数字滤波器 Express VI，可提供简单友好界面供用户设置滤波器参数
"信号处理" → "滤波器"	**Butterworth滤波器** [Butterworth Filter.vi] 滤波器类型 X ── 滤波后的X 采样频率:fs ── 错误 高截止频率:fh 低截止频率:fl 阶数 初始化/连续（初始化:F）	Butterworth 滤波器，通过调用 Butterworth 系数 VI，生成数字 Butterworth 滤波器
	Chebyshev滤波器 [Chebyshev Filter.vi] 滤波器类型 X ── 滤波后的X 采样频率:fs ── 错误 高截止频率:fh 低截止频率:fl 波纹(dB) 阶数 初始化/连续（初始化:F）	Chebyshev 滤波器，通过调用 Chebyshev 系数 VI，生成数字 Chebyshev 滤波器
	反Chebyshev滤波器 [Inverse Chebyshev Filter.vi] 滤波器类型 X ── 滤波后的X 采样频率:fs ── 错误 高截止频率:fh 低截止频率:fl 衰减(dB) 阶数 初始化/连续（初始化:F）	反 Chebyshev 滤波器，通过调用反 Chebyshev 系数 VI，生成数字 Chebyshev II 滤波器
	椭圆滤波器 [Elliptic Filter.vi] 滤波器类型 通带波纹(dB) X ── 滤波后的X 采样频率:fs ── 错误 高截止频率:fh 低截止频率:fl 阻带衰减(dB) 阶数 初始化/连续（初始化:F）	椭圆滤波器，通过调用椭圆滤波器系数 VI 生成数字椭圆滤波器

续表

在函数选板中的位置	图标及端口	节点名称功能描述
"信号处理" → "滤波器"	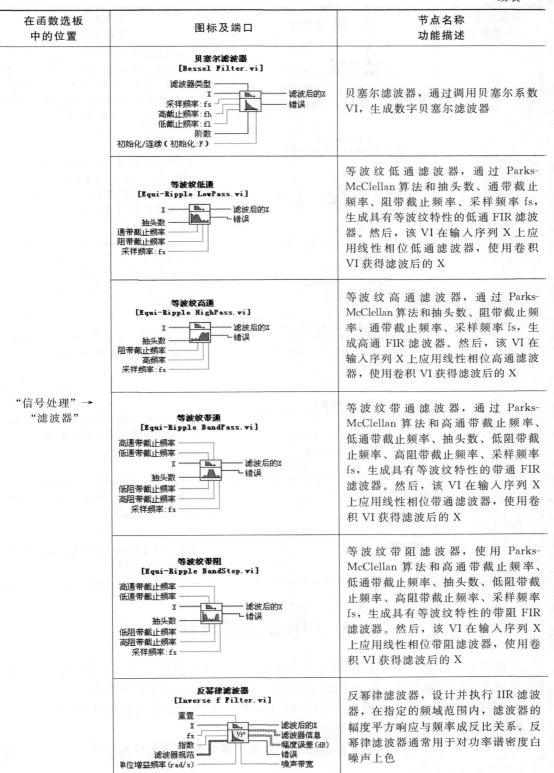 **贝塞尔滤波器** [Bessel Filter.vi] 滤波器类型 X 采样频率:fs 高截止频率:fh 低截止频率:fl 阶数 初始化/连续(初始化:F) 滤波后的X 错误	贝塞尔滤波器,通过调用贝塞尔系数 VI,生成数字贝塞尔滤波器
	等波纹低通 [Equi-Ripple LowPass.vi] X 抽头数 通带截止频率 阻带截止频率 采样频率:fs 滤波后的X 错误	等波纹低通滤波器,通过 Parks-McClellan 算法和抽头数、通带截止频率、阻带截止频率、采样频率 fs,生成具有等波纹特性的低通 FIR 滤波器。然后,该 VI 在输入序列 X 上应用线性相位低通滤波器,使用卷积 VI 获得滤波后的 X
	等波纹高通 [Equi-Ripple HighPass.vi] X 抽头数 阻带截止频率 高频率 采样频率:fs 滤波后的X 错误	等波纹高通滤波器,通过 Parks-McClellan 算法和抽头数、阻带截止频率、通带截止频率、采样频率 fs,生成高通 FIR 滤波器。然后,该 VI 在输入序列 X 上应用线性相位高通滤波器,使用卷积 VI 获得滤波后的 X
	等波纹带通 [Equi-Ripple BandPass.vi] 高通带截止频率 低通带截止频率 X 抽头数 低阻带截止频率 高阻带截止频率 采样频率:fs 滤波后的X 错误	等波纹带通滤波器,通过 Parks-McClellan 算法和高通带截止频率、低通带截止频率、抽头数、低阻带截止频率、高阻带截止频率、采样频率 fs,生成具有等波纹特性的带通 FIR 滤波器。然后,该 VI 在输入序列 X 上应用线性相位带通滤波器,使用卷积 VI 获得滤波后的 X
	等波纹带阻 [Equi-Ripple BandStop.vi] 高通带截止频率 低通带截止频率 抽头数 低阻带截止频率 高阻带截止频率 采样频率:fs 滤波后的X 错误	等波纹带阻滤波器,使用 Parks-McClellan 算法和高通带截止频率、低通带截止频率、抽头数、低阻带截止频率、高阻带截止频率、采样频率 fs,生成具有等波纹特性的带阻 FIR 滤波器。然后,该 VI 在输入序列 X 上应用线性相位带阻滤波器,使用卷积 VI 获得滤波后的 X
	反幂律滤波器 [Inverse f Filter.vi] 重置 X fs 指数 滤波器规范 单位增益频率(rad/s) 滤波后的X 滤波器信息 幅度误差(dB) 错误 噪声带宽	反幂律滤波器,设计并执行 IIR 滤波器,在指定的频域范围内,滤波器的幅度平方响应与频率成反比关系。反幂律滤波器通常用于对功率谱密度白噪声上色

在函数选板 中的位置	图标及端口	节点名称 功能描述
"信号处理"→ "滤波器"	**零相位滤波器** [Zero Phase Filter.vi] X ——— 滤波后的X 反向系数 前向系数 ——— 错误 Φ=0	零相位滤波器，指定零相位滤波器的反向系数和前向系数，输出序列滤波后的 X 无相位失真。尽管零相位滤波器不是直接型，但也适用于离线的应用，例如对磁盘上的声音文件进行滤波
	FIR加窗滤波器 [FIR Windowed Filter.vi] 窗参数 滤波器类型 X 采样频率：fs ——— 滤波后的X 低截止频率：fl ——— 错误 高截止频率：fh 抽头 窗	FIR 加窗滤波器，通过采样频率 fs、低截止频率 fl、高截止频率 fh 和抽头指定的一组 FIR 加窗滤波器系数，对输入数据序列 X 进行滤波
	中值滤波器 [Median Filter.vi] X ——— 滤波后的X 左秩 右秩 ——— 错误	中值滤波器，依据阶数对输入序列 X 进行中值滤波。如右秩大于零，则阶数为右秩；反之，如右秩小于零，则阶数取左秩
	Savitzky-Golay滤波器 [Savitzky-Golay Filter.vi] X ——— 滤波后的X 单侧数据点数 ——— 错误 多项式阶数 权重 S-G	Savitzky-Golay 滤波器，使用 Savitzky-Golay FIR 平滑滤波器对输入数据序列 X 进行滤波
	数学形态滤波器 [Mathematical Morphological Filter.vi] X扩展类型 X ——— 滤波后的X 结构元素 ——— 错误 操作类型 零相位？ MMF	数学形态滤波器，使用数学形态滤波器，通过结构元素对输入数据序列 X 进行滤波
	高级IIR滤波 IIR	高级 IIR 滤波器，用于实现高级 IIR 滤波器的相关操作
	高级FIR滤波 FIR	高级 FIR 滤波器，用于实现高级 FIR 滤波器的相关操作

5.3 FIR 滤波器设计

众所周知，有限冲激响应（FIR）数字滤波器是一种非递归数字滤波器，其输出只取决于当前和以前的输入值，其设计也比较简单。FIR 数字滤波器有以下特点：

- 在设计实现时由于滤波器系数的对称性，所以 FIR 滤波器能够实现线性相位。
- FIR 滤波器的系统通常是稳定的。
- FIR 滤波器容许使用卷积滤除信号，因此，通常能与输出序列结合产生延迟，用以下等式表示：

$$delay = \frac{n-1}{2} \qquad\qquad (5\text{-}9)$$

式中，n 是 FIR 滤波器抽头数。

如果用户计划使用 LabVIEW 中提供的数字滤波器设计工具包来设计数字滤波器，需要查阅更多有关滤波器设计基础知识的书籍，这里就不再详细讲述。

FIR 数字滤波器的设计方法主要是建立在对理想滤波器频率特性作某种近似的基础上，这些近似方法有窗函数法、频率抽样法及最佳一致逼近法等。5.1 节的相关内容已经讲述过设计 FIR 滤波器的方法主要有两种：一种是定义好需要的幅度响应，然后求其 FFT 逆变换，再将所得的时域信号加窗，这种方法的优点是简单，但是效率不高，定义困难；另一种方法是使用 Parks-McClellan 算法，将加权后的纹波均匀分配到通带和阻带中，并且频率响应拥有陡峭的过渡带，这种方法的缺点是复杂，设计周期长。

下面分别通过不同实例介绍如何使用这两种方法来设计实现 FIR 数字滤波器。

【例 5.3.1】使用"FIR 加窗滤波器 VI"实现 FIR 加窗滤波器设计。

对于 FIR 滤波器设计，加窗技术是一种最简单的技术，因为概念简单、易于实现。通过加窗设计 FIR 滤波器，实际上就是对于定义好的幅度响应进行 FFT 逆变换，然后对其结果运用一个平滑窗处理，该平滑窗是一个时域窗。通过加窗设计 FIR 滤波器需要完成以下步骤。

（1）建立一个理想滤波器的频率特性响应。

（2）计算该理想滤波器频率特性响应的脉冲响应。

（3）截断脉冲响应以产生抽头数的有限数量，以满足线性相移约束，保持抽头数中心点的对称性。

（4）应用一个相对称性的平滑窗。

值得用户注意的是，截断理想的脉冲响应会导致 Gibbs 现象。Gibbs 现象会在 FIR 滤波器频率响应的截止频率附近出现振荡性反应。用户可以使用一个平滑窗去消除理想脉冲响应的截断，来减少 Gibbs 现象的影响。

选择一个平滑窗时，需要在过渡带的宽度和截止频率附近的旁瓣高度之间作一个权衡。减少截止频率附近的旁瓣高度就会增加过渡带的宽度，同样减少过渡带的宽度就会增加截止频率附近的旁瓣高度。

为了改善 FIR 滤波器性能，要求窗函数的主瓣宽度尽可能窄，以获得较窄的过渡带；旁瓣相对值尽可能小，数量尽可能少，以获得通带波纹小，阻带衰减大，在通带和阻带内均平稳的特点，这样可使滤波器实际频率响应更好地逼近理想频率响应。最小阻带衰减只由窗形决定，不受窗宽的影响；而过渡带的宽度则既和窗形状有关，也随窗宽的增加而减小。

但是通过加窗技术设计 FIR 滤波器时也有以下缺点：效率不高，且定义困难；加窗会导致不均匀的纹波分配，比其他技术更能导致较宽的过渡带；滤波器设计时必须确定理想的截止频率、采样率、抽头数、窗类型。

但是，通过加窗设计 FIR 滤波器不需要大量的计算，因此，对于设计 FIR 滤波器加窗技术是一种最快的技术。然而，加窗技术并不是设计 FIR 滤波器最好的技术。

FIR 加窗滤波器 VI 的图标和端口如图 5-24 所示。
各主要接线端口解释如下。

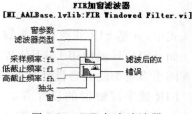

图 5-24　FIR 加窗滤波器
VI 的图标和端口

- "窗参数"是 Kaiser 窗的 beta 参数、高斯窗的
  标准差，或 Dolph-Chebyshev 窗的主瓣与旁瓣
  的比率 s。如"窗"是其他类型的窗，VI 将忽
  略该输入。"窗参数"的默认值是 NaN，可将
  Kaiser 窗的 beta 参数设置为 0、高斯窗的标准
  差设置为 0.2，或者将 Dolph-Chebyshev 窗的
  s 设置为 60。
- "滤波器类型"指定滤波器的通带。0：低通；1：高通；2：带通；3：带阻。
- "X"是滤波器的输入信号。
- "采样频率：fs"是 X 的采样频率并且必须大于 0，以 Hz 为单位。默认值为 1.0
  Hz。如"采样频率：fs"小于等于 0，VI 将把"滤波后的 X"设置为空数组并返
  回错误。
- "低截止频率：fl"是低截止频率，以 Hz 为单位，并且必须满足 Nyquist 准则。默
  认值为 0.125 Hz。如"低截止频率：fl"小于 0 或不满足 Nyquist 准则，VI 将把
  "滤波后的 X"设置为空数组并返回错误。
- "高截止频率：fh"是高截止频率，以 Hz 为单位。默认值为 0.45 Hz。如"滤波器
  类型"为 0（lowpass）或 1（highpass），VI 会忽略该参数。"滤波器类型"为 2
  （Bandpass）或 3（Bandstop）时，"高截止频率：fh"必须大于"低截止频率：fl"
  并且满足 Nyquist 准则。
- "抽头"指定 FIR 系数的总数并且必须大于 0。默认值为 25。如"抽头"小于等于
  0，VI 可设置"滤波后的 X"为空数组并返回错误。对于高通或带阻滤波器，"抽
  头"必须为奇数。
- "窗"指定平滑窗的类型。平滑窗可减少滤波器通带中的波纹，并改进滤波器对滤
  波器阻带中频率分量的衰减。0：矩形（默认）；1：Hanning；2：Hamming；3：
  Blackman-Harris；4：Exact Blackman；5：Blackman；6：Flat Top；7：4 阶 Blackman-
  Harris；8：7 阶 Blackman-Harris；9：Low Sidelobe；11：Blackman Nuttall；30：三角；
  31：Bartlett-Hanning；32：Bohman；33：Parzen；34：Welch；60：Kaiser；61：Dolph-
  Chebyshev；62：高斯。
- "滤波后的 X"为数组形式，该数组包含滤波后的采样。"滤波后的 X"含有卷积
  操作产生的相关索引延迟。计算延迟的公式为式（5-9）。

实现该例程的前面板和程序框图如图 5-25 所示。

【例 5.3.2】使用数字 FIR 滤波器 VI 实现 FIR 加窗滤波器设计。数字 FIR 滤波器 VI
的图标和端口如图 5-26 所示。在第 5.2.2 节已经介绍过相关知识，其主要接线端口解释
如下。

- "重置滤波器"的值为 TRUE 时，滤波器系数可强制重新设定，内部滤波器状态
  可强制重置为 0。
- "信号输入"是要进行滤波的波形。

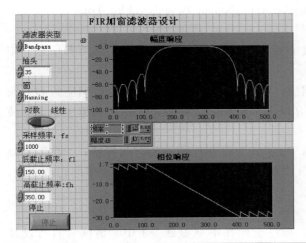

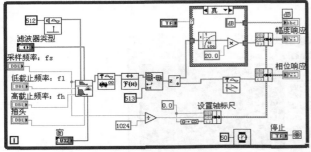

图 5-25　FIR 加窗滤波器设计

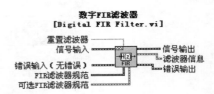

图 5-26　数字 FIR 滤波器
VI 的图标和端口

- "FIR 滤波器规范"是用于指定 FIR 滤波器的最小值。

（1）"拓扑结构"确定滤波器的设计类型。0：Off（默认）；1：FIR by Specification；2：Equi-ripple FIR；3：Windowed FIR。

（2）"类型"依据以下值指定滤波器的通带。0：Lowpass；1：Highpass；2：Bandpass；3：Bandstop。

（3）"抽头数"是 FIR 滤波器的抽头数，默认值为 50。

（4）"最低通带"是两个通带频率中的较低值，默认值为 100Hz。

（5）"最高通带"是两个通带频率中的较高值，默认值为 0。

（6）"最低阻带"是两个阻带频率中的较低值，默认值为 200Hz。

（7）"最高阻带"是两个阻带频率中的较高值，默认值为 0。

- "可选 FIR 滤波器规范"是用于指定 FIR 滤波器的附加参数簇。

（1）"通带增益"是通带频率的增益。增益按线性或 dB 设定，默认值为 -3dB。

（2）"阻带增益"是阻带频率的增益。增益按线性或 dB 设定，默认值为 -60dB。

（3）"标尺"确定如何解析参数"通带增益"和"阻带增益"。

（4）"窗"指定用于删节系数的平滑窗。平滑窗可减少滤波器通带中的波纹，并改进滤波器对滤波器阻带中频率分量的衰减。0：None；1：Hanning；2：Hamming；3：Triangular；4：

Blackman；5：Exact Blackman；6：Blackman-Harris；7：Kaiser-Bessel；8：Flat Top。

- "信号输出"是已滤波的波形。
- "滤波器信息"包含滤波器的幅度和相位响应，可绘制成图形。"滤波器信息"中还包含滤波器的阶数。

（1）"幅度 $H(\omega)$"是滤波器的幅度响应。可连线至图形。"$f0$"是幅度响应的起始频率；"df"是幅度响应中元素之间的间距，以 Hz 为单位；"幅度 $H(\omega)$"数组中包含滤波器的幅度响应。

（2）"相位 $H(\omega)$"是滤波器的相位响应。"$f0$"是相位响应的起始频率；"df"是幅度响应中元素之间的间距，以 Hz 为单位；"相位 $H(\omega)$"数组中包含滤波器的相位响应，以度为单位。

（3）"阶数"是滤波器的阶数。

实现该例程的前面板如图 5-27 所示。程序框图在本章习题 5-4 中，请读者自行设计完成。

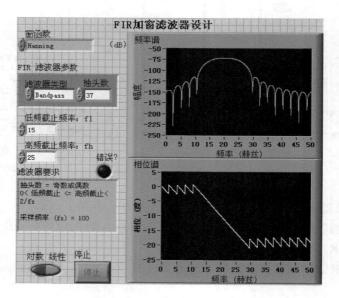

图 5-27　FIR 加窗滤波器设计

【例 5.3.3】使用基于 Parks-McClellan 算法的等波纹优化滤波器设计实现 FIR 滤波器。这里等波纹优化滤波器包括等波纹低通、等波纹高通、等波纹带通、等波纹带阻。

用户可以使用 Parks-McClellan 算法来设计等波纹 FIR 滤波器，在设计时必须确定以下参数：截止频率、抽头数、滤波器类型（如低通、高通、带通或者带阻）、通过频率、停止频率等。

实现该例程的前面板和程序框图如图 5-28 所示。

从以上实例的设计可以看出用不同方法设计实现 FIR 滤波器的优点和不足之处，更加清晰地证明了前面所讲述的 FIR 滤波器设计的理论知识，用户可以通过比较其不同之处，掌握使用 LabVIEW 设计实现 FIR 滤波器的基本步骤。

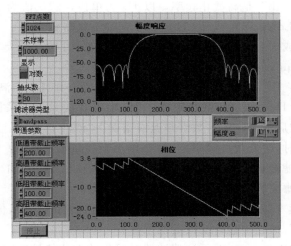

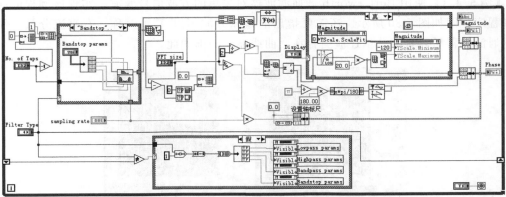

图 5-28　使用基于 Parks-McClellan 算法的等波纹优化滤波器设计实现 FIR 滤波器

5.4　Butterworth（巴特沃斯）滤波器

Butterworth 滤波器是一种著名的滤波器，可以设置为高通、低通、带通和带阻四种类型，并且可以为每一种类型设置其截止频率。Butterworth 滤波器 VI 的图标和端口如图 5-29 所示。

各主要接线端口解释如下。

- "滤波器类型"指定滤波器的通带。0：Lowpass；1：Highpass；2：Bandpass；3：Bandstop。
- "X"是滤波器的输入信号。
- "采样频率：fs"是"X"的采样频率，必须大于 0，默认值为 1.0Hz。如"采样频率：fs"小于等于 0，VI 可设置"滤波后的 X"为空数组并返回错误。

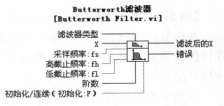

图 5-29　Butterworth 滤波器
VI 的图标和端口

- "高截止频率：fh"是高截止频率，以 Hz 为单位，默认值为 0.45 Hz。如"滤波器类型"为 0（Lowpass）或 1（Highpass），VI 忽略该参数。"滤波器类型"为 2（Bandpass）或 3（Bandstop）时，"高截止频率：fh"必须大于"低截止频率：fl"并且满足 Nyquist 准则。
- "低截止频率：fl"是低截止频率，以 Hz 为单位，并且必须满足 Nyquist 准则，默认值为 0.125 Hz。如"低截止频率：fl"小于 0 或大于"采样频率"的一半，VI 可设置"滤波后的 X"为空数组并返回错误。"滤波器类型"为 2（Bandpass）或 3（Bandstop）时，"低截止频率：fl"必须小于"高截止频率：fh"。
- "阶数"指定滤波器的阶数并且必须大于 0，默认值为 2。如"阶数"小于等于 0，VI 可设置"滤波后的 X"为空数组并返回错误。
- "初始化/连续（初始化：F）"控制内部状态的初始化，默认值为 FALSE。
- "滤波后的 X"数组中包含滤波后的采样。

【例 5.4.1】使用 Butterworth 低通滤波器对采集的方波信号滤波。实现该例程的前面板和程序框图如图 5-30 所示。还需要指出的是原方波不以 X 轴对称，有直流分量，经这个低通滤波器后，直流分量还应当存在，曲线显示的确如此。

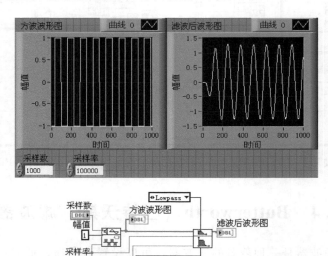

图 5-30　Butterworth 低通滤波器对采集的方波信号滤波

【例 5.4.2】使用 Butterworth 滤波器提取正弦波形并对其进行频谱分析显示。

在信号传输过程中，经常会混入高频噪声，噪声的能量甚至会超过信号能量。接收端收到信号后通常首先要进行低通滤波，然后对信号作进一步的处理。通过滤波能够有效提高信号的信噪比。

该例中原始信号是一个叠加了高频噪声的正弦波，该正弦波信号频率为 10，幅度为 1，产生高频噪声的方法是将高频均匀白噪声叠加正弦信号通过一个 Butterworth 高通滤波器滤去低频分量，再使用 Butterworth 低通滤波器对原始信号滤波，滤掉高频噪声。截止频率为 20 Hz，即滤掉频率大于 20 Hz 的噪声分量，提取出正弦波形，并对其进行频谱分析显示。实现该例程的前面板和程序框图如图 5-31 所示。图 5-31 中分别给出了滤波前后的波形图及各自的频谱分析图。

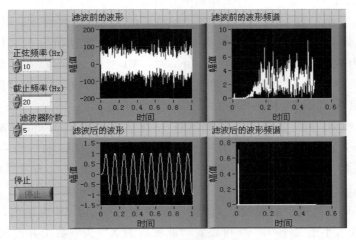

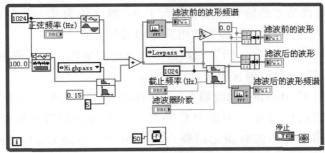

图 5-31　使用 Butterworth 滤波器提取正弦波形并对其进行频谱分析显示

运行该程序后，可以增大 Butterworth 低通滤波器的截止频率，当接近 50Hz 时，滤波后的正弦信号产生抖动，表示混入了均匀白噪声信号，这是因为 Butterworth 数字滤波器并不能达到理想滤波器的要求，它存在一个过渡带，在阻带内的幅度特性也不是零。

5.5　Chebyshev（切比雪夫）滤波器

Chebyshev 滤波器也是一种常见的滤波器，与 Butterworth 滤波器类似，也可以设置为高通、低通、带通和带阻四种类型，并且可以为每一种类型设置其截止频率。Chebyshev 滤波器 VI 的图标和端口如图 5-32 所示。

比较图 5-32 与图 5-29 可以发现，Chebyshev 滤波器 VI 比 Butterworth 滤波器 VI 多了一个输入端口——波纹（dB），其余的端口功能及用法与 Butterworth 滤波器完全相同。

各主要接线端口解释如下。

● "滤波器类型"指定滤波器的通带。0：

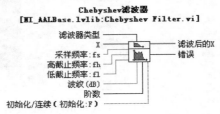

图 5-32　Chebyshev 滤波器
VI 的图标和端口

Lowpass；1：Highpass；2：Bandpass；3：Bandstop。

- "X"是滤波器的输入信号。
- "采样频率：fs"是"X"的采样频率并且必须大于 0。默认值为 1.0Hz。如"采样频率：fs"小于等于 0，VI 可设置"滤波后的 X"为空数组并返回错误。
- "高截止频率：fh"是高截止频率，以 Hz 为单位，默认值为 0.45Hz。如"滤波器类型"为 0（Lowpass）或 1（Highpass），VI 忽略该参数。"滤波器类型"为 2（Bandpass）或 3（Bandstop）时，"高截止频率：fh"必须大于"低截止频率：fl"并且满足 Nyquist 准则。
- "低截止频率：fl"是低截止频率（Hz）并且必须满足 Nyquist 准则，默认值为 0.125Hz。如"低截止频率：fl"小于 0 或大于"采样频率"的一半，VI 可设置"滤波后的 X"为空数组并返回错误。"滤波器类型"为 2（Bandpass）或 3（Bandstop）时，"低截止频率：fl"必须小于"高截止频率：fh"。
- "波纹（dB）"是通带的波纹。"波纹"必须大于 0，以 dB 为单位，默认值为 0.1。如"波纹"小于等于 0，VI 可设置"滤波后的 X"为空数组并返回错误。
- "阶数"指定滤波器的阶数并且必须大于 0，默认值为 2。如"阶数"小于等于 0，VI 可设置"滤波后的 X"为空数组并返回错误。
- "初始化/连续（初始化：F）"控制内部状态的初始化。默认值为 FALSE。
- "滤波后的 X"该数组包含滤波后的采样。

【例 5.5.1】使用 Chebyshev 滤波器 VI 对混有均匀白噪声的三角波信号进行低通滤波处理，同时对滤波前后信号进行频谱分析并显示。实现该例程的前面板和程序框图如图 5-33 所示。由图可以看出混有均匀白噪声的三角波信号经 Chebyshev 滤波器滤波后，噪声得到了很大程度的抑制。

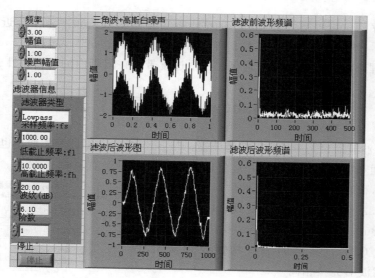

图 5-33　Chebyshev 滤波器 VI 对混有均匀白噪声的三角波信号进行滤波

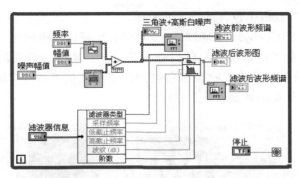

图 5-33　Chebyshev 滤波器 VI 对混有均匀白噪声的三角波信号进行滤波（续）

5.6　反 Chebyshev（切比雪夫）滤波器

反 Chebyshev 滤波器也是一种常见的滤波器，也称为 ChebyshevⅡ型滤波器，可以设置为高通、低通、带通和带阻四种类型，并且可以为每一种类型设置截止频率。反 Chebyshev 滤波器 VI 的图标和端口如图 5-34 所示。

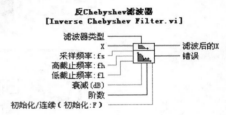

比较图 5-34 与图 5-32 可以发现，Chebyshev 滤波器 VI 的一个输入端口——波纹（dB）被替换为了衰减（dB），其余的端口功能及用法与 Chebyshev 滤波器完全相同。

图 5-34　反 Chebyshev 滤波器
VI 的图标和端口

各主要接线端口解释如下。

- "滤波器类型"指定滤波器的通带。0：Lowpass；1：Highpass；2：Bandpass；3：Bandstop。
- "X"是滤波器的输入信号。
- "采样频率：fs"是"X"的采样频率并且必须大于 0，默认值为 1.0Hz。如"采样频率：fs"小于等于 0，VI 可设置"滤波后的 X"为空数组并返回错误。
- "高截止频率：fh"是高截止频率，以 Hz 为单位，默认值为 0.45Hz。如"滤波器类型"为 0（Lowpass）或 1（Highpass），VI 忽略该参数。"滤波器类型"为 2（Bandpass）或 3（Bandstop）时，"高截止频率：fh"必须大于"低截止频率：fl"并且满足 Nyquist 准则。
- "低截止频率：fl"是低截止频率（Hz）并且必须满足 Nyquist 准则。默认值为 0.125Hz。如"低截止频率：fl"小于 0 或大于"采样频率"的一半，VI 可设置"滤波后的 X"为空数组并返回错误。"滤波器类型"为 2（Bandpass）或 3（Bandstop）时，"低截止频率：fl"必须小于"高截止频率：fh"。
- "衰减（dB）"是阻带的衰减。"衰减"必须大于 0，以 dB 为单位。默认值为 60.0。如"衰减"小于等于 0，VI 可设置输出为 0 并返回错误。
- "阶数"指定滤波器的阶数并且必须大于 0，默认值为 2。如"阶数"小于等于 0，VI 可设置"滤波后的 X"为空数组并返回错误。
- "初始化/连续（初始化：F）"控制内部状态的初始化，默认值为 FALSE。

● "滤波后的 X"数组中包含滤波后的采样。

【例 5.6.1】使用反 Chebyshev 滤波器 VI 对混有高斯白噪声的正弦波信号进行低通滤波处理，同时对滤波前后的信号进行频谱分析并显示。实现该例程的前面板和程序框图如图 5-35 所示。由图可以看出混有高斯白噪声的正弦波信号经反 Chebyshev 滤波器滤波后，噪声得到了很大程度的抑制。

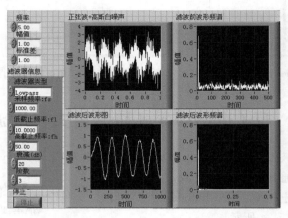

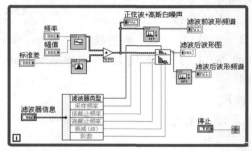

图 5-35   使用反 Chebyshev 滤波器 VI 对混有高斯白噪声的正弦波信号进行滤波

5.7   椭圆滤波器

与相同阶数的 Butterworth 和 Chebyshev 滤波器相比，椭圆滤波器在通带和阻带之间的过渡带最为陡峭，因此椭圆滤波器有很广泛的应用。椭圆滤波器的设置与前面所讲述滤波器类似，椭圆滤波器 VI 的图标和端口如图 5-36 所示。

各主要接线端口解释如下。

● "滤波器类型"指定滤波器的通带。0：Lowpass；1：Highpass；2：Bandpass；3：Bandstop。

● "通带波纹（dB）"是通带的波纹。"通带波纹"必须大于 0，以 dB 为单位，默认值为 1.0dB。如"通带波纹"小于等于 0，VI 将把输出滤波器数据设置为空数组并返回

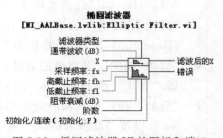

图 5-36   椭圆滤波器 VI 的图标和端口

错误。

- "X"是滤波器的输入信号。
- "采样频率：fs"是"X"的采样频率并且必须大于 0，默认值为 1.0Hz。如"采样频率：fs"小于等于 0，VI 可设置"滤波后的 X"为空数组并返回错误。
- "高截止频率：fh"是高截止频率，以 Hz 为单位，默认值为 0.45Hz。如"滤波器类型"为 0（Lowpass）或 1（Highpass），VI 忽略该参数。"滤波器类型"为 2（Bandpass）或 3（Bandstop）时，"高截止频率：fh"必须大于"低截止频率：fl"并且满足 Nyquist 准则。
- "低截止频率：fl"是低截止频率（Hz）并且必须满足 Nyquist 准则，默认值为 0.125Hz。如"低截止频率：fl"小于 0 或大于"采样频率"的一半，VI 可设置"滤波后的 X"为空数组并返回错误。"滤波器类型"为 2（Bandpass）或 3（Bandstop）时，"低截止频率：fl"必须小于"高截止频率：fh"。
- "阻带衰减（dB）"是阻带的衰减。"阻带衰减"必须大于 0，以 dB 为单位。默认值为 60.0dB。如"阻带衰减"小于等于 0，VI 可设置"滤波后的 X"为空数组并返回错误。但是如过滤波器阶数较高，该 VI 可使用大于滤波器"阻带衰减"的衰减值。
- "阶数"指定滤波器的阶数并且必须大于 0。默认值为 2。如"阶数"小于等于 0，VI 可设置"滤波后的 X"为空数组并返回错误。
- "初始化/连续（初始化：F）"控制内部状态的初始化，默认值为 FALSE。
- "滤波后的 X"该数组包含滤波后的采样。

【例 5.7.1】使用椭圆滤波器 VI 对混有高斯白噪声的正弦波信号进行低通滤波处理，同时对滤波前后的信号进行频谱分析并显示。实现该例程的前面板和程序框图如图 5-37 所示。由图可以看出混有高斯白噪声的正弦波信号经椭圆滤波器滤波后，噪声得到了很大程度的抑制。

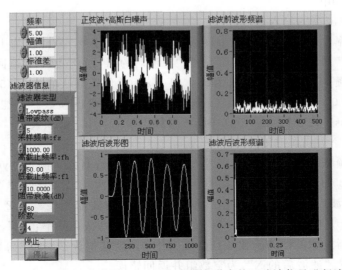

图 5-37　使用椭圆滤波器 VI 对混有高斯白噪声的正弦波信号进行滤波

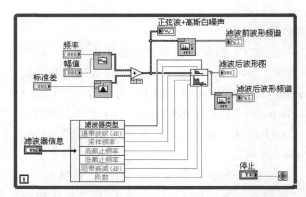

图 5-37　使用椭圆滤波器 VI 对混有高斯白噪声的正弦波信号进行滤波（续）

5.8　贝塞尔滤波器

前面已对贝塞尔滤波器的理论知识已经作了详细的阐述，贝塞尔滤波器就是用贝塞尔多项式作逼近函数的滤波器，用户可以使用贝塞尔滤波器来减小 IIR 滤波器固有的非线性相位畸变。IIR 滤波器的阶数越高，过渡带越陡峭，非线性相位畸变就越明显。贝塞尔滤波器必须通过提高阶数来减小峰值误差，因此它的应用范围是有限的。在实际应用中，可以通过设计 FIR 滤波器来实现线性的相位响应。贝塞尔滤波器 VI 的图标和端口如图 5-38 所示。

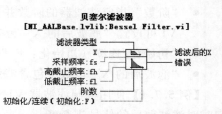

图 5-38　贝塞尔滤波器 VI 的图标和端口

各主要接线端口解释如下。

- "滤波器类型"指定滤波器的通带。0：Lowpass；1：Highpass；2：Bandpass；3：Bandstop。
- "X"是滤波器的输入信号。
- "采样频率：fs"是"X"的采样频率并且必须大于 0，默认值为 1.0Hz。如"采样频率：fs"小于等于 0，VI 可设置"滤波后的 X"为空数组并返回错误。
- "高截止频率：fh"是高截止频率，以 Hz 为单位，默认值为 0.45Hz。如"滤波器类型"为 0（Lowpass）或 1（Highpass），VI 忽略该参数。"滤波器类型"为 2（Bandpass）或 3（Bandstop）时，"高截止频率：fh"必须大于"低截止频率：fl"并且满足 Nyquist 准则。
- "低截止频率：fl"是低截止频率，以 Hz 为单位并且必须满足 Nyquist 准则，默认值为 0.125Hz。如"低截止频率：fl"小于 0 或大于"采样频率"的一半，VI 可设置"滤波后的 X"为空数组并返回错误。"滤波器类型"为 2（Bandpass）或 3（Bandstop）时，"低截止频率：fl"必须小于"高截止频率：fh"。
- "阶数"指定滤波器的阶数并且必须大于 0，默认值为 2。如"阶数"小于等于 0，VI 可设置"滤波后的 X"为空数组并返回错误。
- "初始化/连续（初始化：F）"控制内部状态的初始化，默认值为 FALSE。

● "滤波后的 X"该数组包含滤波后的采样。

【例 5.8.1】使用贝塞尔滤波器 VI 对混有高斯白噪声的正弦波信号进行低通滤波处理，同时对滤波前后的信号进行频谱分析并显示。实现该例程的前面板和程序框图如图 5-39 所示。由图可以看出混有高斯白噪声的正弦波信号经椭圆滤波器滤波后，噪声得到了很大程度的抑制。

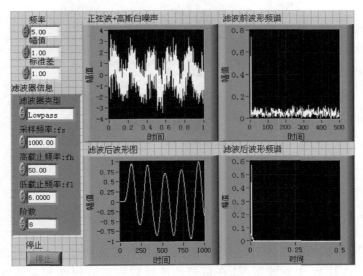

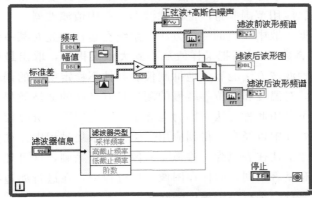

图 5-39　使用贝塞尔滤波器 VI 对混有高斯白噪声的正弦波信号进行滤波

从第 5.4 节到 5.8 节分别详细讲述了设计 IIR 滤波器时常用的几种滤波器。采用"最佳逼近特性"法，相应的有 Butterworth 滤波器、Chebyshev 滤波器、椭圆滤波器、贝塞尔滤波器等类型。各个滤波器具有不同的频率特性，用户在逼近所需的同一个滤波器特性时，要注意根据具体要求选择适当的逼近类型。

【例 5.8.2】采用条件结构并使用前面几节所讲述的几种常用滤波器分别对一冲激函数信号进行滤波，并对其进行幅度响应和相位响应特性曲线分析显示。实现该例程的前面板如图 5-40 所示。程序框图在本章习题 5-7 中，请读者自行设计完成。

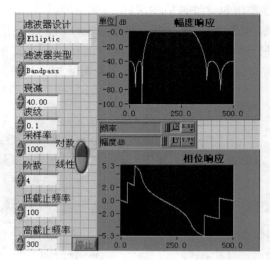

图 5-40   IIR 滤波器设计前面板

5.9   中值滤波器

前面讲述了用不同的滤波器对混有噪声的信号进行滤波处理，可以看出滤波效果较为明显，体现了 LabVIEW 中滤波器 VI 在信号滤波处理中的方便性和灵活性。本节内容将讲述另外一种常见的、应用范围非常广泛的滤波器——中值滤波器。

中值滤波是从数据中取中间值的一种方法。系统在运行中先对某一测量过程连续进行 N 次采样（N 通常为奇数），然后把采样值从小到大依次排列，取出最中间的这一个值作为本次的采样值。这种滤波方法能有效地抑制仪表元件不稳定引起的误码脉冲干扰和偶然因素引起的波动干扰。对温度和液位等缓慢的测量具有良好的滤波效果，但对快点的压力和流量等测量，一般不采用此种方法，因为运算量大，占用系统资源较多，速度较慢。

中值滤波在图像处理中也经常会得到应用。图像在采集过程中往往受到各种噪声源的干扰，这些噪声在图像上往往表现为一些孤立的像素点即毛刺，这可理解为毛刺的像素灰度与它们的相邻像素有显著不同。同样在图像处理过程中，在进行如边缘检测这样的进一步处理之前，通常需要首先进行一定程度的降噪。

中值滤波是一种非线性数字滤波器技术，它既可做到噪声抑制、滤除脉冲干扰及图像扫描噪声，又可以克服线性滤波器带来的图像细节模糊，保持图像边缘信息，其主要功能就是使那些与邻近像素显著不同的像素具有与其邻近像素更加相似的强度，达到消除图像的孤立毛刺的目的，因此，中值滤波经常用于去除图像或者其他信号中的噪声。

中值滤波是图像处理中的一个常用步骤，它对于斑点噪声（Speckle noise）和椒盐噪声（Salt-and-pepper noise）来说尤其有用。保存边缘的特性使它在不希望出现边缘模糊的场合也很有用。在 LabVIEW 2017 提供的工具包——IMAQ Vision 中，中值滤波可以直接调用功能函数 "IMAQ Nth Order" 来实现，关于这部分知识将在第 6 章的相关内容中详细阐述。

中值滤波器 VI 的图标和端口如图 5-41 所示。

各主要接线端口解释如下。

- "X"是滤波器的输入信号。"X"中的元素数量 n 必须大于"右秩"。如"X"中的元素数量小于等于"右秩"，VI 可设置"滤波后的 X"为空数组并返回错误。
- "左秩"用于计算左侧中值滤波器的元素数。"左秩"必须大于等于 0，默认值为 2。
- "右秩"用于计算右侧中值滤波器的元素数。如"右秩"小于 0，该 VI 将假定"右秩"等于"左秩"。"右秩"必须小于"X"中的元素数量，默认值为 −1。
- "滤波后的 X"数组中包含滤波后的采样。该数组的大小等于输入数组"X"。

中值滤波器的设计思想就是检查输入信号中的采样并判断它是否代表了信号，使用奇数个采样组成的观察窗实现这项功能。观察窗口中的数值进行排序，位于观察窗中间的中值作为输出。然后丢弃最早的值，取得新的采样，重复上面的计算过程。

"中值滤波器 VI"使用式（5-10）获取滤波后的 X 的元素。

$$y_i = Median(J_i), \quad i = 0,1,2,\cdots,n-1 \tag{5-10}$$

y_i 代表输出序列"滤波后的 X"，n 是输入序列"X"中元素的数量，J_i 是以输入序列"X"中以第 i 个元素为中心的子集，以及"X"范围外等于 0 的索引元素。等式（5-11）定义了 J_i。

$$J_i = \{X_{i-rl}, X_{i-rl+1}, \cdots, X_{i-1}, X_i, X_{i+1}, \cdots, X_{i+rr-1}, X_{i+rr}\} \tag{5-11}$$

式（5-11）中，rl 是滤波器的"左秩"，rr 是滤波器的"右秩"。

y_i 的计算如图 5-42 所示。

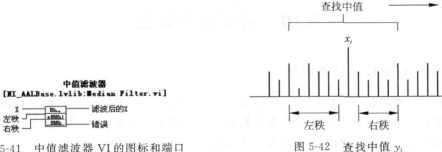

图 5-41　中值滤波器 VI 的图标和端口　　　　图 5-42　查找中值 y_i

【例 5.9.1】使用中值滤波器 VI 对混有高斯白噪声的脉冲信号进行滤波处理，同时对滤波前后的信号进行频谱分析并显示，并对滤波后的脉冲信号进行脉冲参数的测量，测得的数据可以与事先设置的数据进行比较，可以看出其中的误差。实现该例程的前面板和程序框图如图 5-43 所示。

如果没有更多的信息，在使用该 VI 完成中值滤波的模式分析以确定基准和最高的输入脉冲信号序列后，找出噪声和信号之间的微小区别将变得比较困难。因此，为了准确地确定脉冲信号的参数，输入信号序列的噪声部分的峰值振幅必须小于或等于预先设定的脉冲信号振幅的 50%。但在许多实际应用中，一个 50% 的脉冲噪声系数是难以实现的。

中值滤波器比低通滤波器能更有效地提取脉冲信号，因为中值滤波器能够在滤除高频噪声的同时更好地保留信号的边缘信息。由图 5-43 可以看出混有高斯白噪声的脉冲信号经中值滤波器滤波后，噪声得到了很大程度的抑制。在本例程中注意"左秩"和"右秩"的设置。

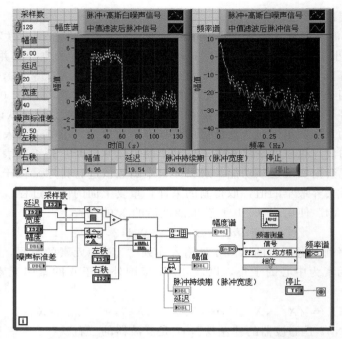

图 5-43   使用中值滤波器 VI 对混有高斯白噪声的脉冲信号进行滤波

5.10   自适应滤波器

5.10.1   自适应滤波器概述

自适应滤波器理论是 20 世纪 50 年代末开始发展起来的，是现代数字信号处理技术的重要组成部分，对复杂信号的处理具有独特的优势。随着计算机技术的迅速发展，自适应滤波器的新算法、新理论和新的实现方法不断涌现。一方面，在算法上对自适应滤波器的稳定性、收敛性、收敛速度和跟踪特性等方面都进行了深入的研究；另一方面，微电子技术的发展为算法的实现提供了硬件基础。正是由于这两方面的原因，自适应滤波器在通讯、遥感与遥测、自动控制、雷达与电子干扰、模式识别、声道均衡、噪声对消、回波抵消、语音信号处理、生物医学等方面获得了广泛的应用。

自适应滤波器实际上是一种能够自动调整本身参数的特殊维纳滤波器，在设计时不需要预先知道关于输入信号和噪声的统计特性，它能够在工作过程中逐步"了解"或估计出所需要的统计特性，并以此为依据自动调整自身的参数，以达到最佳滤波效果。

自适应滤波器与普通滤波器的最重要的两个区别：（1）自适应滤波器的滤波参数是可变的，它能够随着外界信号特性的变化动态地改变参数，保持最佳滤波状态。它除了普通滤波器的硬件设备外还有软件部分，即自适应算法。（2）自适应算法决定了自适应滤波器如何根据外界信号的变化来调整参数。自适应算法的好坏直接影响滤波的效果。

应用自适应滤波器主要包括两种情形：（1）输入信号的特性是不变的，但是未知的。对于这种情形，最佳滤波参数是固定的，这时候要求自适应滤波器的参数尽快收敛到最佳滤波参数，一般情况下把参数的收敛过程称为"学习"过程。（2）输入信号的特性是"缓慢"变化的。这里的"缓慢"是对信号幅度而言。这时最佳滤波器的参数也是"缓慢"变化的，这就要求自适应滤波器的参数能尽快"反应"过来，跟随信号的变化。这个过程一般称为"跟踪"过程。

自适应滤波器的核心就是自适应算法。目前，自适应滤波器的实现大多采用 MATLAB、Simulink、DSP、FPGA 等，虽然能够有效地实现滤波功能，但是其缺点是编程比较复杂，缺少良好的人机接口界面，难以形成应用系统来测试滤波器在工程中的实际性能。

若采用 MATLAB 与 LabVIEW 相结合设计自适应滤波器，需要通过 LabVIEW 中的脚本调用复杂的 MATLAB 程序，在滤波器要求精度高时，程序复杂度就会增大，不利于用户快速开发自适应滤波器。

针对目前自适应滤波器设计中的不足，本节将利用 LabVIEW 2017 中的自适应滤波器工具包，实现具有工程应用价值的 LMS（最小均方误差）算法、RLS（递推最小二乘）算法的两种自适应滤波器。

5.10.2　自适应滤波器结构原理及算法

自适应数字滤波器的原理框图如图 5-44 所示，主要由参数可调的数字滤波器（也称为自适应处理器）和自适应滤波算法两部分组成。其中，参数可调数字滤波器可以是 FIR 数字滤波器或 IIR 数字滤波器，也可以是格形数字滤波器。自适应滤波器分为线性自适应滤波器和非线性自适应滤波器两种，其中，非线性自适应滤波器在信号处理方面具有更强的能力，但计算复杂，在实际工程应用中受到较大的限制。因此线性自适应滤波器在实际应用中较为常见。线性自适应滤波器具有结构简单、算法容易等优点。

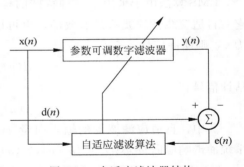

图 5-44　自适应滤波器结构

图 5-44 中，$x(n)$ 表示 n 时刻的输入，通过参数可调的数字滤波器后，产生表示 n 时刻的输出信号 $y(n)$，$y(n)$ 与参考信号 $d(n)$ 进行比较产生误差信号 $e(n)$。自适应数字滤波器的单位脉冲响应受误差信号 $e(n)$ 控制，根据 $e(n)$ 的值而自动调节，使之适合下一时刻 $(n+1)$ 的输入 $x(n+1)$，以便使输出 $y(n+1)$ 更接近于所期望的响应 $d(n+1)$，直至均方误差 $e(n)$ 达到最小值，$y(n)$ 最佳地逼近 $d(n)$，系统完全适应了所加入的两个外来信号，即外界环境。$x(n)$ 和 $d(n)$ 两个输入信号可以是确定的，也可以是随机的，可以是平稳的随机过程，也可以是非平稳的随机过程。

自适应滤波器与普通滤波器不同的是它的冲激响应或滤波参数是随外来信号的变化而变化的，收敛需要经过一段时间的自动调节后达到最佳滤波的效果。自适应滤波器自身有一个算法，可以根据输入、输出及原参数值，按照一定规则修改滤波参数，从而使它本身能有效地跟踪外来信号的变化。因此自适应滤波理论研究的一个重要方面即自适应算法。

　　LMS 算法和 RLS 算法是自适应滤波算法中最基本的两种算法，在有关书籍中对这两种算法都有详细的介绍，本节只给出简要说明，对于具体的内容，用户可以参阅相关书籍进行学习。

　　最早的自适应滤波算法是 LMS 算法。它是横向滤波器的一种简单而有效的算法。实际上，LMS 算法是一种随机梯度估值算法，它在相对于抽头权值的误差信号平方幅度的梯度方向上迭代调整每个抽头权值。自 Widrow 等人 1976 年提出 LMS 自适应滤波算法以来，经过几十年的迅速发展，已经使这一理论成果成功地应用到通信、系统辨识、信号处理和自适应控制等领域，为自适应滤波开辟了新的发展方向。

　　LMS 是基于最小均方误差（MMSE）算法和最陡下降（SD）法提出的，它以均方误差最小为判据。设 $d(n)$ 为滤波器输出想要逼近的信号，$y(n)$ 为滤波器输出信号，则误差为 $e(n) = d(n) - y(n)$，最小均方误差准则是使在滤波器的输出信号与期望输出信号之间的均方误差 $E\{e^2(n)\}$ 达到最小。通过调整自适应滤波的权系数向量 $w(n)$，使均方误差达到最小。根据输入数据的长期统计特性寻求最佳滤波，它是对一类数据的最佳滤波器。在已提出的自适应算法中，LMS 算法因其具有方法简单、计算量小、易于实现且对信号的统计特性具有稳健性等优点，在信号处理领域得到了广泛应用。其不足之处是收敛速度较慢，执行稳定性差，而且与输入信号的统计特性有关。

　　LMS 算法由于采用了一种特殊的梯度估值方法，避免了一般梯度估值带来的弊端。它对自适应线性滤波器是有效的，也可以推广至自适应递归滤波器。假设噪声信号 $s(n)$ 为 0，则期待信号：

$$d(n) = \boldsymbol{h}^{\mathrm{T}}(n)x(n) \tag{5-12}$$

估计信号：

$$y(n) = \boldsymbol{w}^{\mathrm{T}}(n)x(n) \tag{5-13}$$

　　其中，自适应滤波器的输入向量 $x(n) = [x(n), x(n-1), \cdots, x(n-L+1)]$；未知系统冲击响应向量 $\boldsymbol{h}(n) = [h_0(n), h_1(n), \cdots, h_{L-1}(n)]^{\mathrm{T}}$；自适应滤波器的系数向量 $w(n) = [w_0(n), w_1(n), \cdots, w_{L-1}(n)]^{\mathrm{T}}$；期望信号 $d(n) = d'(n) + s(n)$；在噪声信号 $s(n)$ 为 0 的情况下，$d'(n) = d(n)$；误差信号 $e(n) = d(n) - y(n) = d(n) - \boldsymbol{w}^{\mathrm{T}}(n)x(n)$。

　　定义目标函数：

$$J(n) = E[e^2(n)] = E[(d(n) - \boldsymbol{w}^{\mathrm{T}}(n)\boldsymbol{x}(n))^2] \tag{5-14}$$

　　对 $w(n)$ 求导，并令导数为 0，即可得到最佳滤波器权矢量 $w_{opt} = \boldsymbol{R}^{-1}p$。其中，$p = E[d(n)x(n)]$ 是期望信号 $d(n)$ 与输入矢量 $\boldsymbol{x}(n)$ 的互相关矢量；$\boldsymbol{R} = E[x(n)x^{\mathrm{T}}(n)]$ 是输入信号矢量 $\boldsymbol{x}(n)$ 的自相关矩阵。

　　上式求解过程包括运算量很大的矩阵求逆运算，为方便实现，通常在目标函数的定义中用误差平方代替均方误差，可以证明误差平方是均方误差的无偏估计，即定义目标函数：

$$\hat{J} = e^2(n) \tag{5-15}$$

　　对目标函数求导可得到：

$$\nabla \hat{J}(n) = \frac{\partial [e^2(n)]}{\partial [w(n)]} = -2\boldsymbol{x}(n)e(n) \tag{5-16}$$

由最速下降法可得：

$$w(n+1) = w(n) + \mu[-\nabla \hat{J}(n)] = w(n) + 2\mu x(n)e(n) \tag{5-17}$$

这就是 LMS 算法的迭代公式，式中，$n=1,2,3,\cdots$ 为时间序列；$x(n)$ 为 n 时刻的输入信号；$e(n)$ 为 n 时刻的输出误差信号，也是系统的输出信号；$w(n)$ 为自适应滤波器在 n 时刻的权系数矢量；μ 为步长因子。保持系统稳定的 μ 的理论取值范围为 $0 < \mu < \frac{1}{\lambda_{\max}}$，$\lambda_{\max}$ 是自相关矩阵 $\boldsymbol{R}$ 的最大特征值。

LMS 算法中，固定步长因子 μ 对算法的性能有决定性的影响，它是用来描述根据误差调整数字滤波器的系数的因子，也就是每次的调整量，即步长 μ 的大小决定算法的收敛速度和达到稳态的失调量的大小，对于常数 μ 来说，算法的失调与自适应收敛过程矛盾，要想得到较快的收敛速度可选用大的 μ 值，这将导致较大的失调量；如果要满足失调量的要求，则收敛过程将受到制约。当 μ 较小时，算法收敛速度慢，并且为得到满意的结果需要很多的采样数据，但稳态失调误差较小；当 μ 较大时，该算法收敛速度快，但稳态失调误差变大，并有可能使算法发散。收敛速度与稳态失调误差是不可兼得的两个指标。以往的很多研究对 LMS 算法的性能和改进算法已经做了相当多的工作，但至今仍然是一个重要的研究课题。

由于变步长 LMS 算法能够根据输入信号自适应地调整步长 μ，从而解决了收敛速度和稳态误差之间的矛盾。同时，通过选择合理的步长调整函数，运算量的提升变得可以接受，并且算法结构比较容易实现，变步长的自适应滤波器是又一个分支。

另一类重要的自适应算法是 LS（最小二乘）算法，LS 算法早在 1795 年就由高斯提出来了，但 LS 算法存在运算量大等缺点，因而在自适应滤波中一般采用其递推形式——RLS 算法，这是一种通过递推方式寻求最佳解的算法，复杂度比 LS 算法小，因而获得了广泛应用。1994 年 Sayed 和 Kailath 建立了 Kalman 滤波和 RLS 算法之间的对应关系，证明了 RLS 算法事实上是 Kalman 滤波器的一种特例，从而使人们对 RLS 算法有了进一步的理解，而且 Kalman 滤波的大量研究成果可应用于自适应滤波处理。这对自适应滤波技术起到了重要的推动作用。

RLS 算法是最小二乘法的一类最常用的快速算法，其算法描述为：

初始化：
$$P(0) = \delta^{-1}I, w(0) = 0 \tag{5-18}$$

对每个采样点 $n=1,2,\cdots$ 进行迭代运算：

$$\begin{aligned}
k(n) &= \frac{\lambda^{-1}P(n-1)x(n)}{1+\lambda^{-1}x^{\mathrm{T}}(n)P(n-1)x(n)} \\
e(n) &= d(n) - x^{\mathrm{T}}(n)w(n-1) \\
w(n) &= w(n-1) + k(n)e(n) \\
P(n) &= \lambda^{-1}P(n-1) - \lambda^{-1}k(n)x^{\mathrm{T}}(n)P(n-1)
\end{aligned} \tag{5-19}$$

在初始化过程中，δ 取小的正整数，目的是为了保证矩阵非奇异，防止求逆矩阵时溢出。

算法 RLS 是一种在自适应迭代的每一步都要求最优的迭代算法，它以最小二乘准则为依据，最小二乘准则就是要使一定范围内误差的平方和达到最小，即 $\sum_{i=k}^{k+m-1} e^2(n)$ 达到最小，即最小二乘算法的基本思想是通过调节滤波器的系数使误差信号的加权平方和最小。由于采用在每时刻对所有已输入信号重估的平方误差和最小准则，故其克服了 LMS 算法收敛速度慢和信号非平稳适应性差等缺点。虽然在初始收敛速度方面，RLS 算法比 LMS 算法快一个数量级，执行时稳定性也好，但是算法运算量大而复杂，所需的数据存储量也大，实时性效果较差，但采用计算机来存储处理大规模数据可以给算法运算带来极大便利。

5.10.3　基于 LabVIEW 的自适应滤波器的设计实现

LabVIEW 2017 中的自适应滤波器工具包提供了丰富的自适应滤波器设计所需的函数节点 VI，下载工具包安装后，其位置位于程序框图窗口中的"函数"选板→"信号处理"→"Adaptive Filters"子函数选板中，如图 5-45 所示。

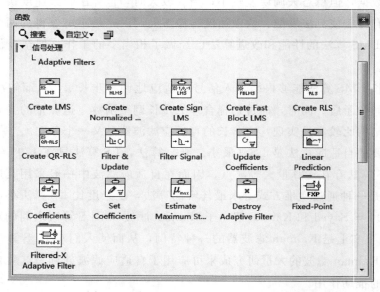

图 5-45　"Adaptive Filters"子函数选板

LabVIEW 2017 提供的自适应滤波器工具包，利用其中已经设计好的各种算法函数 VI 可以很方便地设计出具有实际工程价值的自适应滤波器系统。这种基于图形化编程的方法不需要复杂的编程计算，可以更加方便灵活地让用户快速开发自适应滤波器。用户在设计实现自适应滤波器时，主要用到 LabVIEW 2017 提供的自适应滤波器工具包中的以下函数节点 VI：LMS 算法（AFT Create FIR LMS. vi）、归一化 LMS 算法（AFT Create FIR Normalized LMS. vi）、漏溢 LMS 算法（AFT Create FIR Leaky LMS. vi）、快速 LMS 算法（AFT Create FIR Fast Block LMS. vi）、极性 LMS 算法（AFT Create FIR Sign LMS. vi）、RLS 算法（AFT Create FIR RLS. vi）、QR-RLS 算法（AFT Create FIR QR-RLS. vi）等。这些函数节点 VI 的用法可以参考 LabVIEW 2017 中相关的即时帮助信息。

　　本节内容将通过实例设计实现基于 LMS 算法、RLS 算法函数节点 VI 的自适应滤波器。首先详细讲述在实现自适应滤波器设计时常用的 LMS 算法 VI、RLS 算法 VI 和自适应滤波器信号与校正系数函数 VI 的主要接线端口功能使用。

LMS 算法 VI 的图标和端口如图 5-46 所示。

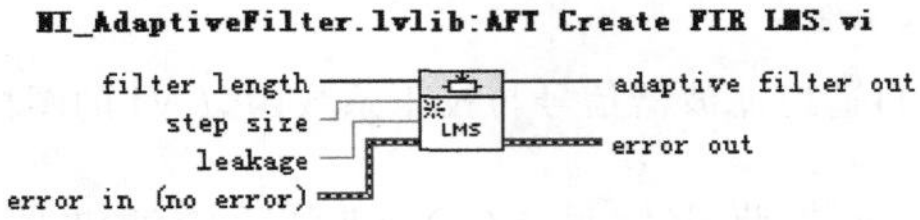

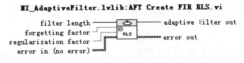

图 5-46　LMS 算法 VI 的图标和端口

各主要接线端口解释如下。

- "filter length" 即滤波器长度，用于指定自适应滤波器的长度。该值必须大于等于 2，默认值是 128。
- "step size" 即步长因子，用于指定自适应滤波器的步长，该值必须大于等于 0。步长的增加能够提高自适应滤波器滤波效果的收敛速度。但是，步长值较大时，该算法收敛速度快，但稳态失调误差变大，并有可能使算法发散。可以使用 "AFT Estimate Maximum Step Size for FIR LMS. VI" 来估计最大步长值，默认值是 0.01。
- "leakage" 即漏溢，用于指定自适应滤波器的漏溢因子，该有效值的范围是 [0，0.1]。如果该值为 0，则 VI 将使用标准 LMS 算法创建自适应滤波器；如果该值非 0，则 VI 将使用漏溢 LMS 算法创建自适应滤波器，默认值为 0。
- "adaptive filter out" 即返回 VI 创建的自适应滤波器。

RLS 算法 VI 的图标和端口如图 5-47 所示。

NI_AdaptiveFilter.lvlib:AFT Create FIR RLS.vi

filter length ──── adaptive filter out
forgetting factor
regularization factor ──── error out
error in (no error)

图 5-47　RLS 算法 VI 的图标和端口

各主要接线端口解释如下。

- "filter length" 即滤波器长度，用于指定自适应滤波器的长度。该值必须大于等于 2，默认值是 128。
- "forgetting factor" 即遗忘因子，用于指定自适应滤波器的遗忘因子，该有效值的范围是 [0，1]。NI 推荐设定值的范围为 [0.9，1]，默认值 0.95。
- "regularization factor" 即调整因子，该值必须大于等于 0，默认值是 1E-5。
- "adaptive filter out" 即返回 VI 创建的自适应滤波器。

自适应滤波器信号与校正系数函数 VI 的图标和端口如图 5-48 所示。

各主要接线端口解释如下。

- "reset? (F)" 即重置滤波器，强制重置内部滤波器状态为 0，默认值是 FALSE。
- "adaptive filter in" 用于指定输入创建的自适应滤波器。

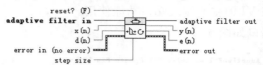

图 5-48　自适应滤波器信号与校正系数函数 VI 的图标和端口

- "$x(n)$" 用于指定输入带噪声信号 $x(n)$ 到自适应滤波器。
- "$d(n)$" 用于指定输入参考信号 $d(n)$ 到自适应滤波器。
- "step size" 即步长因子，用于指定自适应滤波器的步长。若该值小于 0，则 VI 忽略这个参数而使用创建自适应滤波器时的步长；若该值为 0，则 VI 在没有校正自适应滤波器系数下处理信号；若该值大于 0，则 VI 使用该值作为步长去校正自适应滤波器系数。默认值是 -1。注意，该参数仅仅当自适应滤波器使用 LMS 算法时才有效。如果自适应滤波器使用归一化 LMS 算法或归一化漏溢 LMS 算法时，该值必须小于 2。
- "adaptive filter out" 即返回无变化的输入自适应滤波器，即端口 "adaptive filter in"。
- "$y(n)$" 返回自适应滤波器的输出信号。
- "$e(n)$" 返回误差信号，即 $d(n)$ 与 $y(n)$ 之间的差异。

现通过实例设计实现已知条件如下所示的自适应滤波器。仿真输入信号设置为正弦波信号与高斯白噪声叠加而成：$x(n) = A\sin(2\pi f_0 n) + v(n)$，其中 A 为正弦波信号幅度，f_0 为频率，$v(n)$ 为均值为零的高斯白噪声，n 为输入信号的长度，σ 为噪声幅值。设初值为 $A = 2.0$，$f_0 = 10\mathrm{Hz}$，$\sigma = 0.1$；参考输入信号为正弦波信号，$x(n) = A\sin(2\pi f_0 n)$，设初值为 $A = 2.0$，$f_0 = 10\mathrm{Hz}$，除了在 RLS 算法中初值多了一项 $x(0) = 0$ 外，其余的均与 LMS 算法相似，即权向量的初值都为 $w(0) = 0$，滤波器的长度、迭代步长、遗忘因子可以在前面板上设置调节。

【例 5.10.1】基于 LMS 算法设计实现以上条件的自适应滤波器。实现该例程的前面板和程序框图如图 5-49 所示。

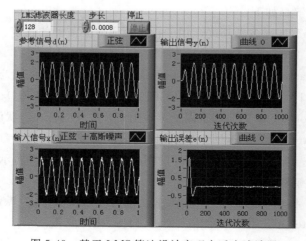

图 5-49　基于 LMS 算法设计实现自适应滤波器

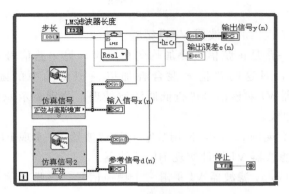

图 5-49　基于 LMS 算法设计实现自适应滤波器（续）

【**例 5.10.2**】基于 RLS 算法设计实现以上条件的自适应滤波器。实现该例程的前面板和程序框图如图 5-50 所示。

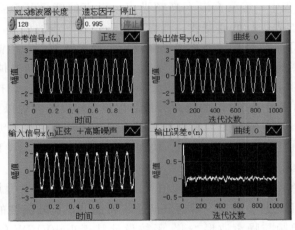

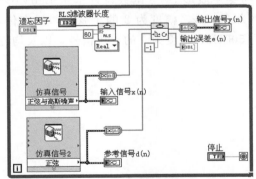

图 5-50　基于 RLS 算法设计实现自适应滤波器

习　　题

1. 数字滤波器有哪些优点？实际（非理想）数字滤波器有哪些类型及其各自的特点

是什么？

2. LabVIEW 2017 提供的滤波器 VI 有哪些？

3. 有两路信号，一路是正弦信号叠加均匀白噪声，另一路信号是正弦信号叠加均匀白噪声以及随机信号，对这两路信号混合叠加以模拟传输中的随机干扰信号，使用 Express VI 中的滤波器 VI 对该信号进行低通滤波处理，分别显示原始信号、滤波后的信号及各自的频谱响应曲线。

4. 编写程序框图实现例 5.3.2，使用数字 FIR 滤波器 VI 实现 FIR 加窗滤波器设计。

5. 使用数字 IIR 滤波器 VI 设计实现 IIR 滤波器。

6. 使用 Savitzky-Golay 滤波器 VI 平滑一个噪声信号，该噪声信号为正弦波信号与高斯白噪声所叠加信号。

7. 编写程序框图实现例 5.8.2，采用条件结构并使用前面几节所讲述的几种常用滤波器，分别对一冲激函数信号进行滤波，并对其进行幅度响应和相位响应特性曲线分析显示。

8. 在信号传输过程中，经常会混入高频噪声，噪声的能量甚至会超过信号能量。接收端收到信号后通常首先进行低通滤波，然后对信号作进一步的处理。通过滤波能够有效提高信号的噪声比。原始信号是一个叠加了高频噪声的正弦波，产生高频噪声的方法是将白噪声通过一个 Butterworth 高通滤波器，截止频率为 200Hz，即滤掉频率小于 200Hz 的低频噪声分量，再使用 Butterworth 低通滤波器对原始信号滤波，滤掉高频噪声。截止频率为 50Hz，即滤掉频率大于 50Hz 的噪声分量。编写程序设计实现以上条件的滤波器。

9. 使用中值滤波器 VI 对一个混有高斯白噪声的正弦信号进行滤波处理。

10. 编程计算分别使用 LMS 算法 VI、快速 LMS 算法 VI 和 QR-RLS 算法 VI 设计的自适应滤波器收敛速度的时间。

11. 设计产生一个频率为 1000Hz、幅值为 1 的正弦波信号，并叠加幅值为 1 的均匀白噪声信号，再分别采用低通、高通、带通滤波器进行滤波，比较滤波的效果。

12. 使用"混合单频与噪声波形.vi"函数设计基于 LabVIEW 的带通滤波器程序设计。要求正常信号是频率为 200Hz、幅度为 2 的正弦波，但在传输过程中叠加了频率为 50Hz、幅度为 4 和频率为 500Hz、幅度为 4 的干扰信号，以及均方根值为 0.05 的白噪声。

第6章 基于 LabVIEW 的数字图像处理实现

  LabVIEW 自推出以来就受到广泛的关注，其强大的扩展功能为各个领域的应用提供了专门的函数。NI 公司提供 IMAQ Vision 图像处理软件工具包，用户安装后，IMAQ Vision 就会成为 LabVIEW 内置的视觉开发工具包，是一个功能强大的函数库，提供了在 LabVIEW 平台上开发机器视觉系统所需要的各种子程序，包括图像处理、图像采集、系统校准、几何测量等。IMAQ Vision 版本不同，其内置的工具有所不同，本章基于 IMAQ Vision 2017 来介绍。

  在前面章节学习的基础上，本章介绍图像处理的特点、目的和主要研究内容。通过 IMAQ Vision 模块中图像处理函数实现图像的获取、保存与读取。最后，通过图像处理的实例来完成图像处理系统的搭建，通过运行 LabVIEW 得到处理结果。

6.1 图像处理概述

1. 图像与数字图像

  图像是对客观对象的一种相似性、生动性的描述或写真。在人类获取的信息中图像占 75%，是人类信息的重要来源。图像是用各种观测系统以不同形式和手段观测客观世界而获得的。图像能够以各种各样的形式出现，就其本质来说，可以将图像分为模拟图像与数字图像两大类。模拟图像，包括光学图像、照相图像、电视图像等。模拟图像处理速度快，但精度和灵活性差，不易查找和判断。数字图像，即将连续的模拟图像经过离散化处理后变成计算机能够辨识的点阵图像。严格的数字图像是一个经过等距离矩形网格采样，对幅度进行等间隔量化的二维函数，因此，数字图像实际上就是被量化的二维采样数组。

2. 数字图像处理

  数字图像处理是为了实现某种目的而对图像数据进行的操作，主要完成以下工作。

  （1）从图像到图像的处理。这类处理是将一幅效果不好的图像进行处理，获得效果好的图像。例如，在环境恶劣、雨雪天气、光照条件不佳等情况下，造成画面的能见度很低，一些细节特征看不见时，为了提高画面的清晰度，采用适当的图像处理方法，消除或减弱大雾层对图像的影响，而得到一幅较清晰的图像。

  （2）从图像到特征、符号等的处理，隶属于图像分析的范畴。通常是为了分割、识别和跟踪所做的处理。

3. 数字图像处理的特点和目的

  数字图像处理就是把在空间上离散的、在幅度上量化分层的数字图像，经过一些特定数理模式的加工处理，达到有利于人眼视觉或某种接收系统所需要的图像的过程。具有处理精度高、再现性好、处理效果具有可控性、可以随时修改处理方法的特点。将一幅图像进行处理之后要达到一定的目的，通常情况下，图像处理主要是为了实现以下三个方面的目的。

（1）针对客观对象的处理，主要是提高图像的观赏效果，达到自然逼真的目的。

（2）针对后续应用的操作，主要是从获取的图像中提取出感兴趣目标的特征或者是图像所包含的特殊信息。

（3）针对图像数据量大的特点，采用数学手段对图像数据进行变换、编码和压缩，便于图像的处理、传输和存储。

4. 数字图像处理的主要内容

根据主要的处理目标，数字图像处理大致可以分为图像数字化、图像变换、图像增强、图像的几何变换、图像复原和重建、编码分析等内容。LabVIEW 2017 视觉处理模块提供了多种图像处理的方法。NI 公司的图像采集软件能够从不同相机上采集图像，也能够从标准端口的 IEEE 1394 和千兆位以太网视觉相机采集图像。同时 LabVIEW 也提供了强大的图像处理函数库，包括图像去噪、增强、边缘检测、颗粒分析等函数。

6.2　IMAQ 模块

NI 公司的 IMAQ Vision 软件是 LabVIEW 虚拟仪器开发平台外挂的机器视觉和图像处理开发工具包。IMAQ Vision 软件中包括一整套 MMX 优化函数，提供了大量的图像预处理、图像分割、图像理解函数库和开发工具，可用于完成图像的灰度、彩色及二值图像的显示、图像处理（包括统计、小波分析、滤波和几何变换等）及形状匹配、斑点分析、计算和测量等。应用 LabVIEW 提供的功能强大的图像处理函数库，结合其虚拟仪器的特性，能够实现工控领域中基于视觉和图像处理的多种应用问题，如自动测量系统、实时监控系统、汽车零部件检测和医药产品包装校验等，与用传统的语言进行图像处理系统的开发相比，大幅度地降低了难度和开发周期。

IMAQ 图像采集系统，包括 IMAQ Image. ctl、Image Display（Classic）、Image Display、Image Display（Silver）、IMAQ Vision Controls、Machine Vision Controls 六类控件。

6.2.1　"Vision 控件"选板

LabVIEW 2017 提供的 Vision 控件位于"控件"选板→"Vision 控件"选板下，如图 6-1 所示。

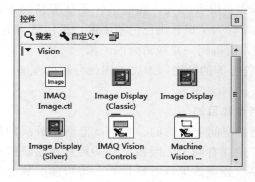

图 6-1　"Vision 控件"选板

各个控件的功能如表 6-1 所示。

表 6-1　Vision 控件中子选板的名称和功能一览表

图　标	名　称	功　能
Image	IMAQ Image. ctl	描述图像数据类型
	Image Display（Classic）图像显示控件（经典）	前面板中显示图像（"经典"）风格，并可以利用提供的 ROI（Regions of interest）工具来选定感兴趣区域
	Image Display 图像显示控件	前面板中显示图像（"3D"）风格，并可以利用提供的 ROI（Regions of interest）工具来选定感兴趣区域
	Image Display（Silver）图像显示控件（银色）	前面板中显示图像（"银色"）风格，并可以利用提供的 ROI（Regions of interest）工具来选定感兴趣区域
	IMAQ Vision Controls 图像处理控件	设置 IMAQ 景象（IMAQ Vision）的属性
	Machine Vision Controls 机器视觉控件	设置 Machine 景象的属性

IMAQ Vision Controls 与 Machine Vision Controls 子控件选板下包含多种用于图像处理的控件，分别如图 6-2 和图 6-3 所示。在此对于每个控件的功能不再详述，读者可以根据具体需要学习掌握其用法。

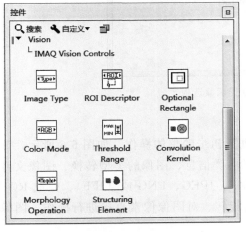

图 6-2　IMAQ Vision Controls 子控件选板

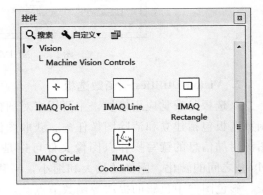

图 6-3　Machine Vision Controls 子控件选板

6.2.2　"视觉与运动"子函数选板

LabVIEW 强大的图像处理功能都是通过其程序窗口中的函数节点来实现的。LabVIEW 2017 提供的用于图像处理的函数节点主要位于"函数"选板→"视觉与运动"子函数选板下，如图 6-4 所示。用户在编程时常用到的有 NI-IMAQ、Vision Utilities、Image Processing 及 Machine Vision 子函数选板四大类。

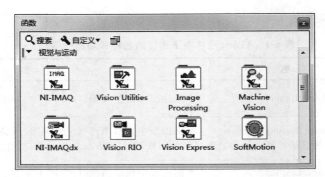

图 6-4　"视觉与运动"子函数选板

1. NI-IMAQ 子函数选板

该选板实现图像采集功能，主要是通过 NI 的系列图像采集板卡来获得图像，函数节点包括任务的建立、设备的初始化以及硬件参数的设定等函数节点，如图 6-5 所示。

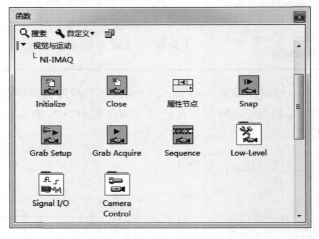

图 6-5　NI-IMAQ 子函数选板

2. Vision Utilities 子函数选板

该选板是视觉应用模块，主要用来对图像进行初步的整体操作，如图 6-6 所示，该子函数选板包括建立和清除图像任务、获取图像的各类信息、图像的类型转换、图像文件及图像附加信息的读写操作（图像文件可以是 BMP、JPEG、PNG 或 TIFF）、完成 ROI 和 Mask 之间的转化、图像的放大和缩小，平移及旋转、对图像像素直接进行操作、图像覆盖、彩色图像中色彩的提取等函数节点。

3. Image Processing 子函数选板

该选板是图像处理模块，主要是对灰度和彩色图像的处理，如图 6-7 所示。

该子函数选板主要包括以下模块。

（1）处理模块（Processing），完成像素值的处理。包括像素值的查表转换，灰度图像和彩色图像阈值的设定。

（2）滤波器模块（Filters），对图像进行滤波等处理。包括各类算子的构造和使用，以实现对图像平滑、去除噪声、边缘锐化等处理。

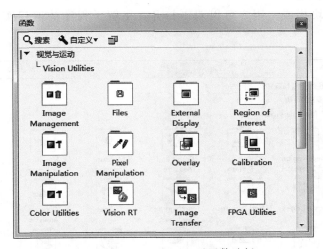

图 6-6　Vision Utilities 子函数选板

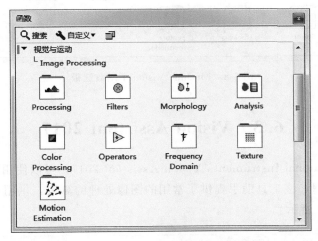

图 6-7　Image Processing 子函数选板

（3）图像的形态处理模块（Morphology），一般是对灰度图像进行的处理。包括图像的填补，距离的测量，图像的细化，图形的分离等模块。

（4）图像的分析模块（Analysis），一般是针对二值图像或灰度图像进行。包括图像中灰度值的分析，图形质心的计算，图像中直线灰度值和 ROI 轮廓线的分析。

（5）色彩处理模块（Color Processing），一般是针对彩色图像中的颜色进行处理。包括图像中彩色像素的取代，色彩的阈值和分析，图像中色彩的学习和匹配。

（6）图像操作模块（Operators），包括图像的加减乘除运算，以及逻辑运算。其运算的元素是图像中像素点的像素值。

（7）图像的频域分析模块（Frequency Domain），包括 FFT 变换和 FFT 反变换等操作。

4. Machine Vision 子函数选板

该选板是机器视觉应用模块，主要包括一些在工程中常用的模块，如坐标系的确定，图像的匹配和边缘的检测等。该模块中绝大多数都是一个完成特定功能的子程序，由本节前面介绍的基本模块构成。用户可以双击打开，了解子程序的编程实现思路，如图 6-8 所示。

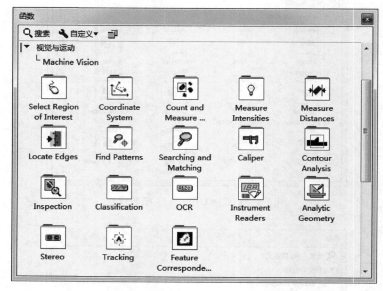

图 6-8　Machine Vision 子函数选板

6.3　Vision Assistant 2017

用户若安装 National Instruments Vision Assistant 2017，可以使用该工具对图像进行获取、浏览或者处理，该工具助手提供了常用的图像处理的算法，供用户方便使用，在此不再赘述，如图 6-9 所示。

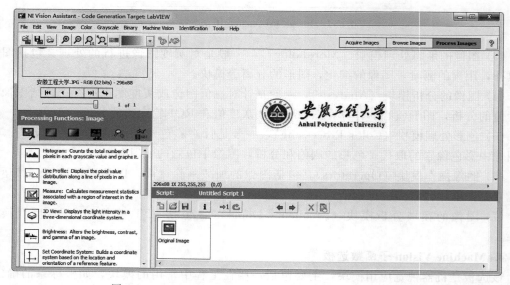

图 6-9　National Instruments Vision Assistant 2017 界面

6.4　图像读取与保存

6.4.1　图像文件格式简介

图像文件格式是图像在计算机中的存在状态，数字图像有多种存储格式，不同图像格式通常由不同的开发商支持。每一种图像文件均有一个文件头，在文件头之后才是图像数据。文件头的内容由制作该图像文件的公司决定，一般包括文件类型、文件制作者、制作时间、版本号、文件大小等内容。目前常用的图像文件格式有 BMP、TIFF、JPEG、GIF、PNG 等类型。

（1）BMP 文件格式

BMP（Window 标准位图）是最普遍的点阵图格式之一，也是 Window 系统下的标准格式，是将 Window 下显示的点阵图以无损形式保存的文件，其优点是不会降低图片的质量，但文件大小比较大。

（2）TIFF 文件格式

TIFF（Tag Image File Format）是 Mac 中广泛使用的图像格式，它由 Aldus 和微软联合开发，最初是出于跨平台存储扫描图像的需要而设计的。它的特点是图像格式复杂、存储信息多。正因为它存储的图像细微层次的信息非常多，图像的质量也得以提高，所以有利于原稿的复制。

（3）JPEG 文件格式

JPEG（联合图形专家组图片格式）最适合于真彩色或平滑过渡式的照片和图片，该格式使用有损压缩来减少图片的大小，因此用户将看到随着文件的减小，图片的质量也降低了，当图片转换成 .jpg 文件时，图片中的透明区域将转化为纯色。

（4）GIF 文件格式

GIF（图形交换格式）最适合于线条图（如最多含有 256 色）的剪贴画及使用大块纯色的图片，该格式使用无损压缩来减少图片的大小，当用户要保存图片为 GIF 格式时，可以自行决定是否保存透明区域或者转换为纯色。同时，通过多幅图片的转换，GIF 格式还可以保存动画文件。但要注意的是，GIF 最多只能支持 256 色。

（5）PNG 文件格式

PNG（可移植网络图形）文件格式图片以任何颜色深度存储单个光栅图像，它是与平台无关的格式，支持高级别无损耗压缩。

在 LabVIEW 中提供了 IMAQ ReadFile 用于打开并读取计算机中存储的文件数据到图像引用中。IMAQ ReadFile 可以读取以标准格式存储的图像，如 BMP、TIFF、JPEG、JPEG2000、PNG 和 AIPD，或者制定的非标准格式。通常情况下，LabVIEW 软件会自动将像素转换成所传递的图像类型。

6.4.2　读取图像

读取图像是对图像进行处理的第一步，本节将介绍在 LabVIEW 中将一幅图像从指定的位置读出，并显示在 LabVIEW 的前面板窗口中。

【例 6.4.1】读取图像实例。实现该实例的基本步骤如下。

（1）启动 LabVIEW 2017 软件平台，新建一个名为"例 6.4.1 读取图像实例"的空白 VI，在前面板窗口中添加一个"Image Display"控件用于显示图像。

（2）在程序框图窗口中使用"IMAQ Create. vi"函数节点创建一幅空图像，同时使用"IMAQ ReadFile. vi"函数节点从指定图像文件中读入一幅图像，将"IMAQ ReadFile. vi"函数节点的"Image Out"与"Image"接线端口相连接。

（3）使用"IMAQ Dispose. vi"函数节点将打开的图像销毁，并释放其所占用的内存空间。运行该实例 VI，观察结果如图 6-10 所示。

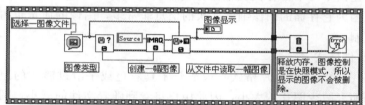

图 6-10　读取图像实例

该实例中所使用图像可参考本书配套文件中"第 6 章 \ 安徽工程大学 . JPEG"文件。

6.4.3　保存图像

保存图像也是对图像进行处理的重要一步，本节将通过实例来介绍如何保存图像。

【例 6.4.2】保存图像实例。实现该实例的基本步骤如下。

（1）启动 LabVIEW 2017 软件平台，新建一个名为"例 6.4.2 保存图像实例"的空白 VI，在前面板窗口中创建一个文件路径输入控件，用来输入图像文件保存后的路径和名称。

（2）用户若需将读入 LabVIEW 的图像进行保存，只需要在"例 6.4.1 读取图像实例"程序框图的"IMAQ ReadFile. vi"函数节点之后添加"IMAQ WriteFile2. vi"函数节点，将"IMAQ Read File. vi"函数节点的"Image Out"接线端口与"IMAQ WriteFile2. vi"函数节点的"Image"接线端口相连接。

（3）将程序框图中文件路径输入控件的图标与"IMAQ WriteFile2. vi"函数的"File Path"接线端口相连接。运行此 VI，可以将图像保存到指定的路径指定的文件名下。

实现该例程的前面板和程序框图如图 6-11 所示。

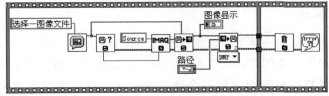

图 6-11　保存图像实例

该实例中所使用图像同样可参考本书配套文件中"第 6 章 \ 安徽工程大学 . JPEG"文件。

另外，LabVIEW 也提供了图像保存的快捷方式，如"例 6.4.1 读取图像实例"，当用户使用程序打开一幅图像后，图像在前面板控件中显示，此时，只要右击，在弹出的快捷菜单中选择"Save Image…"，即可将打开的图像保存到指定的位置下，如图 6-12 所示。

图 6-12　"Save Image…"快捷菜单

6.5　基于 LabVIEW 的图像增强设计实现

在实际的应用中，通过采集设备获取的图像往往存在噪声、模糊等现象，图像增强处理的任务是突出预处理图像中的"有用"信息，按需要进行适当变换，扩大图像中不同物体特征之间的差别，如边缘、轮廓、对比度等进行强调或锐化，去除或削弱无用的信息以便于显示、观察或进一步分析预处理。图像增强处理方法分为基于空间域的增强方法和基于频率域的增强方法。本节以空间域中常用的增强算法为例，通过 LabVIEW 来实现图像的增强。

6.5.1　灰度变换

灰度变换是图像增强的一种手段，用于改善图像显示效果，属于空域处理方法，它可以使图像动态范围加大，使图像对比度扩大，图像更加清晰，特征更加明显。灰度变换实质就是按一定的数学规则修改图像每一个像素的灰度，从而突出图像中"感兴趣"的区域。灰度变换可分为线性变换和非线性变换，如图 6-13 所示。

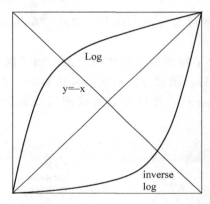

图 6-13　灰度变换函数图

【例 6.5.1】图像灰度反转实例。本例是将 rice. jpeg 图像进行灰度反转，显示并且保存该图像。在 IMAQ Vision 中，灰度反转可以直接调用"IMAQ Inverse. vi"函数节点来实现。灰度反转属于线性灰度变换，这种处理对增强嵌入在暗背景中的白色或灰色细节特别有效，尤其当图像中黑色为主要部分时效果更明显。

该实例中所使用的 rice. jpeg 图像，可参考本书配套文件中"第 6 章 \ rice. jpeg"文件，灰度反转后保存的图像可参考本书配套文件中"第 6 章 \ rice _ inverse. jpeg"文件。

实现该例程的前面板和程序框图如图 6-14 所示。

对于图 6-13 所给出的其他线性和非线性灰度变换，可以直接调用"IMAQ MathLookup. vi"函数节点并进行相应的设置来实现，如图 6-15 所示。感兴趣的读者可以自行编程设计实现。

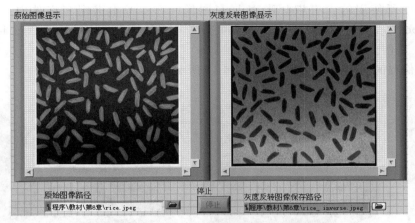

图 6-14　图像灰度反转实例

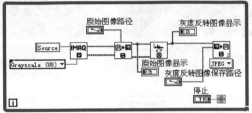

图 6-15　"IMAQ MathLookup. vi" 函数节点

6.5.2　中值滤波

在前面第 5 章中已经讲述过中值滤波器的知识。中值滤波是一种常用的去除噪声的非线性平滑滤波处理方法,中值滤波器的输出像素是由邻域像素的中间值决定的。中值滤波器产生的模数较少,更适合于消除图像的孤立噪声点。综上所述,中值滤波是一种既能满足图像平滑要求,又可去除图像中噪声,并保持图像边缘轮廓清晰的方法。二维中值滤波的窗口形状可以有多种,如线状、方形、十字形、圆形、菱形等。不同形状的窗口产生不同的滤波效果,使用中必须根据图像的内容和不同的要求加以选择。

【例 6.5.2】图像中值滤波实例。本例是将含有椒盐噪声的 lena 图像,使用中值滤波算法去除噪声,还原 lena 图像,显示并且保存该图像。在 IMAQ Vision 中,中值滤波可以直接调用"IMAQ Nth Order. vi"函数节点来实现。中值滤波的主要功能就是使那些与邻近像素显著不同的像素具有与其邻近像素更加相似的强度,达到消除图像的孤立毛刺的目的。

该实例中所使用的含有椒盐噪声 lena 图像，可参考本书配套文件中"第 6 章 \ lenanoise.jpeg"文件，滤波后保存的图像可参考本书配套文件中"第 6 章 \ lenanoise _ filter.jpeg"文件。

实现该例程的前面板和程序框图如图 6-16 所示。

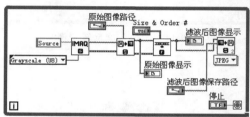

图 6-16　图像中值滤波实例

通过图 6-16 可以看出，中值滤波算法对尖峰状的干扰有很好的抑制作用。

6.5.3　锐化滤波

锐化滤波器能减弱或消除傅里叶空间的低频分量，但不影响高频分量。因为低频分量对应图像中灰度值缓慢变化的区域，因而与图像的整体特性，如整体对比度和平均灰度有关，高通滤波器将这些分量滤去，可使图像锐化增强被模糊的细节。

【例 6.5.3】 图像锐化滤波实例。本例对"例 6.5.2 图像中值滤波实例"中滤波后的图像"lenanoise _ filter.jpeg"文件进行图像锐化滤波，该例中使用的"IMAQ Convolute. vi"函数节点，主要是根据输入的滤波模板对图像进行空域滤波；而"IMAQ GetKernel. vi"函数节点，主要是读取预定的滤波模板，所选模板为"Gradient"，即"梯度"，另外还有"Laplacian""Smoothing"与"Gaussian"模板供用户选择使用。

该实例中所使用的图像，可参考本书配套文件中"第 6 章 \ lenanoise _ filter.jpeg"文件，锐化后保存的图像可参考本书配套文件中"第 6 章 \ lenanoise _ filter _ sharpening.jpeg"文件。

本节所介绍的图像增强方法属于空间域范畴，对频率域感兴趣的读者可以自行学习掌握。该实例的前面板和程序框图如图 6-17 所示。

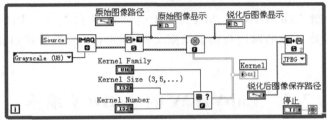

图 6-17　图像锐化滤波实例

习　　题

1. 简述 NI 公司 IMAQ 的功能及"视觉与运动"子函数选板中用于数字图像处理的函数节点主要有哪些，请列举几种。

2. 灰度变换的目的是什么？用 LabVIEW 中的数字图形处理函数节点实现一幅图像的线性和非线性灰度变换。

3. 创建一个 VI，读取单幅图像。

4. 创建一个 VI，利用底层函数采集单幅图像。

5. 创建一个 VI，利用高层函数采集单幅图像（IMAQ Snap. vi）。

6. 创建一个 VI，利用高层函数连续采集图像（Grab）。

7. 创建一个 VI，使用 IMAQ CannyEdgeDetection. vi 对 rice. jpeg 进行边缘检测。

8. 创建一个 VI，使用 IMAQ Equalize. vi 实现图像直方图的匹配和均衡。

第 7 章　与其他应用软件的接口

为了在 LabVIEW 中充分利用其他编程语言的优势，有时 LabVIEW 还需要调用其他应用软件来辅助其编程，以编写出功能更加强大的 LabVIEW 应用软件，使其发挥更大的优势。

LabVIEW 开放式的开发平台提供了强大的与外部应用软件接口的能力，这些接口可以实现 LabVIEW 与外部的应用软件语言（如 ActiveX、MATLAB、C 语言（CIN）、DLL、.NET、DDE 等）之间的通信，如通过 ActiveX 能够方便地调用外部程序、控件等；通过 MATLAB 使得复杂数值计算的优势大大增强；通过动态链接库，用户可以方便地调用 C、VC、VB 等编程语言编写的程序及 Windows 自带的大量的 API 函数等。LabVIEW 与外部应用软件的接口技术在信号处理中也经常会使用，以增强 LabVIEW 的编程功能。

本章将重点介绍 LabVIEW 与 MATLAB 语言的接口技术，同时对 LabVIEW 与 ActiveX、Windows 库函数的调用与动态数据交换（DDE）的程序接口技术也作较为详细的介绍。

7.1　LabVIEW 的 ActiveX 编程

LabVIEW 支持对 ActiveX 的调用。ActiveX 采用客户端/服务器模式进行不同应用程序的链接，调用其他应用程序时，这个应用程序被作为客户端。自己创建的对象被其他应用程序调用时，这个应用程序被作为服务器。如 LabVIEW 可作为 ActiveX 的客户端，来访问其他 ActiveX 应用程序，获取其相关的对象、属性、方法和事件；LabVIEW 也可以作为 ActiveX 的服务器，因此，其他程序也可以访问 LabVIEW 的对象、属性和方法，如调用 VI、启动或退出 LabVIEW 软件等，即在其他应用程序开发平台下调用 LabVIEW 的服务特性，这大大增加了程序代码的可重复利用性，同时也缩短了程序开发的时间。

本节将主要介绍在 LabVIEW 2017 中如何使用 ActiveX，包括前面板控件容器的使用及程序框图中 ActiveX 函数的编程使用，但不可能把所有的 ActiveX 对象进行一一举例说明，在此主要介绍用户在编写程序时常用的一些功能。实际上，Windows 系统及很多应用程序都提供了很多的 ActiveX 控件，如界面显示、时间控制、网络通信、曲线显示等，用户可以通过这些 ActiveX 控件扩展 LabVIEW 的编程功能，操作起来非常方便。有关 ActiveX 的规范可以参考有关资料自行学习，这里不再详述。

7.1.1　ActiveX 概述

ActiveX 是"网络化多媒体对象技术"，是一整套跨越编程语言的软件开发手段与规范，是由 Microsoft 公司定义的用于网络上的一种对象链接与嵌入技术，它满足了网络上不同应用程序间交换信息的需要，与具体的编程语言无关。

ActiveX 技术是较早的 OLE（Object Linking and Embedding，对象链接与嵌入）技术的扩展。作为 ActiveX 核心的 COM（Component Object Model）是一个以处理所有阻碍软件组件开发为目的的标准，希望最终建立一个大型的组件库，使软件工程师能像硬件工程师那样通过搭建组件的方法开发应用程序。ActiveX 是一项可以让 COM 组件，尤其是控件更精练有效的技术，对于那些准备用于网络上，要由客户端下载的应用中的软件，ActiveX 技术尤为重要。

ActiveX 自动化是基于 COM 体系结构进行开发的技术，通常用于创建向编程工具和宏语言展示方法的组件，允许应用程序或组件控制另一个应用程序或组件的运行，它包括自动化服务器和自动化控制器。LabVIEW 2017 可以作为一个客户端支持 ActiveX 自动化。

LabVIEW 使用 ActiveX 编程时需要注意的几个概念。

1. ActiveX 的属性和方法

支持 ActiveX 的应用程序中对象的属性和方法可供其他程序访问。对象可以对用户显示，如按钮、窗口、图片、文档和对话框；也可以不显示，如应用程序对象。如需访问应用程序，可通过访问与应用程序相关的对象并设置该对象的属性或调用其方法。

一般来说，ActiveX 控件具有特定的属性和方法，以便于其他应用程序来调用和操作。ActiveX 控件的属性可以看成是控件对象的参数和具有的特征，它也可以是一种变量，对外部应用程序完全公开。ActiveX 控件的属性可以设置为只读、只写和可读写三种类型。而方法可以看作是在外部应用程序中能够执行的函数。用户需要给 ActiveX 控件的方法函数指定输入参数，并且获得函数的返回值。注意并不是所有的 ActiveX 控件的内部函数都是可以从外部调用的。

2. 变体

在前面第 2 章中已经提到变体的概念，变体其实是一种数据结构类型。有关变体的子函数选板位于"编程"→"簇、类与变体"→"变体"中，如图 7-1 所示。图 7-1 中的变体属性函数用于添加、获取和删除 LabVIEW 变体的属性，以及操作变体数据。

变体是 LabVIEW 中一种比较特殊的数据类型结构，它可以根据使用环境的不同而改变数据类型，变体可以代表整型、浮点型、字符串、日期和货币等。其他任何数据类型都可以通过图 7-1 中的"转换为变体"函数转换为变体数据类型。同样在编程需要时，用户也可以使用图 7-1 中的"变体至数据转换"函数将其转换成原数据类

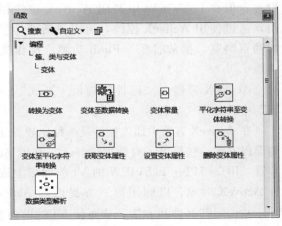

图 7-1　"变体"子函数选板

型。变体数据类型类似于 VB 语言中的 Variant 和 C 语言中的 void 数据类型。

变体数据类型常用在子 VI 的参数设置中。另外在第 2 章数组的相关知识中，我们已经知道不同类型的数据是不能放在同一数组中的，但当用户遇到需要把不同数据类型的元

素放在同一数组中时，可以先把所有数据都转换成为变体数据类型，然后构成一个变体数据类型数组。

　　LabVIEW 中不经常使用变体数据类型，但是许多 ActiveX 控件需要使用变体数据类型，所以 LabVIEW 必须具有处理变体数据类型的能力，以便从控件对象中获得数据类型。用户在使用 ActiveX 函数时，经常会遇到数据类型的转换，尤其是变体与其他类型的转换。

3. ActiveX 事件

　　ActiveX 事件是发生在对象上的动作/操作，如单击鼠标、按下键盘键或接收通知（如内存已满、任务已完成等）。无论何时在对象上产生这些操作，该对象都会发送一个带有特定事件数据的事件来警告 ActiveX 容器。ActiveX 对象定义了该对象可用的事件。

7.1.2　ActiveX 控件容器

　　ActiveX 控件最早是针对 Microsoft 公司的 Internet Explorer 设计的，通过定义容器（调用 ActiveX 控件的程序）和组件（ActiveX 控件）之间的接口规范，用户可以很方便地在多种容器中使用 ActiveX 控件，而不必修改控件的代码。如在 Word 中可以嵌入 Excel 表格，此时 Word 就是一个 ActiveX 容器。

　　ActiveX 控件是一种可视的控件，只能在"进程内服务器"中运行，可以被插入到一个 ActiveX 控件容器应用中，它们本身不是完整的应用，但是可以被看作预制的控件，可以在各个应用中使用；ActiveX 控件有一个可视的用户界面，依赖预先定义好的接口来与它所在的容器协商 I/O 和显示的问题；ActiveX 控件使用自动化公开其属性、方法和事件；ActiveX 控件越来越广泛地应用在 Web 站点上，作为 Web 页面上的交互对象；ActiveX 已经成为网络上以交互内容为目标的标准之一。

　　使用 LabVIEW 制作一个 ActiveX 控件理论上可行，但是操作相当麻烦，不建议用户进行此类设置。但在 LabVIEW 中调用 ActiveX 控件相当方便，通过使用 ActiveX 控件，可以灵活地为程序添加网页浏览、播放音乐、Flash 动画、操作文档等功能。

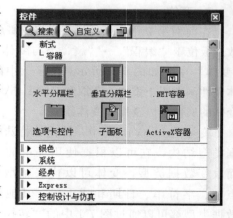

　　ActiveX 容器在"控件"选板"新式"→"容器"中，如图 7-2 所示。

　　在 ActiveX 容器中插入控件是一种比较方便实用的编程方式，它提供了对数据的显示。利用 ActiveX 容器，用户可以在 LabVIEW 的 VI 前面板上嵌入各种 ActiveX 对象，以调用第三方提供的 ActiveX 控

图 7-2　"ActiveX 容器"控件

件，并访问其属性和方法，从而使 VI 的前面板功能更加丰富，界面更加友好可视化，提高程序的开发效率。

　　基于 Windows 的应用程序可通过此方式在前面板上显示并与 LabVIEW 控件交互。可在 ActiveX 容器中放置两种类型的 ActiveX 对象，用户可自行创建新的 ActiveX 控件或文档。也可插入现有的 ActiveX 控件或文档。对用户来讲，ActiveX 控件看起来就像前面

板上其他控件或显示量一样，不同之处在于它是其他应用程序的一个嵌入对象。

在 ActiveX 容器中嵌入一个控件、文档或者文件中的对象，基本步骤如下。

（1）在前面板中放置图 7-2 所示的 "ActiveX 容器" 控件，并右击该控件，在弹出的快捷菜单中勾选 "自动调整大小" 选项命令，如图 7-3 所示。用户可以看到，ActiveX 容器不包含端口，LabVIEW 通过 ActiveX 容器来支持调用 ActiveX 控件、文档或者文件中的对象。

（2）从图 7-3 所示的 ActiveX 容器的快捷菜单中选择 "插入 ActiveX 对象…" 选项命令，弹出 "选择 ActiveX 对象" 对话框，如图 7-4 所示。对话框的顶部有一下拉选项，用户可以根据需要自行选择 "创建控件" "创建文档" 或者 "从文件中创建对象"。

图 7-3　ActiveX 容器及快捷菜单

图 7-4　"选择 ActiveX 对象" 对话框

若用户在图 7-4 中选中 "验证服务器" 复选框，下面列表中只显示已经注册的 ActiveX 控件。一般情况下，任何 ActiveX 控件都可以嵌入到 LabVIEW 中，然后使用其属性和方法，这样 LabVIEW 就可以通过编程来连接使用控件。但是用户需要注意的是，并非所有在 "选择 ActiveX 对象" 对话框中列出的 ActiveX 控件都可以直接在 LabVIEW 中使用，有些 ActiveX 控件是有版权的，需要得到生产厂家的授权后才可以使用。

（3）用户根据编程需要选择好相应的选项后，单击 "确定" 按钮，前面板上就会出现一个初步设置好的 ActiveX 容器。

在本节后面的内容中会通过实例来详细说明 ActiveX 容器的使用。

7.1.3　ActiveX 函数

打开 ActiveX 对象，访问 ActiveX 对象的属性、方法或事件等都需要利用 LabVIEW 提供的 ActiveX 操作函数。打开 ActiveX 操作函数的方法有两种。

一种方法是，若在前面板设计窗口中放置了一个 ActiveX 容器，切换到程序框图窗口下，就会看到与前面板上放置的 ActiveX 容器相对应的节点对象，右击该 ActiveX 容器节点对象，在弹出的快捷菜单中选择 "ActiveX 选板" 命令选项，可以打开 "ActiveX 函数" 选板。如图 7-5 所示。

另一种方法是，若前面板设计窗口中没有放置的 ActiveX 容器，则不能直接通过这个 ActiveX 容器控件打开 ActiveX 操作函数。此时 ActiveX 操作的相关函数就位于程序框图

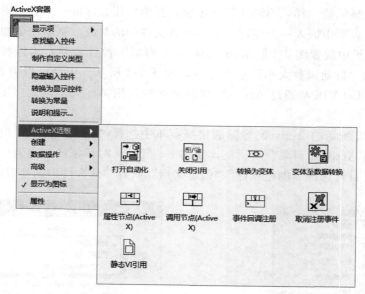

图 7-5   通过"ActiveX 容器"快捷菜单打开"ActiveX 函数"选板

设计窗口下的"函数"选板→"互连接口"→"ActiveX 函数"选板中，如图 7-6 所示。

在"ActiveX 函数"选板中，用户常用的重要操作函数有 ActiveX 控件服务器进行通信接口操作的自动化功能的开和关闭；另外还有数据类型结构的转换函数，包括将其他数据类型转换为变体和将变体转换至其他数据；还包括两个非常重要的节点函数：属性节点和调用节点。

其操作函数的功能如下。

（1）打开自动化：返回指向某个 ActiveX 对象的自动化引用句柄，该函数节点的图标和接线端口如图 7-7 所示。有关自动化引用句柄的内容将在 7.2.3 节介绍。

图 7-6   程序框图设计窗口下的 ActiveX 函数选板

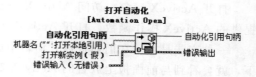

图 7-7   "打开自动化"函数节点的
图标和接线端口

主要接线端口的解释如下。

● 自动化引用句柄：可为"自动化引用句柄"输出提供对象类型。

- 机器名：表明 VI 要打开的"自动化引用句柄"所在的机器。如没有给定机器名，VI 可在本地机器上打开该对象。
- 打开新实例（假）：若值为 TRUE，LabVIEW 可为"自动化引用句柄"创建新的实例；如值为 FALSE（默认值），LabVIEW 可尝试连接已经打开的引用句柄的实例。如尝试成功，LabVIEW 可打开新的实例。
- 自动化引用句柄：是与 ActiveX 对象关联的引用句柄。

（2）关闭引用：关闭打开的 VI、VI 对象、打开的应用程序实例、.NET 或 ActiveX 对象的引用句柄。该函数节点的图标和接线端口如图 7-8 所示。

主要接线端口的解释如下。

- 引用：是与打开的 VI、VI 对象、打开的应用程序实例、.NET 或 ActiveX 对象关联的引用句柄。"引用"的值可以是由引用组成的一维数组。

创建 VI 的引用句柄时，LabVIEW 在内存中加载该 VI。该 VI 一直保留在内存中，除非关闭引用句柄或 VI 符合下列条件：该 VI 无其他打开的引用；该 VI 的前面板未打开；该 VI 不是内存中其他 VI 的子 VI；该 VI 不是打开项目库的成员。

（3）转换为变体：转换任意 LabVIEW 数据为变体数据，也可用于使 ActiveX 数据转换为变体数据。该函数节点的图标和接线端口如图 7-9 所示。

图 7-8　"关闭引用"函数　　　　图 7-9　"转换为变体"函数节点
节点的图标和接线端口　　　　　　的图标和接线端口

（4）变体至数据转换：转换变体数据为 LabVIEW 可显示或处理的 LabVIEW 数据类型，也可用于使变体数据转换为 ActiveX 数据。该函数节点的图标和接线端口如图 7-10 所示。

主要接线端口的解释如下。

- 类型：指定需要使变体数据转换为何种 LabVIEW 数据类型。"类型"可以是任意数据类型。但是，如 LabVIEW 无法使连线至"变体"的数据转换为输入端指定的数据类型，函数可返回错误。如数据是整型，可使数据强制转换为另一种数值表示法（例如，扩展精度浮点数）。
- 变体：该变体可转换为"类型"中指定的 LabVIEW 数据类型。
- 数据：是转换为指定类型的 LabVIEW 数据类型的"变体"数据。如"变体"无法转换为指定的数据类型，"数据"可返回指定数据类型的默认值。

如用户对 ActiveX 函数引用使用"变体至数据转换"函数时，该函数的作用类似于 ActiveX 的 QueryInterface 方法。要使用"变体至数据转换"函数转换一个 ActiveX 对象的接口，先通过"转换为变体"函数将 ActiveX 对象的自动化引用句柄转换为变体。将变体表示的句柄连线至"变体至数据转换"函数的变体输入端。然后创建另一个自动化句柄，为句柄选择 ActiveX 类的期望接口。将这个新的自动化句柄连线至"变体至数据转换"函数的类型输入端。LabVIEW 将指定接口与数据返回的自动化引用句柄关联。

（5）属性节点（ActiveX）：获取（读取）和/或设置（写入）ActiveX 控件对象引用的

属性，该节点的操作与属性节点的操作相同。该函数节点的图标和接线端口如图 7-11 所示。

图 7-10　"变体至数据转换"函数节点
的图标和接线端口

图 7-11　"属性节点（ActiveX）"
函数节点的图标和接线端口

如用户需写入的属性为变量，连线的 LabVIEW 数据类型可自动转换为变体数据类型，强制转换点表示发生转换。ActiveX 不支持 64 位整数。如连线 64 位整数数据至 ActiveX 属性节点的参数，LabVIEW 可使该数据转换为双精度浮点数。如属性为变体，可依据需要使用"变体至数据转换"函数使其转换为 LabVIEW 数据。

（6）调用节点（ActiveX）：不同的 ActiveX 控件为用户的调用提供了不同的方法类型，该函数节点的作用是在引用上调用方法或动作。大多数方法有其相关参数，该节点的操作与调用节点的操作相同。该函数节点的图标和接线端口如图 7-12 所示。

（7）事件回调注册：注册 VI，在事件发生时调用该 VI，该函数用于注册和处理 .NET 和 ActiveX 事件。LabVIEW 依据连线至各项的输入引用的类型确定可注册的事件。可调整函数的大小，依次为相同或不同的 .NET 或 ActiveX 对象注册多个事件回调。该函数节点的图标和接线端口如图 7-13 所示。

图 7-12　"调用节点（ActiveX）"
函数节点的图标和接线端口

图 7-13　"事件回调注册"函数节点的图标和接线端口

（8）取消注册事件：取消注册与事件注册引用句柄关联的所有事件。该函数节点的图标和接线端口如图 7-14 所示。

使用该事件注册引用句柄的事件结构不再接收任何动态事件。NI 建议在事件无须处理时取消注册事件。如未取消注册事件，VI 运行时，即使无事件结构等待处理事件，LabVIEW 也可继续生成和排列事件，产生内存消耗且在前面板事件锁定启用时导致 VI 挂起。

（9）静态 VI 引用：保持 VI 的静态引用，该函数可配置为输出通用或严格类型的 VI 引用。将"静态 VI 引用"函数节点放置在程序框图上时，可双击该函数，打开文件对话框选择 VI。

该函数节点可作为子 VI 并出现在顶层 VI 的 VI 层次结构中。默认状态下，输出端是通用 VI 引用。

该函数节点的输出端也可配置为严格类型的 VI 引用。右击该函数节点，在弹出的快捷菜单中选择"严格类型的 VI 引用"，可修改函数的输出。函数左上角的星形符号表明该引用为严格类型的引用。严格类型的 VI 引用句柄可识别当前被调用的 VI 连线板。严格类型的 VI 引用仅可通过 VI 或 VI 模板，不可通过多态 VI 或其他非 VI 文件（例如，全局变量或控件）创建。

该函数节点的图标和接线端口如图 7-15 所示。

图 7-14　"取消注册事件"函数
节点的图标和接线端口

图 7-15　"静态 VI 引用"函数
节点的图标和接线端口

在本节稍后的内容中会通过实例来详细说明 ActiveX 函数的使用。

7.1.4　LabVIEW 作为 ActiveX 客户端

通过前面讲述的内容已经知道，LabVIEW 可作为 ActiveX 客户端，来访问其他 ActiveX 应用程序，获取其相关的对象、属性、方法和事件，即可以在 LabVIEW 中打开不同的应用程序。

【例 7.1.1】使用 LabVIEW 中的 ActiveX 容器调用"Windows Media Player"ActiveX 控件。完成该例程的主要步骤如下。

（1）如 7.1.2 一节内容所介绍一样，在前面板的窗口中放置"ActiveX 容器"，右击该控件，从弹出的如图 7-3 所示的 ActiveX 容器及快捷菜单中选择"插入 ActiveX 对象…"选项命令，在如图 7-4 所示的"选择 ActiveX 对象"对话框中选择"创建控件"下拉选项，选择"Windows Media Player"ActiveX 控件，如图 7-16 所示。

（2）第（1）步骤设置完成后，单击"确定"按钮关闭该对话框，在前面板的"ActiveX 容器"控件中出现了一个"Windows Media Player"ActiveX 控件对象，如图 7-17 所示。

图 7-16　"选择 ActiveX 对象"对话框设置
"Windows Media Player"ActiveX 控件

图 7-17　"Windows Media Player"ActiveX
控件对象嵌入"ActiveX 容器"

（3）右击图 7-17 中"Windows Media Player"ActiveX 控件对象嵌入的"ActiveX 容器"，在弹出的快捷菜单中选择"属性浏览器…"，可以查看"Windows Media Player"ActiveX 控件对象相对应的属性，如图 7-18 所示。

（4）切换到程序框图的设计窗口下，从如图 7-6 所示的"ActiveX"函数选板中选择"调

用节点（ActiveX）"函数节点，将"Windows Media Player"ActiveX 控件容器接线端口与
"调用节点（ActiveX）"函数节点的输入接线端口"引用"端相连接，然后右击该函数节点，
在弹出的快捷菜单中选择"选择方法"命令选项，从中选择"openPlayer"方法选项，如
图 7-19 所示。

图 7-18　"Windows Media Player"ActiveX 控件对象的属性浏览器

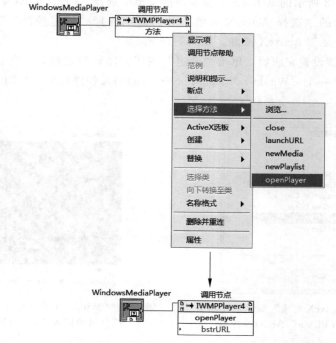

图 7-19　"调用节点（ActiveX）"函数节点的"选择方法"端口

（5）在图 7-19 中的"调用节点（ActiveX）"函数节点的输入端口"bstrURL"端设置
连接指向要播放文件名字的路径即可。在该实例的编程实现过程中采用"默认目录"路径
的形式。设置"默认目录"路径的基本操作如下。

在编程设计该实例之前，首先设置 LabVIEW 的返回"默认目录"的路径。"默认目录"是在没有指定特定保存位置时，LabVIEW 自动保存信息的目录。可在选项对话框中设置默认目录。具体操作是在 LabVIEW 2017 的前面板或程序框图的菜单栏中选择"工具"→"选项…"，在弹出的"选项"对话框中，再次选择"路径"，在对话框右边一栏中通过下拉菜单选择"默认目录 *"，用户设置完成后，单击"确定"按钮，即可完成返回默认目录的路径的设置，如图 7-20 所示。

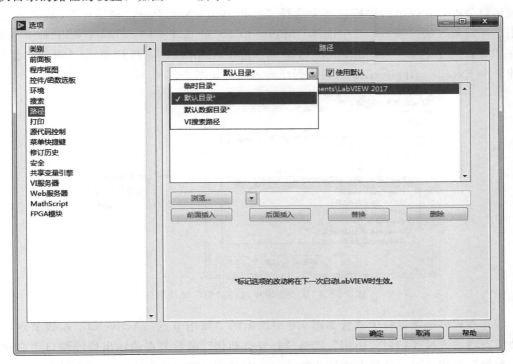

图 7-20　"默认目录 *"设置对话框

本例将返回默认的路径设置为 LabVIEW 2017 的安装目录，即"… \ National Instruments \ LabVIEW 2017 \"，同时在该目录下创建一个名为"work"的文件夹，用于存放需要 LabVIEW 返回默认目录路径的文件。

本实例中要播放的文件可参考本书配套文件中"第 7 章 \ Windows. wav"的音乐文件，将"Windows. wav"文件复制到返回默认目录的路径下，即"… \ National Instruments \ LabVIEW 2017 \ work \ Windows. wav"。

编写程序完成后，单击运行，此 VI 运行即可播放所指向目录路径的音乐。实现该例程的前面板和程序框图如图 7-21 所示。

通过例 7.1.1 用户可以发现，若要通过编程访问 ActiveX 容器中对象的属性或方法，则需要通过属性节点和方法节点。通过 ActiveX 容器，用户不

图 7-21　ActiveX 容器调用"Windows Media Player" ActiveX 控件

再需要通过"打开自动化"函数节点或"关闭引用"函数节点来打开或关闭 ActiveX 对象的引用。用户能直接将 ActiveX 容器与属性节点或方法节点连接来访问其属性或方法。但是如果该 ActiveX 容器的属性或方法会返回其他的自动化引用时，那么必须通过"关闭引用"函数节点来关闭它。

【例 7.1.2】ActiveX 函数中"打开自动化"函数节点应用。完成该例程的主要步骤如下。

（1）在新建 VI 的程序框图窗口中放置图 7-6 中所示的"打开自动化"函数节点，右击该函数节点，在弹出的快捷菜单中选择"选择 ActiveX 类"→"浏览…"，从"从类型库中选择对象"的"类型库"中选择"Microsoft Excel 11.0 Object Library Version 1.5"，并在"对象"中选择"Application（Excel.Application.11）"，然后单击"确定"按钮，创建一个 Excel. _ Application 的应用程序输入端，如图 7-22 所示。

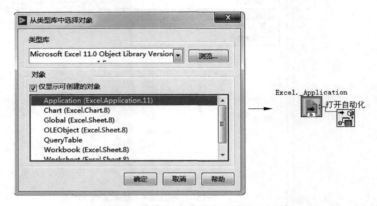

图 7-22 "从类型库中选择对象"对话框

（2）在程序框图窗口中放置如图 7-6 中所示的"调用节点（ActiveX）"函数节点，该函数节点的输入接线端口"引用"端与"打开自动化"函数节点的输出接线端口"自动化引用句柄"端相连接。然后右击该函数节点，在弹出的快捷菜单中选择"选择方法"命令选项，从中选择"ActivateMicrosoftApp"方法选项，创建一个可以选择微软应用程序的控件，如图 7-23 所示。

（3）在图 7-23 中的"调用节点（ActiveX）"函数节点的输入接线端口"Index"端创建一个输入控件，以选择应用程序，如图 7-24 所示。

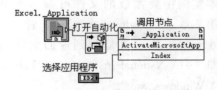

图 7-23 "ActivateMicrosoftApp"方法　　　图 7-24 创建"应用程序选择"控件

（4）在程序框图窗口中放置如图 7-6 中所示的"关闭引用"函数节点，同时为程序创建错误显示机制。

（5）完成连线操作，运行 VI。用户可以通过前面板上的"选择应用程序"选择相应的微软应用程序，程序运行后，系统会自动打开相应的微软应用程序，如果计算机中没有安装相应的微软应用程序，则 LabVIEW 会提示报错信息。

实现该例程的前面板和程序框图如图 7-25 所示。

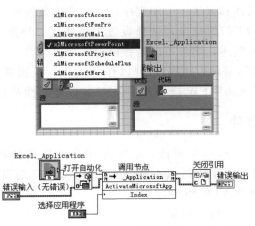

图 7-25　ActiveX 函数中"打开自动化"函数节点应用

7.1.5　LabVIEW 作为 ActiveX 服务器

通过前面的内容已经知道，从其他应用程序通过 ActiveX 调用可以访问 LabVIEW 应用程序、VI 和控件属性及其方法。其他支持 ActiveX 的应用程序如 Microsoft Excel，可以通过 LabVIEW 申请属性、方法和单独的 VI，此时 LabVIEW 是作为一个 ActiveX 服务器。

在使用 LabVIEW 作为 ActiveX 服务器之前，首先要进行一定的系统设置。启动 LabVIEW 2017 后，通过前面板或程序框图的菜单栏中选择"工具"→"选项..."，在弹出的"选项"对话框中，再次选择"VI 服务器"，在右端显示的"VI 服务器"中设置选项，如图 7-26 所示。

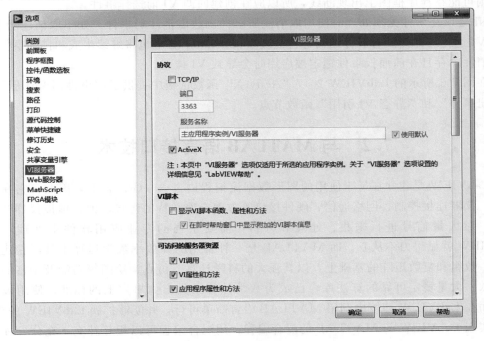

图 7-26　"VI 服务器"设置对话框

用户在图 7-26 中必须勾选"ActiveX"复选框，在下方的"可访问的服务器资源"中选择允许 VI 调用、VI 属性和方法、应用程序属性和方法及控件属性和方法。另外，用户可以通过鼠标滑动右边的下拉滚动条，选择设置机器访问、导出 VI 和对用户访问"允许访问"的权限。这里不再赘述，用户可以自行设置实现。

只有完成以上设置后，LabVIEW 才可以作为 ActiveX 服务器，其他应用程序通过 ActiveX 调用就可以访问 LabVIEW 应用程序、VI 和控件属性及其方法等。

7.1.6　ActiveX 事件

要在应用程序中使用 ActiveX 事件，必须先注册该事件并在事件发生时处理事件。ActiveX 事件注册与动态事件注册类似。但 ActiveX 事件 VI 与事件处理 VI 的架构不同。以下是典型的 ActiveX 事件 VI 的组件。

（1）需要产生事件的 ActiveX 对象。

（2）事件回调注册函数用于指定和注册需生成事件的类型。

（3）回调 VI 包含用户自己编写的处理指定事件的代码。

可以产生和处理容器中 ActiveX 对象的事件或使用 ActiveX 引用句柄所指定的事件。例如，可以从一个 ActiveX 容器调用基于 Windows 的树形控件，并指定在该树形控件中的选项上产生双击事件。

与注册事件函数类似，事件回调注册节点是一个可以处理多个事件的可扩展节点，将一个 ActiveX 对象的引用连接到事件回调注册函数，并指定该对象产生的事件，这样就注册了 ActiveX 对象的事件。在注册该事件以后，创建一个回调 VI，其中包含用户编写的处理该事件的代码。不同的事件具有不同的事件数据格式，如果在创建回调 VI 后修改事件，则可能在程序框图上出现断线，所以应在创建回调 VI 前选择事件。

NI 建议在事件无须处理时使用取消注册事件函数取消注册事件。如不取消注册事件，只要 VI 运行，即使没有事件结构等待处理事件，LabVIEW 也将继续生成和排列事件，这不但消耗内存且在前面板事件锁定被启用时会导致 VI 挂起。

在图 7-6 所示的 LabVIEW 2017 "ActiveX"函数选板中提供了"事件回调注册""取消注册事件"和"静态 VI 引用"函数节点。

7.2　与 MATLAB 语言接口技术

LabVIEW 是建立在易于使用的图形数据流编程语言——G 语言上，因此，它在界面开发、仪器连接控制、网络通信、硬件接口等方面有着独特的优势，但在虚拟仪器开发过程中，对大量信号进行采集、处理和分析，需要很强的专业应用软件来处理，此时 LabVIEW 就显得力不从心。而 MATLAB 是一种常用的高效率数学运算工具，它建立在向量、数组和复数矩阵的基础上，以其强大的科学计算、仿真、绘图等功能及丰富的工具箱函数、大量稳定可靠的算法库，已成为数学计算工具方面事实上的标准，使用极其方便。而在 LabVIEW 环境中调用 MATLAB 语言简单可行，并能够扩展 LabVIEW 的功能。因此实现 LabVIEW 与 MATLAB 的混合编程，用混合编程可以相互补充，充分发挥两者的优势，充分解决开发过程中界面设计、仪器连接和数值分析计算等问题，这样会大大减少用户的编程工作量，提高编程效率，可以快速开发功能强大的智能化虚拟仪器。

本书第 3.8 节中已经详细讲述了 MathScript 节点的知识。一般来说，通过 MathScript 节点处理一般的数学分析与信号处理是足够的，LabVIEW 内置了一个 MathScript RT 模块引擎，用于解释和运行用户使用 MathScript 节点创建的基于 LabVIEW MathScript 语法的脚本，加载以 LabVIEW MathScript 语法或其他文本编程语言语法编写的脚本，编辑已创建或加载的脚本，调用 MathScript RT 模块引擎处理 MathScript 和其他脚本。

MathScript 节点内建于 LabVIEW，可处理大多数在 MATLAB 或兼容环境中创建的文本脚本，因此，用户不需要安装 MATLAB 软件也可以正常运行这些代码，可以使用内建的 600 多个数学分析与信号处理函数。

但读者要注意的是，MathScript RT 模块引擎并不支持 MATLAB 提供的所有函数。某些现有脚本中的函数可能不受支持，对于这些函数，可使用公式节点或其他脚本节点。所以，不是所有的文本脚本均有 MathScript 支持。另外在涉及更具体复杂的领域，如神经网络分析、图形处理、小波变换、复杂混沌分析等方面，则需要结合 MATLAB 来实现。

LabVIEW 与流行的数值分析软件 MATLAB 之间就存在这样的接口方法，即 MATLAB 脚本节点，使得用户既可以将 m 程序文件导入程序框图中，又可以在程序框图中根据程序的语法编辑 m 程序文件。

本节详细介绍 LabVIEW 与 MATLAB 语言的混合编程接口技术，包括 LabVIEW 与 MATLAB 脚本节点的接口技术及使用 LabVIEW 中 ActiveX 函数与 MATLAB 的接口技术，两种对 MATLAB 的调用方法都有自身的优势和不足，用户在开发一个大的复杂应用程序时，综合不同的应用要求，选择合适的方法可以显著提高程序的开发效率。

7.2.1　MATLAB 概述

MATLAB 是由美国 Math works 公司于 1984 年开发的一种功能强、效率高、可视化、简单易学的数学科学计算软件，它是基于矩阵运算的语言，其函数库包含了比较齐全的矩阵生成与运算的函数，因此编程简单。

MATLAB 软件包括基本部分和专业扩展部分。基本部分包括矩阵的运算和各种变换，代数和超越方程的求解，数据处理和傅里叶变换及数值积分等，可以满足绝大部分理工科计算的需要。而扩展部分称为工具箱（Toolbox），它实际上是用 MATLAB 的基本语句编写成的各种子程序集，用于解决某一方面的专门问题，或某一领域的新算法，如控制系统、模糊逻辑、神经网络、信号与系统、小波分析、混沌理论等。这些工具箱功能强大，使用方便，能大大简化求解的问题。

7.2.2　MATLAB 脚本节点在 LabVIEW 中的调用

脚本节点用于执行 LabVIEW 中基于文本的数学脚本。LabVIEW 支持调用第三方脚本服务器处理脚本的脚本节点，类似于公式节点。

LabVIEW 中提供了各种与其他应用程序进行相互调用的方法，如 ActiveX、DDE 等标准接口方式。虽然可以通过这些方式实现在 LabVIEW 中调用 MATLAB，但是过程相对烦琐。NI 公司为此提供了一种相对比较容易的方式，即 MATLAB 脚本节点方式，类似于 MathScript 节点的使用。通过这种方式，用户可以在 LabVIEW 中使用 MATLAB 强大的数值运算功能。

　　MATLAB 脚本节点位于"函数"选板→"数学"→"脚本与公式"→"脚本节点"子函数下，如图 7-27 所示。

图 7-27　MATLAB 脚本节点

　　LabVIEW 支持调用 MATLAB 脚本服务器等第三方脚本服务器处理脚本的脚本节点。在值的传递方面，脚本节点类似于公式节点。但是，脚本节点允许用户导入已有的文本脚本并在 LabVIEW 中通过调用第三方脚本服务器运行导入的脚本。右击脚本节点，在弹出的快捷菜单中选择"选择脚本服务器"，选中某个脚本服务器引擎，可改变 LabVIEW 与之通信的脚本服务器引擎。

　　值得用户注意的是，因为脚本节点会调用第三方提供的脚本服务器，所以计算机上必须装有第三方许可的软件才能确保有足够的权限调用相关服务器。因此，在 LabVIEW 2017 中使用 MATLAB 脚本节点时，计算机上必须装有合法的 MATLAB 6.5 或更高版本。运行含有 MATLAB 脚本节点的 VI 时，由于 MATLAB 脚本节点中的脚本完全是 MATLAB 的 m 文件，所以会启动 MATLAB 软件程序，并在 MATLAB 中执行脚本内容，其支持的函数由 MATLAB 提供，这一点与 MathScript 节点是不同的，MathScript 节点是在 LabVIEW 中执行，其支持的函数由 LabVIEW 提供。利用 MathScript 节点可以编写出与 MATLAB 风格相似的、基于 LabVIEW MathScript 语法的脚本代码，因此大部分 MathScript 节点的脚本都可以在 MATLAB 脚本节点中执行。

　　"MATLAB 脚本节点"的图标和端口如图 7-28 所示。

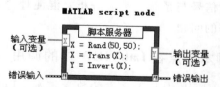

图 7-28　"MATLAB 脚本节点"的图标和端口

　　LabVIEW 使用 ActiveX 技术执行 MATLAB 脚本节点，因此，MATLAB 脚本节点仅可用于 Windows 平台。只能在 LabVIEW 完整版和专业版系统中创建脚本节点。如 VI 中包含脚本节点，且具有脚本节点调用的脚本服务器的必要许可证，可在所有 LabVIEW 软件包中运行该 VI。

用户在使用 MATLAB 脚本节点时必须为脚本节点上的输入和输出变量赋一个 LabVIEW 数据类型。具体操作为右键单击 MATLAB 脚本节点边框上的输入和输出变量，在弹出的快捷菜单中选择"选择数据类型"选项进行相应的操作。MATLAB 脚本节点可支持以下数据类型：Real，Complex，1-D Array of Real，1-D Array of Complex，2-D Array of Real，2-D Array of Complex，String 与 Path，必须根据具体情况进行选择，如表 7-1 所示。

表 7-1　LabVIEW 与 MATLAB 脚本节点数据类型对照表

LabVIEW 数据类型	图　标	MATLAB® 脚本节点数据类型
双精度浮点型	[DBL]	Real
双精度浮点复数	[CDB]	Complex
双精度浮点型一维数组	[DBL]	1-D Array of Real
双精度浮点复数一维数组	[CDB]	1-D Array of Complex
双精度浮点型多维数组	[DBL]	2-D Array of Real
双精度浮点型复数多维数组	[CDB]	2-D Array of Complex
字符串	[abc]	String
路径	[▱]	Path
字符串一维数组	[abc]	N/A

MATLAB 脚本节点和 MathScript 节点只按行处理一维数组输入。如需将一维数组的方向从行改为列，或从列改为行，应在对数组中的元素进行运算前将数组转置。转换 VI 和函数或字符串/数组/路径转换函数可将 LabVIEW 数据类型转换为 MATLAB 支持的数据类型。

读者可以参考下列步骤，创建并运行用 MATLAB 语言编写的脚本。

（1）在程序框图上放置 MATLAB 脚本节点。需要注意的是，只能在 LabVIEW 完整版和专业版系统中创建 MATLAB 脚本节点。但是所有 LabVIEW 版本中都能运行包含 MATLAB 脚本节点的 VI。

单击如图 7-27 所示的 MATLAB 脚本节点，并放置在程序框图窗口中，同时将脚本节点调整到所希望的大小。右击 MATLAB 脚本节点的边框，弹出快捷菜单，如图 7-29 所示。

（2）向 MATLAB 脚本节点输入脚本。有两种方法可以向脚本节点中输入 MATLAB 脚本。

① 用操作工具或标签工具按照 MATLAB 的语法要求在 MATLAB 脚本节点中输入以下脚本：

```
a = rand(50);
surf(a);
```

图 7-29　MATLAB 脚本
节点及快捷菜单

有时需要将 MATLAB 脚本保存为文本文件，这样以后可从 LabVIEW 中打开该文件，从而将 MATLAB 脚本导入 LabVIEW 中。保存 MATLAB 脚本的方法是输入程序后单击图 7-29 的快捷菜单中的"导出…"选项，打开"命名脚本"对话框，输入希望的新文件名称或选择要覆盖的现存文件，然后单击"确定"按钮，就可以将程序保存到指定的目录中。MATLAB 脚本文件是文本文件，尽管文本文件通常有.txt 扩展名，但 MATLAB文件使用.m 扩展名，这与 MATLAB 的 m 文件命名约定一致，将该文件命名为"M1.m"。

② 如果用户事先已经将 MATLAB 程序编写好，则可以直接将写好的脚本程序导入到节点中。方法是从图 7-29 的快捷菜单中选择"导入…"选项，从打开的"选择脚本"对话框中选择要导入的文件并且单击"确定"按钮，MATLAB 脚本文本将出现在脚本节点中。为了便于程序的调试，建议在导入脚本到 LabVIEW 之前，先在 MATLAB 环境内编写好并运行调试通过。

（3）添加输入和输出变量。MATLAB 脚本节点与外部的 LabVIEW 框图程序靠脚本节点的输入输出来连接，因此需要为 MATLAB 脚本节点添加输入或输出变量。添加输入或输出变量的方法是从图 7-29 的快捷菜单中选择"添加输入"或"添加输出"选项进行操作设置。当输入或输出变量出现在节点上以后，就可以给它们添加变量名，这些变量在程序运行时，起到在 LabVIEW 与 MATLAB 之间传递参数的作用。

针对以上的 MATLAB 脚本语言，用户在 MATLAB 脚本节点上添加一个输出端并为该输出端创建显示控件。

① 从图 7-29 的快捷菜单中选择"添加输出"选项；

② 在输出接线端输入 a，为脚本中的 a 变量添加一个输出端；

③ 确认输出端的数据类型，在 MATLAB 脚本节点中创建脚本时，必须使用该脚本支持的数据类型。在 MATLAB 脚本节点中，任何新输入或新输出的默认数据类型为 Real。右键单击 a 输出端，从快捷菜单中选择"选择数据类型"→"2-D Array of Real"选项，如图 7-30 所示。

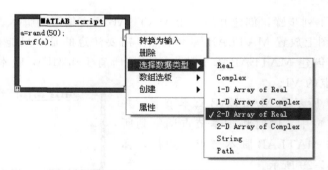

图 7-30　数据类型选择

④ 右击 a 输出端，在弹出的快捷菜单中选择"创建"→"显示控件"选项，创建一个标签为"2-D Array of Real"的二维数值数组显示控件。

（4）默认情况下，MATLAB 脚本节点分别为"错误输入"和"错误输出"参数设置了一个输入和一个输出。为了利用错误检查参数获取调试信息，建议在运行 VI 之前为MATLAB 脚本节点上的"错误输出"端子创建指示器，以观察运行时产生的错误信息。

右击"错误输出"输出接线端，在弹出的快捷菜单中选择"创建"→"显示控件"选项，创建一个标签为"错误输出"的显示控件。

（5）重新调整前面板上的"2-D Array of Real"显示控件，查看 VI 运行时脚本生成的数字。

（6）运行 VI。LabVIEW 通过调用 MATLAB 软件脚本服务器，创建一个随机值矩阵并在 MATLAB 软件中显示该矩阵（将信息绘制在图形上），同时在前面板上的"2-D Array of Real"显示控件中显示组成矩阵的值。

若用户调试用 MATLAB 语法编写的脚本。会发现脚本在 MATLAB 脚本节点中的执行方式与其在 MATLAB 软件环境中的执行方式相同。

【例 7.2.1】完成 7.2.2 节中 MATLAB 在 LabVIEW 中调用的基本步骤，创建一个随机值矩阵并在 MATLAB 软件中显示该矩阵（将信息绘制在图形上），同时在前面板上的"2-D Array of Real"显示控件中显示组成矩阵的值。实现该例程的前面板和程序框图如图 7-31 所示。

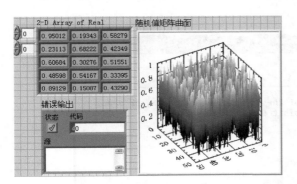

图 7-31　使用 MATLAB 脚本节点创建一个随机值矩阵

MATLAB 软件中绘制的该矩阵的图形如图 7-32 所示。

【例 7.2.2】使用 MATLAB 脚本节点完成例 3.8.1。在该例程中用户需要注意的是，在"添加输出"的变量 x 和 b 的数据类型均选择为"1-D Array of Real"。将 MATLAB 脚本节点编写的程序导出并将该文件命名为"M2.m"。实现该例程的前面板和程序框图如图 7-33 所示。

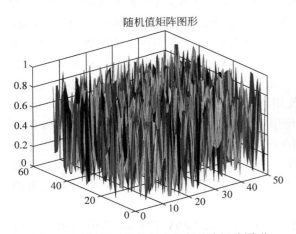
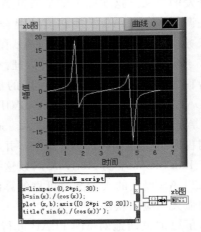

图 7-32　MATLAB 软件中绘制的该矩阵图形　　　图 7-33　使用 MATLAB 脚本节点完成例 3.8.1

MATLAB 软件中绘制的图形如图 7-34
所示。

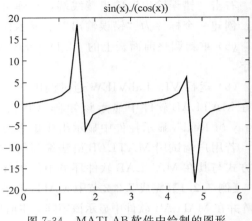

图 7-34   MATLAB 软件中绘制的图形

在前面两个实例中，读者可以发现使用
MATLAB 脚本节点编写的程序都比较简单。
在使用 MATLAB 语言编写 m 文件时，允许
调用子 m 文件。LabVIEW 中也可实现子 m
文件的调用，为了程序编写简单起见，可以
事先把编写好的子 m 文件放置在指定的默认
目录中，通过创建路径来实现子 m 文件的调
用，这里不再详述。

通过例 7.2.1 和例 7.2.2 可以发现，在
VI 程序运行时，MATLAB 命令窗口也随之
启动了，如图 7-35 所示。

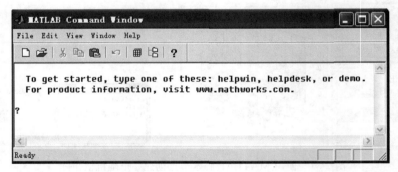

图 7-35   MATLAB 命令窗口

7.2.3   使用 ActiveX 函数与 MATLAB 接口

前面已经详细介绍了在 LabVIEW 2017 中通过 MATLAB 脚本节点来调用 MATLAB
语言开发的算法，这实际上就是通过 ActiveX 控件与 MATLAB 脚本服务器进行通信，用
该方法调用 MATLAB 实现它们的混合编程简单实用，但是不能脱离 MATLAB 的环境，
即在任务栏中将出现一个 MATLAB 图标，单击该图标会打开 MATLAB 命令窗口，如
图 7-35 所示，在该命令窗口中可以任意输入。MATLAB 只是在后台执行，通常，这会干
扰前台程序的运行，甚至造成程序的崩溃。当 MATLAB 脚本节点中的脚本执行完后，
MATLAB 也不能自动关闭。而 LabVIEW 使用 ActiveX 技术来实现 MATLAB 脚本节点。
MATLAB 支持 ActiveX 自动化技术。通过使用 MATLAB 自动化服务器功能，可以在其
他应用程序中执行 MATLAB 命令，并与 MATLAB 的工作空间进行数据交换。因此可以
借助于 LabVIEW 中的 ActiveX 函数这一特性，把 LabVIEW 与 MATLAB 结合，充分利
用 MATLAB 提供的大量高效可靠的算法和 LabVIEW 的图形化编程能力，混合开发出功
能更加强大的应用软件。

为了更加灵活地对 MATLAB 进行控制，用户可以在 LabVIEW 2017 中使用"引用
句柄"中的"自动化引用句柄"作为某个对象的唯一标识符，对象可以是文件、设备、

网络连接等。由于引用句柄是指向某一对象的临时指针，因此它仅在对象被打开时有效，一旦对象被关闭，LabVIEW 就会自动断开连接。为了获得对 MATLAB 更多的控制，可以在框图程序中使用 LabVIEW 提供的相关子 VI 创建和获取自动化对象，然后在代码中调用对象拥有的方法和属性。当不再需要对象时，可以随时释放。具体操作是在前面板窗口中，选择"控件"选板→"新式"→"引用句柄"→"自动化引用句柄"，如图 7-36 所示，将其放置在前面板窗口中，右击该控件，在弹出的快捷菜单中选择"选择 ActiveX 类"→"浏览…"，选择 MATLAB 提供的 Matlab Automation Server Type Library Version 1.0 中的 MLApp. DIMLApp ActiveX 自动化对象，如图 7-37 所示。

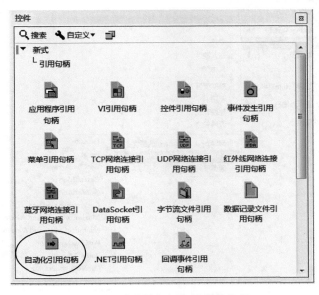

图 7-36　"引用句柄"子控件选板

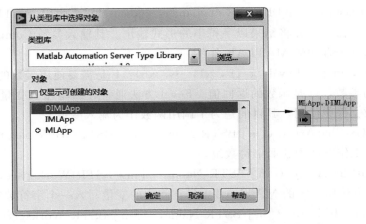

图 7-37　创建 MLApp. DIMLApp ActiveX 自动化对象

在程序框图窗口中会有与 MLApp. DIMLApp ActiveX 自动化对象相对应的图标，右击该图标，在弹出的快捷菜单中选择"创建"选项，可以看到"MLApp. DIMLApp 类的方法"和"MLApp. DIMLApp 类的属性"。LabVIEW 2017 可以调用 MATLAB 提供的 MLApp. DIMLApp ActiveX 自动化对象接口提供的 12 个方法和 1 个属性，如图 7-38 所示。

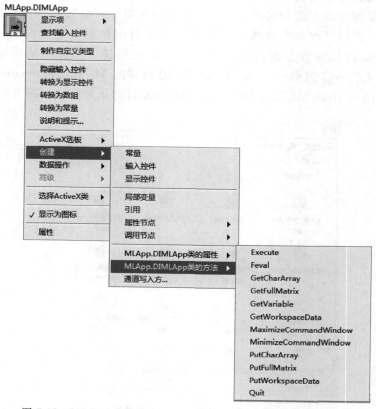

图 7-38   MLApp. DIMLApp ActiveX 自动化对象的方法和属性

（1）BSTR Execute（[in] BSTR Command）：Execute 方法调用 MATLAB 执行一个合法的 MATLAB 命令，并将结果以字符串的形式输出。其输入参数 Command 为字符串类型变量，表示一个合法的 MATLAB 命令。

（2）[y1, …, yn] = Feval_r（F, x1, …, xn）：F 是需要使用函数的函数名或者句柄；xi 是函数的参数，yi 是函数的返回值。Feval 方法通常在编写输入变量为函数名或者函数句柄的函数文件中使用，其目的是为了调用函数作为输入变量。

（3）BSTR GetCharArray（[in] BSTR Name，[in] BSTR Workspace）：此方法从指定的 MATLAB 工作空间中获取字符数组。

（4）void PutCharArray（[in] BSTR Name，[in] BSTR Workspace，[in] BSTR charArray）：此方法向指定的 MATLAB 工作空间中的变量写入一个字符数组。

（5）void GetFullMatrix（[in] BSTR Name，[in] BSTR Workspace，[in, out] SAFEARRAY（double）* pr，[in, out] SAFEARRAY（double）* pi）：LabVIEW 通过此方法从指定的 MATLAB 工作空间中获取一维或二维数组。Name 为数组名，Workspace 标识包含数组的工作空间，其默认值是"base"。pr 包含了所提取数组的实部，pi 包含了所提取数组的虚部，它们在 LabVIEW 中为变体数据类型。

（6）void PutFullMatrix（［in］BSTR Name，［in］BSTR Workspace，［in］SAFEARRAY（double）* pr，　［in］SAFEARRAY（double）* pi）：LabVIEW 通过此方法向指定的 MATLAB 工作空间中设置一维或二维数组。如果传送的数据为实数型，pi 也必须传送，不过其内容可以为空。

（7）void GetWorkspaceData（'dr'，'base'，LSC）：从 MATLAB 主工作区（用 base 代表）中获取名为 dr 的变量的值并赋给 LSC。

（8）void GetVariable（）：此方法是获取 LabVIEW 中的变体数据类型。

（9）void PutWorkspaceData（'Foo'，'base'，myVar）：此方法是向 MATLAB 主工作区（用 base 代表）中添加一个名为 Foo 的变量，其数据类型和值都与 myVar 相同。

（10）void MaximizeCommandWindow（）：此方法使 MATLAB 窗口最大化。

（11）void MinimizeCommandWindow（）：此方法使 MATLAB 窗口最小化。

（12）void Quit（）：用于 MATLAB 退出。

（13）属性 Visible：当 Visible 为 1 时，MATLAB 窗口显示在桌面上；当 Visible 为 0 时，隐藏 MATLAB 窗口。

【例 7.2.3】下面通过使用 ActiveX 函数来实现例 7.2.1。具体的步骤如下。

（1）首先利用图 7-6 所示的"ActiveX"子函数选板中的"打开自动化 . vi"函数，打开 MLApp. DIMLApp 对象引用，启动 MATLAB 自动化对象服务器。

（2）通过创建"MLApp. DIMLApp 类的属性"——Visible 属性，隐藏 MATLAB 编程环境界面。

（3）通过创建"MLApp. DIMLApp 类的方法"——Execute 方法，执行 m 脚本，向 MATLAB 传送指令，执行计算后的结果保存在数组 a 中。

（4）通过创建"MLApp. DIMLApp 类的方法"——GetFullMatrix 方法，从"base"工作空间中获取二维数组 a 的实部。值得用户注意的是，在此必须使用图 7-6 所示的"ActiveX"子函数选板中的"变体至数据转换 . vi"函数，将变体类型的输出转换为 LabVIEW 中的二维数组。

（5）通过创建"MLApp. DIMLApp 类的方法"——Quit 方法，退出 MATLAB，使用图 7-6 所示的"ActiveX"子函数选板中的"关闭引用 . vi"函数就会断开引用。

运行 VI 程序后，运行结果与例 7.2.1 完全一致，不同的是，MATLAB 一经启动，MATLAB 命令窗口立即消失，即不会出现 MATLAB 编程环境界面，计算结果返回到 LabVIEW 的前面板上和 MATLAB 的绘图显示。

实现该例程的前面板和程序框图如图 7-39 所示。

在 MATLAB 软件中绘制的该矩阵的图形与图 7-32 相同。在操作上不同的是当单击前面板的"停止"按钮时，此时在 MATLAB 软件中绘制的该矩阵的图形将自动关闭退出。

7.2.4　两种调用 MATLAB 方法的比较

本节前面详细介绍了 LabVIEW 与 MATLAB 脚本节点的接口技术及使用 LabVIEW 中 ActiveX 函数与 MATLAB 的接口技术两种调用 MATLAB 的方法，现将两种方法做一比较。

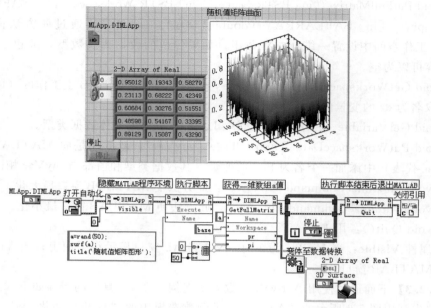

图 7-39　使用 ActiveX 函数与 MATLAB 接口创建一个随机值矩阵

1. MATLAB 脚本节点方法

MATLAB 脚本节点具有多输入、多输出的特点，一次处理的信息量可以很大。MATLAB 脚本可以先在 MATLAB 环境下调试，确认无误后再导入到 MATLAB 脚本节点中执行。MATLAB 脚本节点对输入、输出数据的类型有明确的要求，只有 LabVIEW 中的数据类型与 MATLAB 中的数据类型相匹配，才能进行数据传输。使用 MATLAB 脚本节点的方法方便简单，但不利于较大的应用程序开发。当需要使用时，可将其模块化，采用主程序动态加载。

用户在 LabVIEW 中调用 MATLAB 脚本节点时必须注意以下三点。

（1）LabVIEW 使用 ActiveX 技术来实现 MATLAB 脚本节点，因此 MATLAB 脚本节点只能用于 Windows 操作系统中。

（2）虽然在未安装 MATLAB 的计算机上也可以添加和编辑 MATLAB 脚本节点，但必须在安装 MATLAB 软件后才可以正常运行，否则 VI 运行时会报错。所以在 LabVIEW 2017 中使用 MATLAB 脚本节点时必须安装有合法许可的 MATLAB 6.5 或更高版本，因为执行脚本节点时要调用 MATLAB 脚本服务器。

（3）因为 LabVIEW 和 MATLAB 是两种不同的编程语言，有各自的数据类型定义，但 MATLAB 脚本节点的输入变量和输出变量可支持的数据类型包括实数、复数、一维实数数组、一维复数数值、二维实数数组、二维复数数组、字符串、路径等，必须根据具体情况进行选择。而这些数据类型基本与 LabVIEW 兼容，所以 LabVIEW 与 MATLAB 脚本节点结合应用时必须注意 MATLAB 脚本节点内外数据类型的匹配，否则 LabVIEW 运行时将产生错误或错误的信息。

2. ActiveX 函数方法

使用 ActiveX 函数的方法，具有对 MATLAB 更强的控制能力。用户编程可以随时打开和关闭 MATLAB，隐藏任务栏中的 MATLAB 图标和 MATLAB 命令窗口，与 MATLAB 进行字符数组传输，这些都是 MATLAB 脚本节点所不具有的功能。使用 ActiveX 函数时，经常会遇到数据类型的转换，尤其是变体与其他类型的转换。当调用大型算法时，必须明确输入、输出数据的具体类型，而且要尽量减少数据传输量和启动 MATLAB 自动化对象服务器的次数。ActiveX 函数适于较大的应用程序开发。

另外，用户在使用 LabVIEW 的顺序结构时，不建议使用 ActiveX 函数调用 MATLAB，原因是顺序结构妨碍了作为 LabVIEW 优点之一的程序并行运行机制，而且 MATLAB 自动化对象服务器启动也需要一定时间，这会使整个程序不能及时处理其他的用户操作。

总之，两种调用方法都有其自身优点和不足，在开发一个大的复杂应用程序时，用户应根据具体要求选择使用。

7.3　LabVIEW 对 Windows 库函数的调用

对大多数编程任务，LabVIEW 通常能产生高效率的代码。但 LabVIEW 也有不足之处，即不适于或不擅长完成大量数据处理的任务；不能进行系统调用实现底层操作（如访问物理地址）等。用户若在开发虚拟仪器系统过程中遇到此类问题，便可利用 LabVIEW 所提供的动态链接库（Dynamic Linkable Library，DLL）机制，将其自身无法或不易实现的任务通过能够或更适于完成此类任务的外部代码来实现。

LabVIEW 对 Windows 库函数的调用是利用"调用库函数节点（CLF 节点）"进行处理，即直接调用一个 Windows 动态链接库函数或 Windows 标准共享库函数，或具体至 Windows 的 API 函数进行底层操作，这一功能极大地扩展了 LabVIEW 的功能和应用范围，提高了程序的开发效率。

7.3.1　动态链接库（DLL）与 API 概述

1．动态链接库

动态链接库（DLL）从字面上看，它是一种"程序库"，是一个可执行、可以多方共享的程序模块，库内存放的是可供应用程序使用的函数、变量等。动态链接是一种应用程序在运行时与库文件连接的技术。

动态链接是与静态链接相对应而来的。所谓静态链接是指在生成应用程序时，库中的函数等都会被直接放入最终生成的可执行文件中，即成为可执行文件的一部分；而动态链接是指生成应用程序时，库中的函数等不会被复制到可执行文件中，它只是在程序中记录函数的入口点和接口，函数仍然保留在动态链接库内，仅当应用程序运行时，被装入链接到动态链接库中的函数和变量等内容，即应用程序与对应的动态链接库之间建立链接关系。动态链接库实际上是一个函数库，只在应用程序运行时动态链接库中的函数才被随时调用和连接。和静态链接库相比，动态链接库可以和其他应用程序共享库中的函数和资源，减少了因重复复制而造成的应用程序冗余。

动态链接库独立于编程语言，因此 LabVIEW 可以调用大多数语言编写生成的动态链接库。调用时，LabVIEW 所能支持的参数类型有通用数据类型（空类型、整型、字符型、浮点型）及其指针、字符串、数组。而静态链接库的局限性比较大，如 C 语言编写的静态链接库只能在 C 语言中使用，LabVIEW 无法调用。

NI 公司推荐用户使用动态链接库来共享基于文本编程语言开发的代码。除了共享或重复利用代码，用户还能利用动态链接库封装软件的功能模块，以便这些模块能被不同开发工具利用。在 LabVIEW 中使用动态链接库一般有以下几种途径。

（1）使用用户自行开发动态链接库中的函数。

（2）调用操作系统或硬件驱动供应商提供的 API。

对于第（1）种方法来说，又可以通过以下几个步骤来实现。

① 在 LabVIEW 中定义动态链接库原型；

② 生成 .C 或 .C++ 文件，完成实现函数功能的代码并为函数添加动态链接库导出声明；

③ 通过外部集成开发环境（如 C++，VC++）创建动态链接库项目并编译生成 .dll 文件；

④ 在 LabVIEW 项目中使用动态链接库中的函数。

自行开发动态链接库中的函数较为复杂，本节不作介绍，有兴趣的读者可以自行学习相关知识。本节主要讲述 LabVIEW 如何调用操作系统的 API。

2. API

系统除了协调应用程序的执行、内存的分配、系统资源的管理外，同时它也是一个很大的服务中心。调用这个服务中心的各种服务（每一种服务就是一个函数）可以帮助应用程序达到开启视窗、描绘图形和使用周边设备等目的，由于这些函数服务的对象是应用程序，所以称之为应用程序接口（Application Programming Interface，API），又称为应用编程接口。它其实是一些预先定义的函数，目的是提供应用程序或开发人员基于某软件或硬件的访问一组例程的能力，而又无须访问源码，或理解内部工作机制的细节。

API 是软件系统不同组成部分衔接的约定。由于近年来软件的规模日益庞大，常常需要把复杂的系统划分成小的组成部分，API 的设计十分重要。程序设计的实践中，API 的设计首先要使软件系统的职责得到合理划分。良好的设计可以降低系统各部分的相互依赖，提高组成单元的内聚性，降低组成单元间的耦合程度，进而提高系统的维护性和扩展性。

API 分为系统级 API（如 Windows、Linux、Unix 等系统的）及非操作系统级的自定义 API。作为一种有效的代码封装模式，Windows 的 API 开发模式已经被许多应用开发公司所借鉴，并已开发出商业应用系统的 API 函数，便于第三方进行功能扩展，如 Google、苹果电脑公司等开发的 API 等。下面将重点讲述 LabVIEW 如何调用 Windows API。

7.3.2　CIN 节点与 CLF 节点

1. CIN 节点

LabVIEW 2017 以前的版本中，提供了一种在 LabVIEW 中用来调用 C/C++ 语言代码的功能节点，称为代码接口节点（Code Interface Node），简称 CIN 节点，该节点与动态链接库的不同之处在于，它能够将代码集成在 VI 中作为单独的一个 VI 发布，而不需要多余的文件。另外，它提供了函数入口，可以根据用户提供的输入输出自动生成函数入口代码，从而使用户专注于代码功能而不用为函数声明、定义等语句费神。因此 CIN

节点与 DLL 在不同的场合有不同的优势，但是 CIN 节点的使用比调用 DLL 要复杂得多。

　　CIN 节点是位于 LabVIEW 框图程序窗口中的一个功能节点。用户可将需调用的外部代码编译成 LabVIEW 所能识别的格式后与此节点相连，当此节点执行时，LabVIEW 将自动调用与此节点相连的外部代码，并向 CIN 节点传递特定数据结构。使用 CIN 节点，用户可向 CIN 节点传递任意复合的数据结构。由于 LabVIEW 中数据的存储格式遵循了 C 语言中数据的存储格式，并且二者完全相同，所以通常情况下，用户可以向 CIN 节点传递任意复合的数据结构，使用 CIN 节点可以获得较高的程序效率。但 CIN 节点需要调用 .lsb 格式的文件，而 .lsb 格式文件的创建过程十分复杂。

　　CIN 节点直接从程序框图调用文本编程语言（如 C 语言）编写的代码。使用 CIN 节点可访问用另一种语言编写的算法，或 LabVIEW 不直接支持的某个特定平台的功能或硬件。CIN 节点为可扩展函数，可显示已连接的输入端和输出端的数据类型，与捆绑函数相似。可将任意数量的参数从外部代码输入或输出，每个参数可以是任意 LabVIEW 数据类型。LabVIEW 包含若干个例程库，以便不同的 LabVIEW 数据类型的使用。这些例程支持内存分配、文件操作和数据类型转换。

　　LabVIEW 2017 已不再支持 CIN 节点，可用调用库函数节点来替代。调用库函数节点可直接调用动态链接库或共享库函数。

2. CLF 节点

　　调用库函数节点（Call Library Function Node），简称 CLF 节点，用于调用外部动态链接库文件中的函数，一个配置好的 CLF 节点可以当作一个函数来使用，同样具有函数参数和返回值。CLF 节点位于"函数"选板→"互连接口"→"库与可执行程序"中，如图 7-40 所示。

图 7-40　调用库函数节点

　　CLF 节点提供了调用标准函数和用户自定义函数的通用方法，对于 LabVIEW 不支持的硬件设备大部分采用这种方法进行驱动。但是 CLF 节点也存在不足，使用中遇到最多的问题是参数类型不匹配。使用重写动态链接库的方法，一方面可以兼容旧函数库的参数类型，另一方面可以获得 LabVIEW 提供的高级函数库应用。

　　在 CLF 节点出现之前，LabVIEW 只能通过 CIN 节点调用 C 语言编写的函数。LabVIEW 2017 提供了 CLF 节点，用户可以不必再考虑使用 CIN 节点。CIN 节点不能调用动态链接库中的函数，只能调用按照特定方式编译的程序代码。相比之下，CLF 节点比 CIN 节点更为常用，CLF 节点配合其他 C 语言编译器基本上可以取代 CIN 节点，用户很少再使用 CIN 节点。所以本节只对 CLF 节点作详细介绍。

　　CLF 节点直接调用动态链接库或共享库。该函数为可扩展函数，可显示已连线的输入端和输出端的数据类型，与捆绑函数相似。其图标和接线端口如图 7-41 所示。

　　主要接线端口的解释如下。

- "路径输入"确定要调用的共享库的名称或路径。必须勾选调用库函数对话框的"在程序框图中指定路径"，才能在连线上显示该输入端。尽管可选择通过名称或

通过路径指定共享库，这些方法使用不同的
搜索共享库算法，因此，在独立的应用程序
中发布共享库时也就有不同的分支。确保选
择符合使用条件的正确方法。例如，必须通
过名称指定系统共享库，如 kernel32.dll。

图 7-41　"调用库函数节点"
函数的图标和接线端口

- "参数 1，…，n" 是库函数的范例输入
  参数。
- "路径输出" 返回调用 DLL 或共享库的路径。必须勾选调用库函数对话框的 "在
  程序框图中指定路径"，才能在连线上显示该输出端。
- "返回值" 是库函数的范例返回值。
- "参数 1，…，n 输出" 是库函数的范例输出参数。

该函数支持众多数据类型和调用规范，该节点可用于调用大多数标准或自定义动态链
接库或共享库中的函数。如需调用含有 ActiveX 对象的动态链接库，可使用打开自动化函
数与属性节点和调用节点，该函数由成对的输入端和输出端组成。接线端可单个使用，也
可成对使用。如节点未生成返回值，可不使用最顶部的接线端。除最顶部的一对接线端
外，其他每对接线端从上至下依次对应调用函数参数列表中的参数。连线左侧的接线端即
可为函数传递值。从右侧的接线端开始连线，可读取函数调用后参数的值。

7.3.3　调用 Windows API

前面内容已经讲述动态链接库的使用非常普遍，例如 Windows 操作系统提供给应用
程序调用的功能，就是以动态链接库的形式发布出来的。LabVIEW 中若需要使用某个系
统功能，即可通过调用 Windows 操作系统提供的 DLL 函数来完成。Windows 提供的完成
系统功能的函数被称为 Windows API。

Windows API 是一套用来控制 Windows 的各个部件的外观和行为的预先定义的
Windows 函数。用户的每个动作都会引发一个或几个函数的运行以告诉 Windows 发生了
什么。而其他的语言只是提供一种能自动而且更容易的访问 API 的方法。当用户单击窗体
上的一个按钮时，Windows 会发送一个消息给窗体，获取这个调用并经过分析后生成一个
特定事件。

WIN32 API 是 Windows 32 位平台的 API。API 函数包含在 Windows 系统目录下的
动态链接库文件中，即在 Windows 系统的 system32 文件夹下就可以看到 kernel32.dll、
user32.dll 等文件。凡是在 Windows 环境下执行的应用程序，都可以调用 Windows API。

【例 7.3.1】使用 CLF 节点调用 Windows API。本实例利用 Windows 系统目录下
user32.dll 库中的 API 函数 MessageBoxA() 来显示系统对话框，基本步骤如下。

（1）在新建 VI 的程序框图窗口中放置图 7-40 的 "调用库函数节点"，用户可双击节点
或右击节点，在弹出的快捷菜单中选择 "配置"，可显示调用库函数对话框，在该对话框
中为节点指定库名称或路径、函数名、调用规范、参数和返回值。单击 "确定" 按钮，节
点可自动调整大小，以包括数量正确的接线端并设置接线端为正确的数据类型。

（2）单击 "调用库函数" 对话框的 "函数" 选项卡，单击 "库名/路径" 框右侧的打
开文件按钮，选择 "C：\ Windows \ System32 \ user32.dll" 文件，此时，在 "函数名"

中就会显示 user32.dll 库中所包含的所有函数。本例选择"MessageBoxA"函数，用于显示标准 Windows 系统对话框。在右侧的"线程"中选择"在 UI 线程中运行"，"调用规范"中选择"stdcall（WINAPI）"，如图 7-42 所示。

图 7-42　"调用库函数"对话框的"函数"选项卡配置

（3）"MessageBoxA"函数的 C/C++ 原型为：

int MessageBoxA（HWND hWnd，LPCTSTR lpText，LPCTSTR lpCaption，UINT uType）；

各个参数含义如下。

- hWnd：创建消息框的父窗口的句柄，如果此参数为 Null，则消息框不与任何窗口关联。
- lpText：消息框中显示的字符串。
- lpCaption：消息框中的标题。
- uType：消息框中显示图标的类型和各种按钮的组合。

单击"调用库函数"对话框的"参数"选项卡，在右侧依次添加参数 return type、hWnd、lpText、lpCaption 和 uType，并设置"名称""类型""数据类型""传递"，然后依次添加设置"MessageBoxA"函数的参数。注意 HWND 对应 32 位整数类型，LPCTSTR 对应字符串类型，UINT 对应 32 位无符号整数类型，如图 7-43 所示。

（4）"调用库函数"对话框的"回调"选项卡用于指定调用方式，本例使用默认配置。所有配置完成后，单击"确定"按钮后，退出"调用库函数"对话框。

（5）根据实例要求完成程序设计，运行 VI。实现该例程的前面板和程序框图如图 7-44 所示。需要注意的是，在程序框图中的"调用库函数节点（CLF 节点）"的 hWnd 数据端口连接数值型数据"0"，表示消息框不与任何窗口关联；在 uType 数据端口连接数值型数据"579"，分别表示"是（Y）""否（N）"和"取消"按钮，并且"取消"按钮为默认。用户在弹出的消息框中选择不同的消息，其"return type"的值不同。

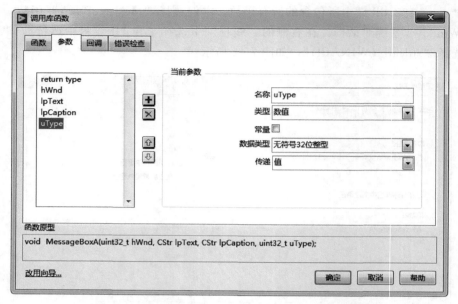

图 7-43 调用库函数对话框的"参数"选项卡配置

图 7-44 "调用库函数节点（CLF 节点）"调用 Windows API 函数实例

7.4 LabVIEW 对 DDE 函数的调用

动态数据交换（Dynamic Data Exchange，DDE），是 Window 操作系统下的应用程序之间的一种通信协议。使用 DDE 通信需要两个 Windows 应用程序，其中一个作为服务器程序处理信息，另外一个作为客户端程序从服务器获得信息。客户端应用程序向当前所激活的服务器应用程序发送一条请求信息，服务器应用程序根据该信息作出应答，从而实现两个程序之间的数据交换。客户端/服务器程序既是客户端程序又是服务器程序，所以既可以发出请求又可提供信息。

LabVIEW 2017 在默认安装的情况下，"函数"选板上并不包含 DDE 函数，用户需要通过手动安装才可以在"函数"选板的用户库中显示 DDE 函数。具体操作如下。

（1）在 LabVIEW 2017 的默认安装目录下找到 dde. lib 库文件，路径为："… \ National Instruments \ LabVIEW 2017 \ vi. lib \ Platform \ dde. lib"。

（2）将找到的 dde. lib 库文件复制到"… \ National Instruments \ LabVIEW 2017 \ user. lib"文件夹中即可。

（3）重新启动 LabVIEW 2017，在"函数"选板→"用户库"→Dynamic Data Exchange 下即可看到 DDE 函数，如图 7-45 所示。

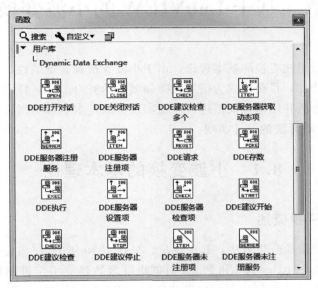

图 7-45　"DDE 函数"子选板

本节内容的介绍比较简单，无实例说明，有兴趣的读者可以自行学习掌握。

习　题

1. 什么是 ActiveX 技术、ActiveX 控件？使用 LabVIEW 中的 ActiveX 容器浏览 NI 官方网站（www.ni.com）。

2. 使用 ActiveX 函数并通过微软提供的文本朗读服务功能，编写程序完成让计算机朗读出"I Love LabVIEW 2017!"这句话。

3. 使用 MATLAB 脚本节点完成例 3.8.2，产生 logistic 混沌的相平面。

4. 使用"调用库函数节点（CLF 节点）"调用 Windows API 函数来获得本地计算机磁盘容量的相关信息。所需 Windows API 函数为 kernel32.dll 库中的 GetDiskFreeSpaceExA 函数。

5. 使用"MATLAB 脚本节点"实现求和运算。

第8章 基于 LabVIEW 的小波变换实现

本章将简单介绍小波变换的基本理论，由于小波变换具有低熵性、多分辨性、去相关性、选基灵活性等特性，目前已成为信号去噪领域内的有力工具，特别是在应用小波分析理论设计小波去噪方法并用虚拟仪器进行工程实现方面。本章以实例说明的方式讲解基于 LabVIEW 的小波去噪算法的设计实现。

8.1 小波变换的基本理论

8.1.1 小波变换概述

小波变换是一种变换分析方法，起源较早，早在 1910 年 Haar 就提出了小波规范正交基。20 世纪 30 年代，Littlewood 和 Paley 对傅里叶级数建立了二进制频率分量分组理论（L-P 理论）。1946 年 Gabor 提出加窗傅里叶变换（或称短时傅里叶变换）对弥补傅里叶变换的不足起到了一定的作用。后来 Calderon，Zygmund，Stein 和 Weiss 等将 L-P 理论推广到高维，并建立了奇异积分算子理论。1965 年，Calderon 给出了再生核公式，他的离散形式已接近小波展开，只是还无法得到一个正交系的结论。1974 年 J. Morlet 提出了小波分析的概念，并通过物理的直观和信号处理的实际需要建立了反演公式，J. O. Stromberg 还构造了历史上非常类似于现在的小波基等。但小波分析成为数学与信息科学中的重要分支之一是从 20 世纪 80 年代后期开始的。在 1986 年，Meyer 创造性地构造出具有一定衰减性的光滑函数 ψ，其二进伸缩和平移：

$$\{\psi_{j,k}(x) = 2^{\frac{j}{2}}\Psi(2^j x - k) \mid j,k \in Z\} \tag{8-1}$$

构成函数空间的一个标准正交基，使小波分析取得了突破性发展。继 Meyer 之后，Battle 和 Lemarie 分别与 1987 年和 1988 年独立地给出了具有指数衰减的小波函数。与此同时 Mallat 与 Meyer 合作，提出了多分辨分析的理论框架，统一了以前提出的各种具体小波的构造方法，更重要的是，基于多分辨分析框架，Mallat 提出了小波分解和重构的快速算法——Mallat 算法，由此实现了小波分析从数学到技术的转变，奠定了小波分析作为快速计算工具的地位。此后小波分析进入了蓬勃发展的阶段，小波分析在实际应用方面也得到了长足的发展，是泛函分析、傅里叶分析、样条分析、调和分析、数值分析最完美的结晶；在应用工程领域，特别是信号处理、图像处理、语音分析、模式识别、量子物理及众多非线性学科领域也得到应用，因此被认为是近年来在工具及方法上的重大突破。

8.1.2 从傅里叶变换到小波变换

本节将简单介绍傅里叶变换到小波变换的基本理论，由于小波变换的概念和理论中会涉及很多数学知识，有兴趣的用户可以自行参考小波变换的相关书籍进行学习，在此不再赘述。

1．傅里叶变换

在信号处理中，重要的方法之一是傅里叶变换，它架起了时间域和频率域之间的桥梁。傅里叶变换一直统治着线性时不变信号处理，最主要的原因是傅里叶变换所使用的正弦波 $e^{j\omega t}$ 是所有线性时不变算子的特征向量。设 f 是系统的输入，$f(t) \in L^1(R)$，函数 $f(t)$ 的连续傅里叶变换为：

$$F(\omega) = \int_{-\infty}^{+\infty} e^{-j\omega t} f(t) \mathrm{d}t \tag{8-2}$$

$F(\omega)$ 傅里叶逆变换定义为：

$$f(t) = \frac{1}{2\pi} \int_{-\infty}^{+\infty} e^{j\omega t} F(\omega) \mathrm{d}\omega \tag{8-3}$$

要计算傅里叶变换，需要用数值积分，即取 $f(t)$ 在 R 上的离散点上的值来计算这个积分。但在实际应用中，我们希望用计算机进行信号频谱分析及其他方面的处理工作，所以要求信号在时域和频域上是离散的，且为有限长。接下来简单介绍离散时间傅里叶变换（Discrete Fourier Transform，DFT）的定义。

给定实数或复数的离散时间序列 $f_0, f_1, \cdots, f_{N-1}$，设该序列绝对可和，即满足 $\sum_{n=0}^{N-1} |f_n| < \infty$，则序列 $\{f_n\}$ 的离散傅里叶变换为：

$$X(k) = F(f_n) = \sum_{n=0}^{N-1} f_n e^{-j\frac{2\pi k}{N}n} \quad k = 0, 1, \cdots, N-1 \tag{8-4}$$

序列 $\{X(k)\}$ 的离散傅里叶变换（IDFT）为：

$$f_n = \frac{1}{N} \sum_{k=0}^{N-1} X(k) e^{j\frac{2\pi}{N}n} \quad n = 0, 1, \cdots, N-1 \tag{8-5}$$

在式（8-5）中，n 是对时间域的离散化，k 是对频率域的离散化，且它们都是以 N 点为周期的。离散傅里叶变换序列 $\{X(k)\}$ 是以 2π 为周期，且具有共轭对称性。从物理意义上讲，傅里叶变换的实质是把 $f(t)$ 波形分解成许多不同频率的正弦波的叠加和，这样就可以从时域转换到频域实现对信号的分析。

虽然傅里叶变换能够将信号的时域特征和频域特征联系起来，但只能从信号的时域和频域分别观察，不能将二者结合起来。这是因为信号时域波形中不包含任何频域信息，而其傅里叶谱是信号的统计特性，它是信号在整个时域内的积分，没有局部化分析信号的功能，所以不具备时域信息。这样信号分析中的一对矛盾产生了：时域和频域的局部化矛盾。

2．短时傅里叶变换

1）短时傅里叶变换的定义

用傅里叶变换对非平稳信号进行分析，不能提供完全的信息，也即通过傅里叶变换，虽然可以知道信号所含有的频率信息，但不能知道这些频率信息究竟出现在哪些时间段上。可见，若要提取局部时间段的频域特征信息，傅里叶变换显得不太实用。

为了克服傅里叶分析的局限性，使其对非平稳信号也能作较好的分析，可以研究信号在局部范围的频率特征，1946 年 Gabor 提出了加窗傅里叶变换（STFT）。其基本思想是取一个光滑的函数 $g(t)$ 作为窗函数，它在有限的区间外恒等于 0 或很快地趋近于 0，例如，可取 $g(t)$ 在区

间 $[-\Delta+\delta,\Delta-\delta]$ 上恒等于 1，而在区间 $[\Delta-\delta,\Delta+\delta]$ 及 $[-\Delta-\delta,-\Delta-\delta]$ 上光滑地由 1 变成 0。用 $g(t-\tau)$ 与待分析函数相乘，然后再进行傅里叶变化：

$$G_f(\omega,t) = \int_R f(t)g(t-\tau)\mathrm{e}^{-\mathrm{j}\omega t}\,\mathrm{d}t = \langle f(t) \cdot g'_{\omega,\tau}(t) \rangle \tag{8-6}$$

其中

$$g'_{\omega,\tau}(t) = \overline{g(t-\tau)\mathrm{e}^{-\mathrm{j}\omega t}} = g(t-\tau)\mathrm{e}^{\mathrm{j}\omega t} \tag{8-7}$$

短时傅里叶变换把信号划分成许多小的时间间隔，用傅里叶变换分析每一个时间间隔，以便确定该时间间隔存在的频率。

2）短时傅里叶变换的时间——频率局部化特征

如果选取的窗口函数在时域和频域都具有良好的局部性质（如成指数衰减的高斯函数），此时短时傅里叶变换能够同时在时域和频域内提取关于信号的精确信息。由此可见，短时傅里叶变换在一定程度上克服了标准傅里叶变换不具有局部分析能力的缺陷，所以在通信理论中发挥过一定的作用。

但是短时傅里叶变换存在其固有的局限，其时间频率窗口是固定不变的，一旦窗口函数 $g(t)$ 选定，其时频分辨率也就确定了，并且若想提高时间分辨率，就要把窗口缩窄，但这样势必会降低频率分辨率。由 Heisenberg 测不准原理可知，不可能在时间和频率上均有任意高的频率，因为时间和频率的最高分辨率受下式的制约：

$$\Delta\omega \cdot \Delta t \geqslant \frac{1}{4\pi} \tag{8-8}$$

式中 $\Delta\omega$ 和 Δt 分别表示频率域和实践域的窗口宽度。这表明任一方分辨率的提高都意味着另一方分辨率的降低。

上述的分析表明，短时傅里叶变换问题的症结在于使用了固定的窗口，而对时间时变信号的分析需要时频窗口具有自适应性，对于高频谱的信息，时间间隔相对地小，以给出较高的精度；对于低频谱的信息，时间间隔相对地大，以给出完全的信息。

3. 小波变换

小波变换的概念是 1984 年法国物理学家 J. Morlet 在分析处理地球物理勘探资料时提出来的。小波变换的数学基础是 19 世纪的傅里叶变换，其后理论物理学家 A. Grossman 采用平移和伸缩不变性建立了小波变换的理论体系。1985 年法国数学家 Y. Meyer 第一个构造出具有衰减性的光滑小波。1988 年比利时数学家 I. Daubechies 证明了紧支撑正交标准小波基的存在性，使得离散小波分析成为可能，1989 年 S. Mallat 提出了多分辨率分析概念，统一了在此之前的各种构造小波的方法，特别是提出了二进小波变换的快速算法，使得小波变换完全走向实用性。

小波分析方法是一种窗口大小（面积）固定但其形状可改变，时间窗和频率窗都可改变的时频局域化分析方法，即在低频部分具有较高的频率分辨率和较低的时间分辨率，在高频部分具有较高的时间分辨率和较低的频率分辨率，所以被誉为数学显微镜。正是这种特性，使小波变换具有对信号的自适应性。

小波又称子波，子波分析的基本思想是用一族函数去表示或逼近某一信号或函数，这一族称为子波函数系（基），它是通过一基本子波函数的不同尺度的平移和伸缩构成的。若将基本小波函数记作 $\psi_{a,\tau}(t)$，伸缩平移因子分别为 a 和 τ：

$$\psi_{a,\tau}(t) = \frac{1}{\sqrt{|a|}}\psi\left(\frac{t-\tau}{a}\right), a,\tau \in R, a \neq 0 \tag{8-9}$$

函数 $\psi(t) \in L^2(R)$，并且满足

$$C_h = \int_R \frac{H^2(\omega)}{|\omega|} \mathrm{d}\omega < \infty \text{和} \int_R \psi(t)\mathrm{d}t = 0 \qquad (8\text{-}10)$$

式中 $H(\omega)$ 是 $h(x)$ 的傅里叶变换，函数 $f(x) \in L^2(R)$ 的连续小波变换是：

$$W_f(a,b) = \int_R f(t)\,\bar{\psi}_{a,\tau}(t)\mathrm{d}t = \frac{1}{\sqrt{|a|}}\int f(t)\bar{\psi}\left(\frac{t-\tau}{a}\right)\mathrm{d}t \qquad (8\text{-}11)$$

其中 $\bar{\psi}(t)$ 是 $\psi(t)$ 的共轭函数。

从式（8-11）可以看出，子波就是一个满足条件的函数经过伸缩和平移而得到的一簇函数。在数字信号处理当中，一般将 a、τ 离散化，构成离散小波变换。一般对尺度因子 a 和平移参数 b 进行如下的离散化：

$$a = a_0^m \qquad a_0 > 0, m \in Z \qquad (8\text{-}12)$$

$$b = nb_0 a_0^m \qquad b \in R, n \in Z \qquad (8\text{-}13)$$

则小波 $\psi_{a,b}(t)$ 变为：

$$\psi_{m,n}(t) = a_0^{-m/2}(a_0^{-m}t - nb_0) \qquad (8\text{-}14)$$

离散小波变换定义为：

$$DWT = \int_R f(t)\psi_{m,n}(t)\mathrm{d}t \qquad (8\text{-}15)$$

写成内积形式为：

$$DWT_{a,b} = \langle f(t), \psi_{m,n}(t)\rangle \quad m, n \in Z \qquad (8\text{-}16)$$

小波变换对不同的频率在时域上的取样步长是可调的，即在低频时小波变换的时间分辨率较低，而频率分辨率较高；在高频时小波变换的时间分辨率高，而频率分辨率低，这正符合低频信号变化缓慢而高频信号变化迅速的特点。这便是它优于经典的傅里叶变换和短时傅里叶变换的地方，从总体上来说，小波变换比短时傅里叶变换具有更好的时频窗口特性。由此可见，小波变换具有低熵性、多分辨性、去相关性、选基灵活性。

8.1.3 常用的小波函数

划分小波函数类型的标准通常有支撑长度、对称性、正则性和消失矩阶数。常用到的小波函数包括 Haar 小波、Daubechies（dbN）小波系、Biorthogonal（biorNr. Nd）小波系、Coiflet（coifN）小波系、SymletsA（symN）小波系、Morlet（morl）小波、Mexican-Hat（mexh）小波和 Merer 小波。

对于函数 $\Psi(t) \in L^2(R)$，若满足相容性条件 $\int_{-\infty}^{+\infty} \Psi(t)\mathrm{d}t = 0$，称为小波函数或基小波，它通过平移和缩放产生的一个函数族 $\Psi_{a,b}(t)$：

$$\Psi_{a,b}(t) = \frac{1}{\sqrt{a}}\Psi\left(\frac{t-b}{a}\right) \qquad (8\text{-}17)$$

称为由小波基 $\Psi(t)$ 生成的依赖参数 a、b 的分析小波或连续小波，其中 a 为尺度因子，b 为平移因子。

1. Harr 小波

Harr 小波是 A. Haar 在 20 世纪初构造的第一个小波基函数，它是最简单、最紧支撑的小波函数，定义如下：

$$\psi(x) = \begin{cases} 1 & 0 \leqslant x < 1/2 \\ -1 & 1/2 \leqslant x < 1 \\ 0 & \text{其他} \end{cases} \qquad (8\text{-}18)$$

这是一种简单的正交小波，即 $\int_{-\infty}^{\infty} \psi(t)\psi(x-n)\mathrm{d}x = 0 \quad n = \pm 1, \pm 2, \cdots$ 如图 8-1 所示。

Haar 小波是 $N = 1$ 的 Daubechies 小波。其优点在于它是一种紧支集的正交小波，且它的变换形式简单，易于实现，计算速度快，适合于对脉冲信号进行高速实时检测的场合。它的缺点是不连续。在频域上函数的简单矩形截断造成了大量泄漏，因而频域局部性差，这使它的许多实际应用受到限制。但由于结构简单，所以常用于理论研究中。

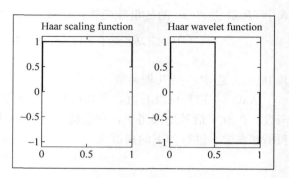

图 8-1　Haar 小波

2. Daubechies（dbN）小波

Daubechies 小波是由世界上著名的小波分析学者 Inrid Daubechies 构造的小波函数，该小波是 Daubechies 从两尺度方程系数 $\{h_k\}$ 出发设计出来的离散正交小波。一般写为 dbN，N 是小波阶数。小波 ψ 和尺度函数 ϕ 中的支撑区为 $2N-1$。ψ 的消失矩为 N。除 $N = 1$ 外（Haar 小波），dbN 不具对称性（即非线性相位）。dbN 没有显式表达式（除 $N = 1$ 外）。但 $\{h_k\}$ 的传递函数的模的平方有显式表达式。

令 $P(y) = \sum_{k=0}^{N-1} C_k^{N-1+k} y^k$，其中 C_k^{N-1+k} 为二项式系数。则

$$|m_0(\omega)|^2 = \left(\cos^2 \frac{\omega}{2}\right)^N P\left(\sin^2 \frac{\omega}{2}\right) \text{ 而 } m_0(\omega) = \frac{1}{\sqrt{2}} \sum_{k=0}^{2N-1} h_k e^{-jk\omega} \text{ 是 } \{h_k\} \text{ 的传递函数。}$$

Daubechies 大多不具有对称性，正则性随着序号 N 的增加而增加，支撑宽度为 $2N-1$，滤波器长度是 $2N$，可以提供一种有限长的更实际、更具体的数字滤波器。但是它有着不可避免的缺点，尺度函数的支集长度与光滑性是矛盾的，N 越小，支集越短，时域局部性越好，但光滑性越差。Daubechies 小波如图 8-2 所示。

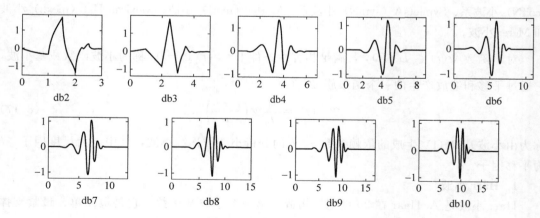

图 8-2　Daubechies 小波

3. Symlet 小波

Symlet 小波是近似对称的小波函数，它是对 dbN 小波修正得到的。Symlet 小波性质

与 dbN 相似，具有共同的性质。Symlet 小波在保持极大简单性的同时，可以增强其对称性。Symlet 小波如图 8-3 所示。

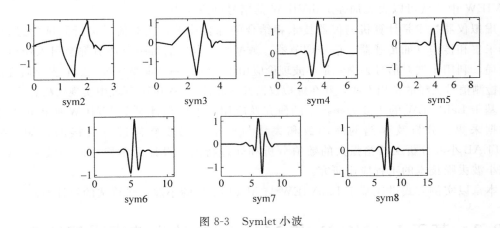

图 8-3　Symlet 小波

4．Coiflet（coifN）小波

Daubechies 构造了 Coiflet 小波，其小波 ψ 的 $2N$ 阶矩为零，小波函数的消失矩数为 $2N$，尺度函数的消失矩数为 $2N-1$。ψ 和 Φ 的支撑宽度为 $6N-1$，过滤器长度为 $6N$。Coiflet 小波的 ψ 和 ϕ 比 dbN 小波更接近对称性。Coiflet 小波如图 8-4 所示。

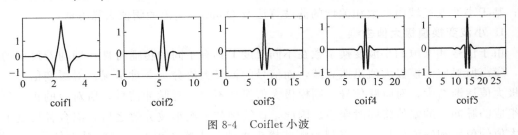

图 8-4　Coiflet 小波

5．其他小波

如 Meyer 小波、Morlet 小波及 Mexico 小波等。

8.2　在 LabVIEW 中实现小波变换

NI 公司提供了一个高级信号处理工具包，该工具包内包含有联合时-频分析、精细谱分析、小波分析等，用户可以向 NI 公司购买该软件工具包。对于没有该工具包的用户，也可以通过 LabVIEW 环境自行设计或借助于 MATLAB 语言的小波函数工具箱（Wavelet Toolbox）来设计实现小波变换的应用程序。

尽管 LabVIEW 中提供了一些信息处理功能函数，但 MATLAB 软件特别擅长数值分析和处理，所以在 LabVIEW 中调用 MATLAB 是一种较好的解决方法，即使用 MATLAB 脚本节点的方式。通过这种方式，用户可以在 LabVIEW 中使用 MATLAB 强大的数值运算功能。该部分知识已经在第 7 章相关部分作了详细介绍，读者可以自行参考。

MATLAB 小波函数工具箱提供了许多小波分析功能函数，包括小波分析中的通用函数、小波函数、一维小波变换、二维小波变换、小波包算法及在信号和图像的消噪与压缩、树操作应用函数、数据 I/O 函数等。用户把 MATLAB 小波函数工具箱用到 LabVIEW 中，就可以大大加强 LabVIEW 的信号处理能力。

虚拟仪器技术是计算机与仪器技术相结合的综合技术，在对信号进行测试的过程中，数据采集和传输（如传感器、信号调节器、数据采集卡）的每一个环节都会引入噪声并向后传递，利用小波对信号去噪，是小波理论应用于实际的一个重要方面。本节主要研究用于一维检测信号去噪的常用方法，并在虚拟仪器开发软件 LabVIEW 环境中实现去噪算法。

基于 LabVIEW 的小波去噪技术的研究及应用，主要是针对 LabVIEW 所提供的丰富的数据采集、分析及存储的库函数和大量与外部代码或软件进行链接的机制，结合 MATLAB 小波分析工具箱强大的数值分析和处理特点，设计简单快速的小波去噪算法，实现小波去噪技术的工程应用研究。

本章以实例方式讲述基于 LabVIEW 与 MATLAB 的小波去噪算法的设计实现。

8.3　基于 LabVIEW 与 MATLAB 的小波去噪算法实现

8.3.1　小波去噪方法概述

小波去噪的算法可以分为 3 类，即 Mallat 提出的基于小波变换模极大值原理的去噪方法；基于小波变换域内系数相关性的滤波算法及 Donoho 提出的阈值去噪方法。

1. 小波变换模极大值去噪

由于信号和噪声的小波变换系数在不同尺度上具有不同的传播特性，即随着尺度的增大，噪声所对应的模极大值迅速衰减，而信号的模极大值分为 3 种情况：对缓变信号，则模极大值逐渐增大；对阶跃信号，则模极大值保持不变；对脉冲信号，所对应的正、负极值组成的脉冲对的幅值将同时变小。因此，连续做若干次小波分解之后，综合各尺度上模极大值的位置和幅值信息，可以判断哪些模极大值是由噪声引起，哪些是由信号产生的。剔除那些由噪声所引起的模极大值，再由剩余的模极大值重构信号，从而实现去噪的目的。

2. 小波变换尺度间相关性的去噪

信号与噪声的小波变换模极大值在不同尺度下具有不同的传播特性，即（有效）信号的小波变换模极大值随着尺度的增大而增加，噪声的小波变换模极大随着尺度的增大而减小，根据这一事实，小波变换模极大去噪方法通过区分各尺度下信号的模极大与噪声的模极大，也就是利用小波变换模极大直接检测信号的边缘，实现去噪。

信号与噪声的小波变换在各尺度下的不同传播特性表明，信号的小波变换在各尺度间有较强的相关性，而且在边缘处具有很强的相关性，而噪声的小波变换在各尺度间却没有明显的相关性，而且，噪声的小波变换主要集中在小尺度各层次中，该含噪信号中不仅包含表示边缘信息的阶梯形边界，而且也包含了高斯分布的白噪声。可以看出，边缘点在各尺度上都有很好的局部化，而噪声仅集中在几个小的尺度上。

根据信号与噪声的小波变换在不同尺度间的上述特点，可以通过将相邻尺度的小波系数直接相乘来增强信号，抑制噪声。由于噪声主要分布在小尺度上，所以这种现象在小尺度上非常明显。基于这一观察，人们提出了利用小波变换相关性区分信号与噪声来完成去噪的方法，简称 SSNF（SPNiaIIy SeIectZve Noise FillrmioM）方法。

定义 $Cor(j,n) = W_{2^j} f(n) \cdot W_{2^{j+1}} f(n)$ 为尺度 j（或 2^j）上 n 点处的相关系数。令 $W_{2^j} f(n) = W(j,n)$，则 $Cor(j,n) = W(j,n) \cdot W(j+1,n)$

定义 $NCor(j,n) = Cor(j,n) \sqrt{PW(j)/PCor(j)}$ 为 $Cor(j,n)$ 的规范化相关系数，其中：$PW(j) = \sum_n W(j,n)^2$；$PCor(j) = \sum_n Cor(j,n)^2$ 分别表示对应尺度 j 的小波系数与相关系数的能量。显然，在尺度 j 下，小波系数 $\{W(j,n)\}_n$ 与规范化相关系数具有相同的能量，这为它们之间提供了可比性。

相关性去噪方法去噪效果相对而言比较稳定，在分析信号边缘方面占有优势，不足之处在于算法计算量较大，而且需要顾及噪声方差。

3. 小波阈值收缩法去噪

小波阈值收缩法去噪的主要理论依据是，小波变换特别是正交小波变换具有很强的去数据相关性，它能够使信号的能量集中在小波域中的一些大的小波系数中；而噪声的能量却分布于整个小波域内，因此，经小波分解后，信号的小波系数幅值要大于噪声的系数幅值，可以认为，幅值比较大的小波系数一般以信号为主，而幅值比较小的系数在很大程度上是噪声。于是，采用阈值的办法可以把信号系数保留，而使大部分噪声系数减少为零。

小波阈值收缩法去噪的具体处理过程为：将含噪信号在各尺度上进行小波分解，保留大尺度低分辨率下的全部小波系数；对于各尺度高分辨率下的小波系数，可以设定一个阈值，幅值低于该阈值的小波系数置为零，高于该阈值的小波系数或者完整保留，或者做相应的"收缩（shrinkage）"处理。最后将处理后获得的小波系数利用逆小波变换进行重构，恢复出有效的信号。

在本节实例中，主要针对高斯白噪声研究小波阈值去噪算法。

8.3.2　小波去噪算法的 LabVIEW 实现

小波变换是继傅里叶变换后的一重大突破，它是一种窗口面积恒定、时间域窗口和频率域窗口均可改变的时频局域化分析方法，它具有这样的特性：在低频段具有较高的频率分辨率及较低的时间分辨率，在高频段具有较高的时间分辨率及较低的频率分辨率，实现了时频窗口的自适应变化，具有时频分析局域性。将小波变换用于信号去噪，它能在去噪的同时而不损坏信号的突变部分。

小波去噪的基本思想是根据噪声与信号在各尺度（频带）上的小波谱具有不同表现这一特点，将各尺度上由噪声产生的小波谱分量，特别是将那些噪声小波谱占主导地位的尺度上的噪声小波谱分量去掉，保留下来的就是原信号的小波谱，此过程为小波的重构或还原。然后利用小波变换重构算法，重构出原信号。由此可知小波去噪的关键是如何滤去由噪声产生的小波谱分量。

若含有噪声的一维信号可以表示成如下形式：

$$s(i) = f(i) + e(i), \qquad i = 0,1,\cdots,n-1 \tag{8-19}$$

其中 $f(i)$ 为有用信号；$e(i)$ 为噪声，$s(i)$ 为含噪声的信号。对 $s(i)$ 进行去噪的目的就是要抑制信号中的噪声部分，从而在 $s(i)$ 中恢复原始信号。在实际工程中，有用信号通常表现为低频信号或一些比较平稳的信号，而噪声信号通常则表现为高频信号。

小波阈值去噪算法，有以下四种阈值方案。

（1）"rigrsure"是一种基于史坦的无偏似然估计（二次方程）原理的自适应阈值选择。对给定的一个阈值，得到它的似然估计，再将非似然阈值最小化，就得到所选的阈值，它是一种软阈值估计器。

（2）"sqtwolog"所采用的是一种固定的阈值形式，产生的阈值为 sqrt(2 * log(length(X)))。

（3）"heursure"是前两种阈值的综合，所选择的是最优预测变量阈值。如果信噪比很小，按无偏似然估计处理；如果信噪比较大，在这种情况下，就需采用固定阈值形式。

（4）"minimaxi"也是一种固定的阈值选择形式，它所产生的是一个最小均方差的极值，而不是无误差。在统计学上，这种极值原理常用来设计估计器。因为被降噪的信号可以看成是与未知回归函数的估计值相似，这种极值估计器可在给定的函数中实现最大均方误差最小化。

LabVIEW 中小波去噪的设计思路及原理框图如图 8-5 所示。

图 8-5　LabVIEW 中小波去噪原理框图

【例 8.3.1】小波阈值去噪算法在 LabVIEW 中的实现。该实例使用 LabVIEW 2017 中 MATLAB 脚本节点。实例方案为 LabVIEW 通过数据采集或仿真生成含有噪声的信号，通过仪器前面板设置信号处理的参数，将参数通过 LabVIEW 与 MATLAB 的接口传递给 MATLAB 的小波分析功能函数 wden，完成去噪处理，并将提取出来的信号显示出来。本实例信号是一个包含高斯白噪声的正弦信号，噪声的标准偏差为 1。在 MATLAB 脚本节点中编写小波去噪程序，即调用了 MATLAB 的 WaveletToolbox 中的小波去噪函数 wden 函数，它是最主要的一维小波消噪函数，然后通过 LabVIEW 使用 MATLAB 脚本节点来链接使用 MATLAB 脚本程序。

通过四种阈值方案小波去噪及信噪比和均方根误差（RMSE）的计算验证了阈值选取对去噪效果的影响。读者可以通过小波去噪算法与传统去噪算法的效果对比验证小波算法的优势，并通过小波分解层数在 LabVIEW 中的调整探索其对信噪比（SNR）的影响。

为了更加精确地表示去噪效果，可以计算四种阈值去噪后信号的信噪比和均方根误差。设原信号为 $x(n)$，去噪后的信号为 $x(n)'$，则信噪比的定义为：

$$SNR = 10\log\left[\frac{\sum_n x(n)^2}{\sum_n [x(n) - x(n)']^2}\right] \tag{8-20}$$

$$RMSE = \sqrt{\frac{1}{n}\sum_{n}\left[x(n)-x(n)'\right]^2} \qquad (8\text{-}21)$$

信噪比越高，均方根误差越小，去噪信号就越接近原始信号，去噪效果越好。

均方根误差和信噪比的计算 VI 可参考本书配套文件"第 8 章 \ RMSE.vi"和"… \ 第 8 章 \ SNR.vi"中的例程。四种阈值方法小波去噪的 MATLAB 程序可参考本书配套文件中"第 8 章 \ denoise.m"的 m 文件。

实现该例程的前面板和程序框图如图 8-6 所示。图 8-6 中给出了使用四种阈值方法小波去噪的效果图及四种阈值去噪后信号的信噪比和均方根误差。

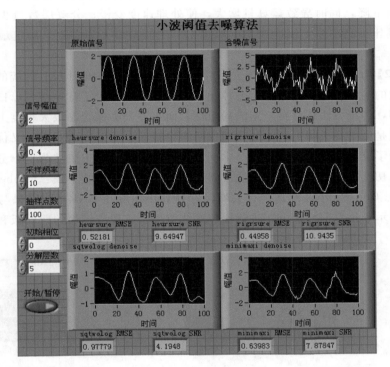

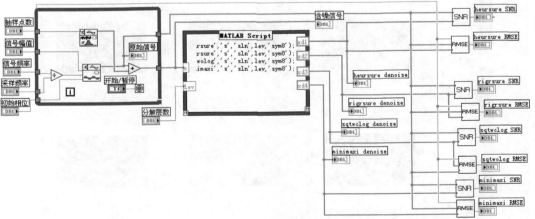

图 8-6　小波阈值去噪算法在 LabVIEW 中的实现

　　在本实例中小波的分解层数设置为 5 层，用户可以通过前面板参数的设置来观察去噪的效果。选择小波去噪层数的多少与去噪质量密切相关，去噪层数过少影响去噪效果，而去噪层数过多，又会使信号产生失真。一般来说，当小波去噪分解层数逐渐增加时，信噪比先是会有明显上涨，然后维持在一个比较稳定的值上，甚至会有一定程度的回落，而且小波分解层数越高，信号处理的过程就越长，这点从 LabVIEW 程序的运行中可以看出。在实际的小波去噪过程中，不同信号、不同信噪比下都存在一个去噪效果最好或接近最好的分解层数，分解层数对于去噪效果的影响很大，通常分解层数过多，并且对所有的各层小波空间的系数都进行阈值处理会造成信号的信息丢失严重，去噪后的信噪比反而下降，同时导致运算量增大，使处理速度变慢；分解层数过少则去噪效果不理想，信噪比提高不多，因此在实际应用中，主要是靠人为实践来确定最佳小波分解层数。

　　【例 8.3.2】 小波去噪算法及传统去噪算法在 LabVIEW 中的比较。传统的去噪方法是将被噪声干扰的信号通过一个滤波器滤掉噪声频率成分，但对于脉冲信号、白噪声、非平稳过程信号等，传统方法还存在一定的局限性。而小波去噪尽管在很大程度上可以看成低通滤波，但是由于在去噪后还能成功地保留图像特性，所以在这一点上又优于传统的低通滤波器。为了突出小波去噪的优势，本例以含均匀白噪声的正弦波为例，分别使用巴特沃斯滤波器、切比雪夫滤波器、椭圆滤波器和三种常见一维连续小波：Daubenchies 小波、Symlets 小波、Coiflets 小波对其进行去噪，并计算出信噪比 SNR，将结果与小波去噪后的结果同步显示于仪器前面板上，进行比较滤波效果。实现该例程的前面板和程序框图如图 8-7 所示。

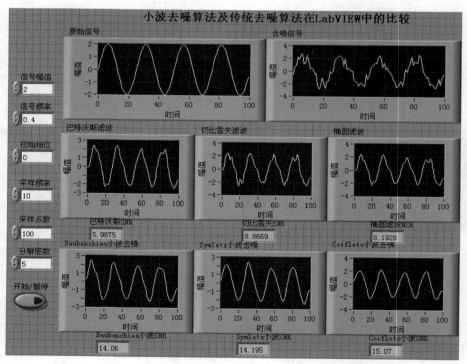

图 8-7　小波去噪算法及传统去噪算法在 LabVIEW 中的比较

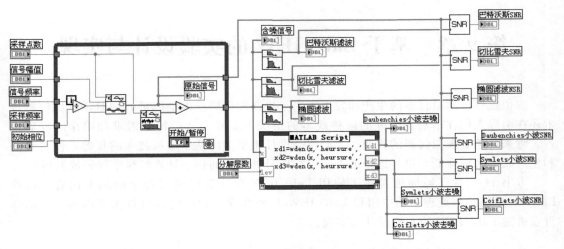

图 8-7　小波去噪算法及传统去噪算法在 LabVIEW 中的比较（续）

从图 8-7 中可以明显看出，小波去噪的去噪性能要优于频域滤波器的去噪性能。

习　　题

1. 简述小波变换的基本理论。
2. 常用的小波函数有哪些？
3. 了解在 LabVIEW 中小波变换的应用及其实现。

第 9 章　基于 LabVIEW 的实验设计与实现

　　虚拟仪器技术给仪器的生产和发展带来了生产和科研成本的降低，同时，虚拟仪器技术还在引导人们在不增加额外的硬件成本的情况下，开发适应特殊需求和用途的仪器设备。将来，随着虚拟仪器的普及，人们将会设计出更多的基于虚拟技术的仪器，使得科研和生产成本大幅降低，更好地帮助人们进行信号处理、通信、计算机科学等领域的研究。

　　本书 1～8 章已经详细讲述了使用 LabVIEW 软件进行编写程序的基本内容，以及 LabVIEW 在信号处理中的应用和 LabVIEW 与外部程序软件的接口技术等内容。本章将重点讲述 LabVIEW 的实验设计与实现。

9.1　项目一：子 VI 的创建与调用——虚拟温度测量仪的设计与数据显示分析实验

一、实验目的

　　（1）创建一个 VI 程序模拟温度测量仪；
　　（2）以图表方式显示数据并使用分析功能子程序；
　　（3）学会正确使用 VI 和子 VI。

二、实验设备

　　计算机、LabVIEW 2017 编程环境。

三、实验原理

　　虚拟仪器是在以通用计算机为核心的硬件平台上，由用户设计定义，具有虚拟面板，测试功能由测试软件实现的一种计算机仪器系统。虚拟仪器是以特定的软件支持取代相应功能的电子线路，用计算机完成传统仪器硬件的一部分乃至全部功能，它是以具备控制、处理分析能力的软件为核心的软仪器。使用者在操作这台计算机时，就像在操作一台自己设计的仪器。利用 LabVIEW 软件可以实现 VI 的设计。

　　本实验是创建一个 VI 程序模拟温度测量。假设传感器输出电压与温度成正比，例如，当温度为 70℉时，传感器输出电压为 0.7V。本实验也可以用摄氏温度来代替华氏温度显示。本实验用软件代替了 DAQ 数据采集卡。在新建 VI 的程序设计窗口下，在"函数选版"→"编程"→"数值"中，选择"随机数（0 到 1）"来仿真电压测量，然后把所测得的电压值转换成摄氏或华氏温度读数，并利用温度计 VI，为其创建图标和连接器，作为子 VI 再创建一个 VI 程序，进行温度测量，在数据采集过程中，实时地显示数据。当采集过程结束后，在图表上画出数据波形，并算出最大值、最小值和平均值。检测温度是否超出范围，当温度超出上限时，前面板上的 LED 将点亮，并且有一个蜂鸣器发声。

四、实验内容与步骤

实验内容如下：

（1）任务 1：仿真温度检测。

（2）任务 2：温度计数值转换。

（3）任务 3：温度信号的实时图形显示和分析报警。

子 VI 的创建与调用——虚拟温度测量仪的设计与数据显示分析实验，主要实现步骤如下：

（1）创建一个 VI 程序模拟温度测量，设计完成的前面板和程序框图如图 9-1 所示，对温度数值要求同时以数字显示，完成后以"温度计.vi"保存此 VI。

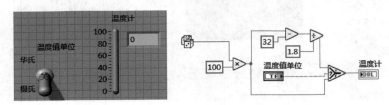

图 9-1　温度计程序设计前面板和程序框图

（2）打开 VI 程序"温度计.vi"，为其创建图标和连接器，以作为子 VI 使用。

（3）设置连接器端子连接模式，将端子连接到温度计（详细内容见 2.1.4 节）。

① 单击前面板右上角的图标面板，从弹出菜单中选择显示连线板功能。LabVIEW 将会根据控制和显示的数量选择一种连接器端口模式。在本例中，只有两个端口，一个是开关，另一个是温度指示。

② 把连接器端口定义给开关和温度指示。

③ 使用连线工具，在左边的连接器端口框内按鼠标键，则端口将会变黑。再单击开关控制件，一个闪烁的虚线框将包围住该开关。

④ 现在再单击右边的连接器端口框，使它变黑。再单击温度指示部件，一个闪烁的虚线框将包围住温度指示部件，这表示右边的连接器端口对应温度指示部件的数据输入。

⑤ 如果再单击空白处，则虚线框将消失，而前面所选择的连接器端口将变暗，表示已经将对象部件定义到各个连接器端口。

LabVIEW 的惯例是前面板上控制的连接器端口放在图标的接线面板的左边，而显示的连接器端口放在图标的接线面板的右边。也就是说，图标的左边为输入端口，右边为输出端口。

（4）完成后以"温度计-子 VI.vi"保存此 VI。

该程序已经编写完成，它可以在其他程序中作为子程序来调用，在其他程序的框图窗口里，该温度计程序用前面创建的图标来表示。连接器端口的输入端用于选择温度单位，输出端用于输出温度值。

（5）打开一个新的前面板窗口，在里面放一个垂直遥杆开关（在"新式"→"布尔"选板中），给该开关标注为"Enable"。可以用该开关来开始/停止数据采集，并按图 9-2 所示完成前面板的设计，在"温度趋势图"中显示实时采集的数据。采集过程结束后，在"温度记录图"中显示数据曲线，同时显示出温度的平均值、最大值和最小值。"高限"表示温度上限值。"报警指示灯"和"当前温度状态值"用来表示温度是否超限。当运行程序时，程序将会尽可能快地运行。但如果需要以一定的时间间隔，例如一秒钟一次或者一分钟一次来采集数据，可使用"等待下一个整数倍毫秒"功能（在"函数"→"编程"→"定时"选板中）来满足上述条件。该功能模块可以保证循环间隔时间不少于指定的毫秒数。本实验使用该功能，加上时间常数数值，将其设置为 50。

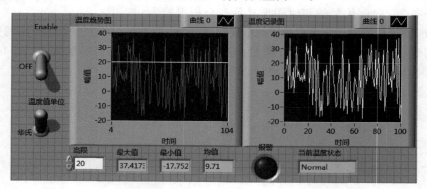

图 9-2　虚拟温度测量仪设计前面板

（6）按照图 9-3 编写框图程序。根据其输入端的数值，来决定执行哪一个条件程序。如果"温度计-子 VI. vi"子程序返回的温度值大于高限数值，将执行"真"程序，反之则执行"假"程序。

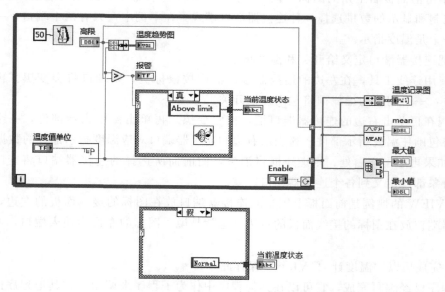

图 9-3　虚拟温度测量仪设计程序框图

五、实验小结与思考

（1）本节实验详细设计可见参考本书配套文件中"第 9 章 \ 例 9.1 子 VI 的创建与调用——虚拟温度测量仪的设计与数据显示分析实验"文件夹中的程序。

（2）在创建子 VI 时应当注意哪些要点？

9.2　项目二：LabVIEW 的 MathScript 窗口和 MathScript 节点的使用实验

一、实验目的

掌握 LabVIEW 的 MathScript 窗口和 MathScript 节点的使用。

二、实验设备

计算机、LabVIEW 2017 编程环境以及 MathScript 工具包。

三、实验原理

本部分具体实验原理可参考本书 3.8 节相关内容。

四、实验内容与步骤

实验内容如下：

(1) 任务 1：从 LabVIEW MathScript 窗口调用用户自定义函数。

(2) 任务 2：MathScript 节点的使用——对带噪声的正弦信号进行傅里叶频谱分析。

【任务 1】从 LabVIEW MathScript 窗口调用用户自定义函数。

在 LabVIEW 2017 的工具菜单下单击 MathScript 窗口选项，打开 MathScript 窗口。在脚本选项卡中，逐条输入下面一段 .m 脚本程序，如图 9-4 所示，运行结果如图 9-5 所示。

```
% part(1)
a = [1, -1, 0.9];b = 1;
x = impseq(0, -20,120);n = -20:120;
h = filter(b,a,x);
subplot(2,1,1);stem(n,h);axis([-20,120,-1.1,1.1])
title('Impulse Response');xlabel('n');ylabel('h(n)');line([-20 120],[0 0])

% impseq.m 自定义函数文件应该放在 LabVIEW Data 目录下
function[x,n] = impseq(n0,n1,n2)
if((n0 < n1)|(n1 > n2))
error('arguments must satisfy n1 <= n0 <= n2')
end
n = [n1:n2];
x = [(n - n0) == 0];

% part(2)
x = stepseq(0, -20,120);n = -20:120;
s = filter(b,a,x);
subplot(2,1,2);stem(n,s);axis([-20,120,-.5,2.5])
title('Step Response');xlabel('n');ylabel('s(n)');line([-20 120],[0 0])

% stepseq.m 自定义函数文件应该放在 LabVIEW Data 目录下
function[x,n] = stepseq(n0,n1,n2)
if((n0 < n1)|(n0 > n2)|(n1 > n2))
```

```
error('arguments must satisfy n1 <= n0 <= n2')
end
n = [n1:n2];
x = [(n − n0)> = 0];
```

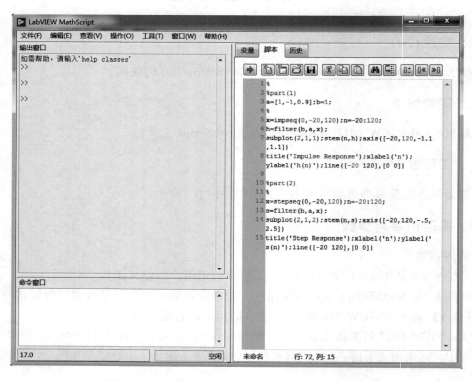

图 9-4　LabVIEW MathScript 调用用户自定义函数

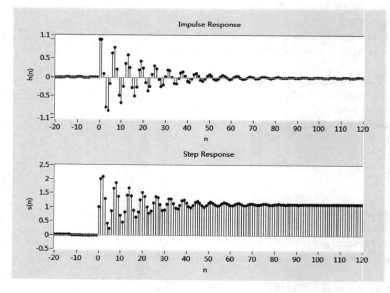

图 9-5　Impulse Response 图和 Step Response 图

【**任务 2**】MathScript 节点的使用——对带噪声的正弦信号进行傅里叶频谱分析。

将 MathScript 节点放置在程序框图后，可以直接编写 .m 文本数学程序的脚本，也可以右击 MathScript 的节点边缘并选择"导入…"菜单项，将已经编写好的 .m 文件导入，如图 9-6 所示，本实验脚本如下。

```
num = 1000;
S = s1 + s2;
filt = fft(S);
filt = abs(filt);
filt = (filt(1:num/2))/(num/2);
```

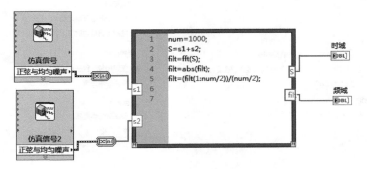

图 9-6　通过 MathScript 节点实现信号采集与分析程序框图

程序中 s1 和 s2 为两个模拟的带噪声的正弦信号，filt 为频谱分析结果。两个模拟的带噪声的正弦信号 s1 和 s2 的配置图如图 9-7 和图 9-8 所示。

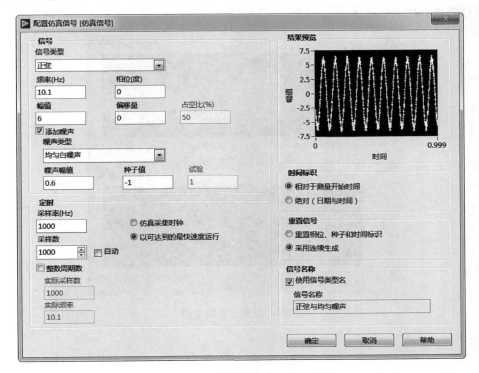

图 9-7　s1 仿真信号配置图

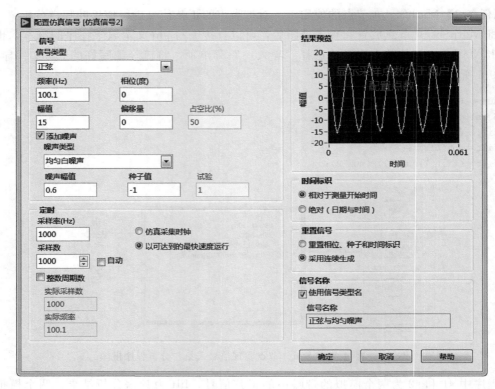

图 9-8　s2 仿真信号配置图

运行结果如图 9-9 所示。

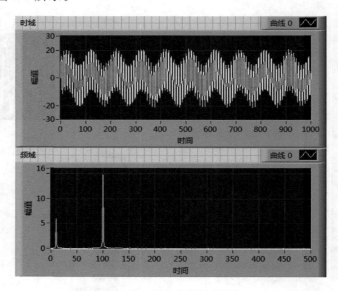

图 9-9　频谱分析结果图

五、实验小结与思考

（1）本节实验详细设计可参考本书配套文件中"第 9 章 \ 例 9.2 LabVIEW 的 MathScript 窗口和 MathScript 节点的使用实验"文件夹中的程序。

（2）LabVIEW 的 MathScript 窗口和 MathScript 节点的使用有哪些优点？

（3）LabVIEW MathScript 窗口调用用户自定义函数时，注意用户自定义函数要保存在 LabVIEW Data 目录下。

9.3　项目三：信号的分析与处理实验

一、实验目的

学会使用并掌握 LabVIEW 中的频谱分析（FFT）。

二、实验设备

计算机、LabVIEW 2017 编程环境。

三、实验原理

本部分具体实验原理可参考第 4 章相关内容。

四、实验内容与步骤

实验内容如下：

（1）任务 1：双边 FFT。

（2）任务 2：单边 FFT。

建立一个使用 LabVIEW 中的频谱分析的 VI。主要实现步骤如下。

（1）启动 LabVIEW 2017 软件，新建一个 VI。

（2）在前面板中，在"控件"选板→"新式"→"图形"中选择两个"波形图"控件，设置它们的标签分别为"时域信号序列"和"频谱"。

（3）在前面板中，在"控件"选板→"新式"→"数值"中选择"数值输入控件"，选择 3 个该控件分别命名为"频率""采样频率"和"样本数"。

（4）在新建 VI 的程序设计窗口下，进行如下设置并创建程序框图。

① 在"函数"选板→"信号处理"→"波形生成"中，选择"正弦波形 . vi"函数。

② 在"函数"选板→"簇、类与变体"中，放置两个"捆绑"函数。

③ 在"函数"选板→"编程"→"波形"中，选择"获取波形成分"函数。

④ 在"函数"选板→"编程"→"数组"中，选择"数组大小"函数。

⑤ 在"函数"选板→"信号处理"→"变换"中，选择"FFT. vi"函数。

⑥ 在"函数"选板→"编程"→"数值"→"复数"中，选择"复数至极坐标转换"函数。

⑦ 在"函数"选板→"编程"→"数值"中，选择两个"除"函数。

⑧ 将各个控件和函数拖放到合适位置进行连线编程，完成后将该 VI 保存为"9.3 双

边 FFT.vi"，程序框图如图 9-10 所示。

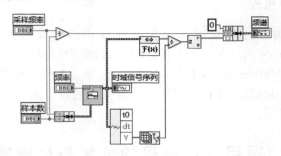

图 9-10　双边 FFT 程序设计框图

（5）调试和运行。选择频率为 10 Hz，采样率为 100 Hz，样本数为 100，运行该 VI。注意此时的时域图和频谱图。

（6）检查频谱图可以看到有两个波峰，一个位于 10 Hz，另一个位于 90 Hz，90 Hz 处的波峰实际上是 10 Hz 处的波峰的负值。因为图形同时显示了正负频率，所以称为双边 FFT。

（7）先后令频率为 10 Hz 和 20 Hz，运行该 VI。注意每种情况下频谱图中波峰位置的移动。

（8）采样频率为 100 Hz，所以只能采样频率低于 50 Hz 的信号（奈奎斯特频率＝fs/2）。

频率为 10 Hz 和 20 Hz 时的程序运行结果如图 9-11 和图 9-12 所示。

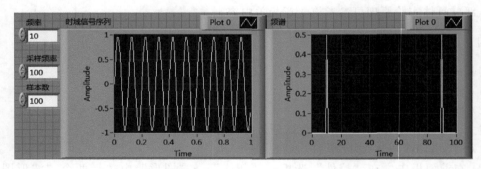

图 9-11　频率为 10 Hz 时双边 FFT 程序运行结果图

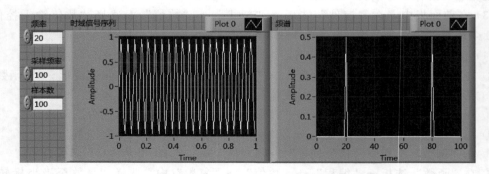

图 9-12　频率为 20 Hz 时双边 FFT 程序运行结果图

（9）按照图 9-13 修改程序框图实现单边 FFT，完成后将该 VI 保存为"9.3 单边 FFT.vi"。前面实验已经讲过，因为 FFT 含有正负频率的信息，修改之后只显示一半的

FFT 采样点（正频率部分），因此这种方法叫单边 FFT，单边 FFT 只显示正频部分。注意要把正频分量的幅值乘以 2 才能得到正确的幅值，但直流分量保持不变。

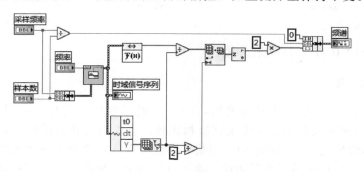

图 9-13 单边 FFT 程序设计框图

（10）设置频率为 30 Hz，采样率为 100 Hz，样本数为 100，运行该 VI，结果如图 9-14 所示。

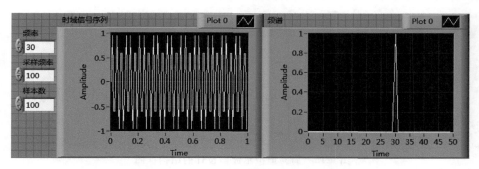

图 9-14 频率为 30 Hz 时单边 FFT 程序运行结果图

五、实验小结与思考

（1）本节实验详细设计可参考本书配套文件中"第 9 章 \ 例 9.3 信号的分析与处理实验"文件夹中的程序。

（2）当选择频率为 10 Hz、采样率为 100 Hz、样本数为 100 时，时域图中的正弦波的周期数是多少？

（3）观察频率为 10 Hz 和 20 Hz 时的时域波形，哪种情况下的波形显示更好，并解释原因。

（4）当信号频率为 52 Hz 时，程序运行时会发生什么情况？并解释原因。

9.4 项目四：基于 LabVIEW 的简易虚拟示波器设计

一、实验目的

（1）掌握虚拟示波器设计的基本框架和总体设计思想。

（2）实现该双通道虚拟示波器的功能描述：能产生正弦、方波、三角波、锯齿波，运用 LabVIEW 软件完成该仪器的设计实现，具体包括波形选择显示、参数测量、水平（垂直）灵敏度、频谱分析、波形存储等模块，并给出具体的设计实现方法。

二、实验设备

计算机、LabVIEW 2017 编程环境。

三、实验原理

现代仪器技术和计算机技术的发展，产生了虚拟仪器。它是当今计算机辅助测试（CAT）领域的一项重要技术，与传统仪器相比较，虚拟仪器在灵活性、多样性诸多方面都占有优势。示波器是 LabVIEW 的一项基本功能。本节实验要求设计实现一台简易的双通道虚拟示波器，与传统的示波器相比，除了可以显示波形外，还可以根据需要，改变波形的频率和幅值，实现信号的频谱分析、参数测量分析到指定文件和存储波形等功能。

本实验实现的简易虚拟示波器总体包括信号发生、信号显示控制、波形显示、参数测量、频谱分析、波形存储等模块。其结构框图如图 9-15 所示。

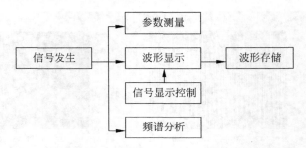

图 9-15　简易虚拟示波器设计的结构框图

四、实验内容与步骤

实验内容如下：

（1）模块 1：信号发生模块。

（2）模块 2：信号显示控制模块。

（3）模块 3：参数测量模块。

（4）模块 4：频谱分析模块。

（5）模块 5：波形存储模块。

1. 信号发生模块

本模块设计要求信号发生模块能产生正弦波、方波、三角波、锯齿波，并且是双通道信输出。主要实现步骤如下。

（1）在新建 VI 的程序设计窗口下，在"函数"选板→"编程"→"结构"中选择"条件结构"。

（2）在"函数"选板→"信号处理"→"波形生成"中，分别选择正弦波形、方波波形、三角波形、锯齿波形，并分别放入"条件结构"的四个分支。

（3）在前面板中，在"控件"选板→"新式"→"下拉列表与枚举"中选择"菜单下拉列表"，右击该控件，在弹出的快捷菜单中选择"编辑项…"，编辑添加"有序值"：正弦波值为"0"，方波值为"1"，三角波值为"2"，锯齿波值为"3"。

（4）在前面板中，在"控件"选板→"新式"→"数值"中选择"数值输入控件"，选择 4 个该控件，分别命名为"频率""相位""幅值"和"占空比"。

（5）在前面板中，在"控件"选板→"新式"→"数组、矩阵与簇"中选择"簇"并命名为"采样信息"；向"簇"中添加两个"数值输入控件"，并分别命名为"采样率"和"样本数"。

另一个的通道设计步骤与此相同。

信号发生模块的部分设计如图 9-16 所示。

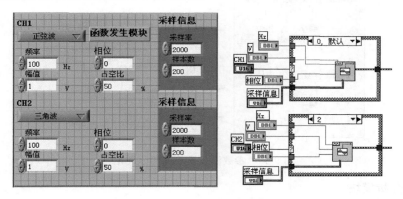

图 9-16　信号发生模块的部分设计

2. 信号显示控制模块

本模块包括电压 DIV，频率 DIV，基准电压设置以及波形显示通道的选择。通过调整电压分辨率、频率分辨率以及基准电压，将信号的波形在波形图中以最佳状态显示，其部分程序框图如图 9-17 所示。

在这里所显示的信号的幅值＝信号的幅值/电压 DIV，电压 DIV 是显示器上每一纵向栅格所代表的电压值大小。电压 DIV 值越小，分辨率越大，能将幅值较小的信号放大显示；相反，电压 DIV 值越大则分辨率越小，能将幅值较大的信号缩小显示。时间 DIV 的功能与电压 DIV 功能相似，表示每一横向栅格所代表的时间值。基准电压相当于在原信号的基础上加上或者减去一个直流分量，目的是让原信号的波形部分能在显示器的中央显示。显示控制部分的前面板如图 9-18 所示。

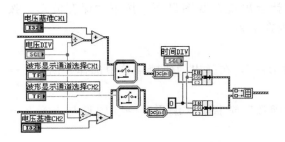

图 9-17　信号显示控制模块部分程序框图

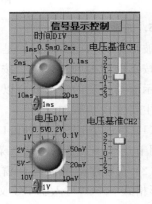

图 9-18　信号显示控制模块部分前面板

3．参数测量模块

本模块实现信号参数测量的功能，测量参数有频率、相位、电压上限、电压下限和电压峰峰值。主要涉及到"幅值和电平测量"和"单频测量"两个 VI，所有参数由这两个 VI 直接测得，不需要另外的计算。参数测量模块的部分设计如图 9-19 所示。

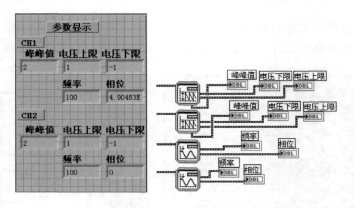

图 9-19　参数测量模块的部分设计

4．频谱分析模块

信号频谱分析就是对待分析信号进行傅里叶变换，以获取它的频谱图。LabVIEW 在频域分析子模板中提供了与信号分析有关的大量函数供设计者使用，在此使用"FFT 频谱（幅度-相位）"VI，它的功能是计算时间信号的平均 FFT 谱，其结果表示为幅度谱和相位谱，在连续测量时，可以得到被平均后的结果。

频谱分析模块的部分程序框图如图 9-20 所示，图中簇常量是对"FFT 频谱（幅度-相位）"VI 的输入端口参数"查看"进行的设置，在前面板中是被隐藏的。

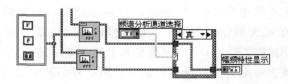

图 9-20　频谱分析模块的部分程序框图

5．波形存储模块

波形存储功能实现过程是，在有信号输入时，如果用户想更好地研究输入信号波形，可以按下前面板的"暂停"按钮，瞬时波形就会出现在截图里面，按下"保存波形"按钮，示波器接受的波形就会以 JPEG 的格式保存下来。

主要实现步骤如下。

（1）在程序框图的设计窗口中，右击"波形图"，在弹出的快捷菜单中选择"创建"→"调用节点"→"获取图像"菜单项。

（2）在程序框图的设计窗口中，选择"函数"选板→"编程"→"图形与声音"→"图形格式"→"写入 JPEG 文件"菜单项。

波形存储模块的部分程序框图如图 9-21 所示。

五、实验小结与思考

基于 LabVIEW 的简易虚拟示波器设计的前面板设计如图 9-22 所示。本节实验详细设计可参考本书配套文件中"第 9 章 \ 例 9.4 基于 LabVIEW 的简易虚拟示波器设计"的程序。

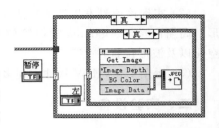

图 9-21　波形存储模块的部分程序框图

本实验主要完成了以下功能设计。

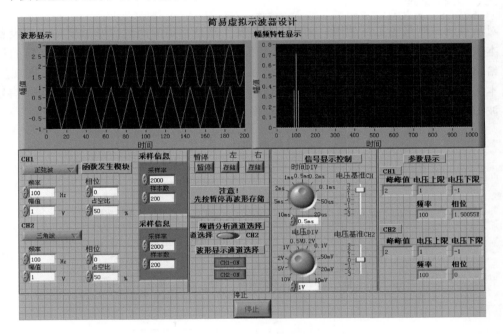

图 9-22　基于 LabVIEW 的简易虚拟示波器设计的前面板

（1）实现波形的实时和动态显示；

（2）实现快速傅里叶变换完成了对信号的频谱分析和显示；

（3）实现对信号参数的测量和自动显示；

（4）实现对波形的存储。

若用户的计算机上有 D/A 功能的 DAQ 数据采集卡，那么就可以完成与硬件的接口设计，从而实现从外部采集数据并分析、显示、存储，从而成为一台真正意义上的基于虚拟仪器平台的示波器，因此该实验的设计具有很强的实用性。

9.5　项目五：基于 LabVIEW 的多功能信号发生器设计

一、实验目的

（1）掌握多功能信号发生器设计的基本框架和总体设计思想。

（2）实现该信号发生器的功能描述：能产生正弦波、方波、三角波、锯齿波、公式波形、高斯白噪声、gamma 噪声等信号；需要两个通道；可以调节幅值、频率、相位、占空比以及波形位置。

（3）运用 LabVIEW 软件实现多功能信号显示和波形信号的叠加等。

二、实验设备

计算机、LabVIEW 2017 编程环境。

三、实验原理

对从事测试测量等工作的用户来说，信号发生器是常用的而且非常重要的仪器设备之一。本实验以 LabVIEW 2017 的虚拟仪器开发平台为工具，针对传统信号发生器的局限性，给出多功能信号发生器设计的基本框架和总体设计思想，并进行详细的设计实现。

本实验实现的多功能信号发生器总体初始化设置、信号通道选择、信号发生、信号显示、波形叠加、波形操作等模块，其结构框图如图 9-23 所示。

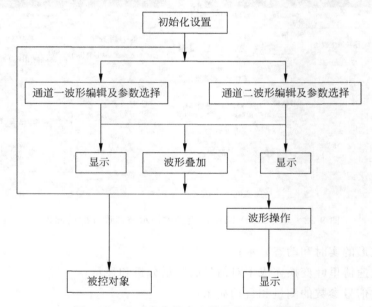

图 9-23　多功能信号发生器设计的结构框图

四、实验内容与步骤

实验内容如下：

（1）模块 1：信号发生模块。

（2）模块 2：信号显示控制模块。

（3）模块 3：显示与波形叠加模块。

1. 信号发生模块

要求该信号发生器能产生正弦波、方波、三角波、锯齿波、公式波形、高斯白噪声、gamma 噪声等信号，需要两个通道，可以调节幅值、频率、相位、占空比以及波形位置。

本设计的前面板的设计较为简单，不再给出，具体设计用户可参考 9.4 节内容自行完成。

在新建 VI 的程序设计窗口下，在"函数"选板→"编程"→"结构"中选择"条件结构"。利用一个下拉列表控件与条件选择端口相连来选择相应的波形信号的产生。下拉列表中有"0""1""2"等数值，分别表示六类波形的产生，能产生正弦波、方波、三角波、锯齿波、公式波、高斯白噪声、gamma 噪声等信号。其中两个公式波形，其公式分别为 $y = a * \sin\,(t/50 * \mathrm{pi} * f)$ 和 $y = a * \cos\,(t/50 * \mathrm{pi} * f)$，其中 a 为幅值，t 为时间，f 为频率。

在信号处理模板中的波形生成子模板中选择各个函数发生器。函数发生器可产生以上六种信号波形，再利用一个枚举控件（即下拉列表）选择控制六个信号波形的产生。利用软件的方法产生的波形数字序列虽然存在着一定的误差，但只要一个周期内选的点数足够多，就可以使误差降到最低，对结果的影响最小。利用软件产生波形的最大的优点是使仪器的成本大大降低，而且使仪器小型化、智能化。

信号发生模块的部分设计如图 9-24 所示。

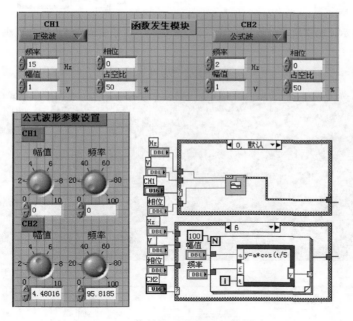

图 9-24　信号发生模块的部分设计

2. 信号显示控制模块

本模块是波形信号显示通道的选择。"开"和"关"按钮用于启动和关闭对双通道信号波形的选择功能，它能实现两种通道波形的任意选择显示功能。"函数发生模块"和"公式波形参数设置"中的"CH1"和"CH2"下拉列表可以选择显示任意一种波形，也可选择波形属性，包括波形的幅度、频率、相位、占空比，同时也可以通过波形信号显示控制模块实现显示两个通道中的任意波形。该部分程序框图如图 9-25 所示。

3. 信号显示与波形叠加

由于在本实验设计中需要实现两通道中任意两种波形的叠加功能，即在前面板上将显示合成后的波形，该功能通过布尔按钮控件来设置是否叠加波形，即"开"时叠加波形，"关"时还原波形，最后在输出端显示是否叠加的信号波形。信号显示与波形叠加模块部分程序框图如图 9-26 所示。

五、实验小结与思考

基于 LabVIEW 的多功能信号发生器设计的前面板设计如图 9-27 所示。本节实验详细设计可参考本书配套文件中"第 9 章 \ 例 9.5 基于 LabVIEW 的多功能信号发生器设计"的程序。

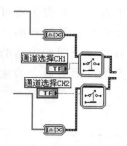

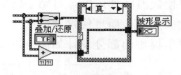

图 9-25　信号显示控制模块部分程序框图　　　图 9-26　信号显示与波形叠加模块部分程序框图

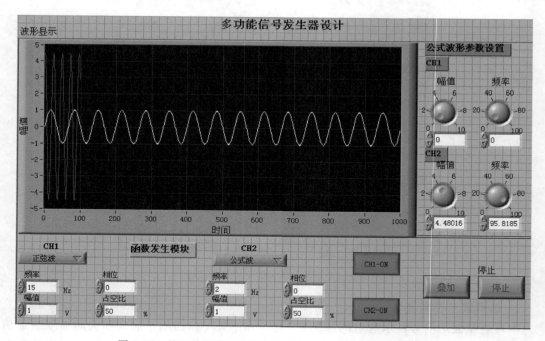

图 9-27　基于 LabVIEW 的多功能信号发生器设计的前面板

本实验主要完成了以下功能设计。

（1）实现了多功能信号发生器的一般功能，如该多功能信号发生器能够产生并显示正弦波、余弦波、方波、三角波、公式波形、锯齿波、高斯白噪声、gamma 噪声等信号；

（2）可以调节波形位置、幅度、相位、周期、频率等参数；

（3）可以实现双通道同时显示和单一通道分别显示；同时用户根据需要可实现两通道中任意两种波形的叠加，幅值和相位的不同步长的扫描功能。

本实验设计只是以 LabVIEW 2017 的虚拟仪器开发平台为工具完成了多功能信号发生器设计工作，关于数据采集等环节并没有给出具体的设计，若想实现完整功能还需要做很多工作。用户若在有硬件支持的平台上完成其接口设计，虚拟仪器的强大优势必将体现出来，特别是在实验与测试测量等领域，传统的多功能信号发生器也必将被虚拟多功能信号发生器所取代。

9.6　项目六：基于 LabVIEW 的虚拟滤波器设计

一、实验目的

（1）一幅度变化的波形信号，频率为 5Hz，振幅为 $-2.5 \sim 2.5$，其中混有高斯白噪声，对其进行滤波信号处理研究。

（2）在采样率等其他条件相同的情况下，采用巴特沃斯滤波器和常见滤波器方法，运用 LabVIEW 软件完成该滤波信号处理的设计。

二、实验设备

计算机、LabVIEW 2017 编程环境。

三、实验原理

基于虚拟仪器系统对采集的信号可以做多种信号处理与分析，但在信号测试中，被测信号往往混有各种频率的噪声，而噪声是对有用信号的一种干扰，是信号测试中的不利因素。因此，需要借助滤波器的选频作用，使特定频率范围的信号得以通过，而将干扰噪声以及无用信号过滤掉，从而提高信号分析的真实程度。此方法即可用于工程实践中进行数据处理，也可以用于实验教学，既降低实验成本，又增强对基础知识的感性理解。在现代测试领域中，已经越来越广泛地应用相关的检测方法来对复杂的信号进行滤波。对于包含有用信号、直流分量、随机噪声以及谐波频率的复杂信号，利用滤波的方法可以分离出其中任意一种频率的信号。随着现代计算机技术的发展，将测试系统得到的信号储存在计算机中，然后在计算机中利用数字技术实现相关的滤波，就可以得到用户所要的信号。在本书第 5 章中已经详细讲述了滤波器的知识以及 LabVIEW 2017 中所提供的滤波器的类型。

本节实验将介绍基于 LabVIEW 的虚拟滤波器设计的方法，并给出详细实现。在 LabVIEW 环境下可以随时对比设计要求来调整参数，有利于数字滤波器设计的最优化，有效地克服传统设计方式中存在的滤波器系数不易调整、与硬件接口程序复杂、开发周期长等问题。LabVIEW 为设计数字滤波器提供了一个可靠而有效的途径。

本实验实现的虚拟滤波器总体包括基本信号发生、噪声信号、自选信号控制、叠加信号、窗函数、滤波处理、波形显示等模块。其结构框图如图 9-28 所示。

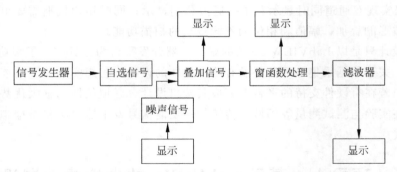

图 9-28　虚拟滤波器设计的结构框图

四、实验内容与步骤

实验内容如下：

（1）任务 1：基于 LabVIEW 的常见滤波器设计。

（2）任务 2：基于 LabVIEW 的巴特沃斯滤波器设计。

本实验的设计思路如下所示。

（1）本实验中由于需要对一个混有噪声的信号进行滤波，所以需要用一个函数信号发生器来产生可供选择的波形，然后将产生的波形信号与高斯白噪声叠加，即产生滤波处理所需的信号。函数信号发生器产生的波形中的幅度、频率、相位等相关参数，可用旋钮控制。本实验要求输入信号的幅度是变化的，所以将由信号发生器产生的信号加一窗函数处理即可达到要求。

（2）本实验中的前面板设计较为简单，共需要 4 个"波形图"分别用来显示噪声信号、输入信号加窗函数处理后的信号、输入信号与噪声的叠加信号和经各种滤波器滤波后的信号。在输入信号参数设置区，用 1 个"文本下拉列表"控件选择需要输入的信号类型，用 3 个"旋钮"控件分别来设置输入信号的频率、幅度和相位。在滤波器参数设置区内，用 1 个"文本下拉列表"控件来选择滤波器的滤波类型，然后分别用 3 个"旋钮"控件来设置滤波器的采样频率、高截止和低截止频率。

（3）本实验设计中的自选信号是信号发生器产生的信号加上噪声信号。在信号发生器部分使用"基本函数发生器.vi"产生正弦波、方波、三角波、锯齿波等函数信号；噪声部分使用了"高斯白噪声.vi"生成高斯白噪声，然后两个信号进行叠加。由于在运用计算机实现工程测试信号处理时，考虑到计算量和计算机运算速度，采样的数据不可能无限长，通常取有限时间长度的数据进行分析，这就需要对无限信号进行截断，因此此处需要对输入信号进行窗函数处理。

（4）滤波部分是本实验设计的核心部分，不同滤波器滤波时有各自的特点，因此它们用途各异。在利用 LabVIEW 实现滤波功能时，选择合适的滤波器是关键。在选择滤波器时可参照第 5 章讲述的不同滤波器的特点，根据滤波的实际要求来选择合适的滤波器。由于本实验要求实现经典滤波和巴特沃斯滤波两种功能，所以需要完成常见滤波器和巴特沃斯滤波器两种方法的设计。

在常见滤波器的后面板中，由于要实现低通、高通、带通、带阻四种滤波类型，所以需要用一个"条件结构"来实现滤波类型的选择功能。

（5）在本实验设计中使用"文本下拉列表"控件，主要是实现波形的选择和滤波类型的选择功能。如果选择某种波形在显示控件中将显示该波形，如果选择数值大小在显示控件中可以观察到波形大小的变化。

（6）在本实验设计的滤波器中，输入信号部分的"旋钮"控件主要调节输入波形的频率、幅度、相位，滤波器设置部分的"旋钮"控件主要调节滤波的采样频率、高截止频率和低截止频率，并且根据需要调节任意值。

以上设计思路，用户可参考图 9-29～图 9-31。

本实验中输入波形选择以正弦波为例，幅度为 2.5V，频率为 5Hz，相位为 0。输出波形幅度为 $-2.5V\sim2.5V$。

【任务 1】基于 LabVIEW 的常见滤波器设计。

在滤波器设置中，设置滤波类型为低通，采样频率为 151.669Hz，调节截止频率旋钮，设置高截止频率为 5.15Hz，低截止频率为 0.35Hz，通过波形显示观察到较好的滤波效果，前面板设计如图 9-29 所示，程序框图如图 9-30 所示。

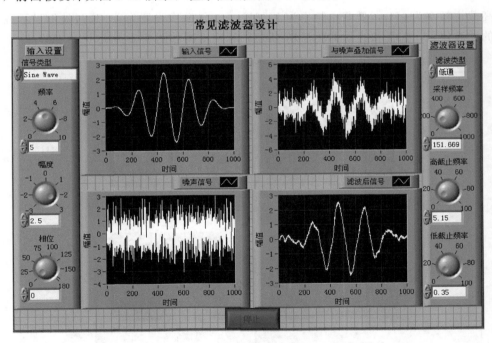

图 9-29　基于 LabVIEW 的常见滤波器设计（低通滤波）前面板

关于高通、带通和带阻的滤波器仿真分析在此不再给出，读者可以自行设置观察其滤波效果有何不同。

【任务 2】基于 LabVIEW 的巴特沃斯滤波器设计。

在程序框图中，巴特沃斯滤波器"滤波类型"参数指定了滤波器的选频类型，分为"低通""高通""带通"与"带阻"4 种。运行程序，用户根据需要分别选择"低通""高通""带通"与"带阻"类型滤波器并改变滤波器阶次，观察它们的频率响应特性。

在滤波器设置中，设置滤波类型为低通，采样频率为 1000Hz，调节截止频率旋钮，

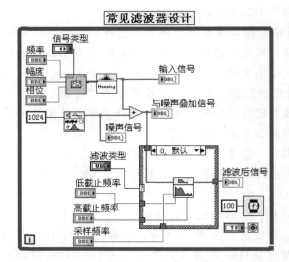

图 9-30　基于 LabVIEW 的常见滤波器设计程序框图

设置高截止频率为 0 Hz，低截止频率为 14.6 Hz，滤波阶次设置为 4，通过波形显示观察到较好的滤波效果，前面板设计如图 9-31 所示，程序框图如图 9-32 所示。

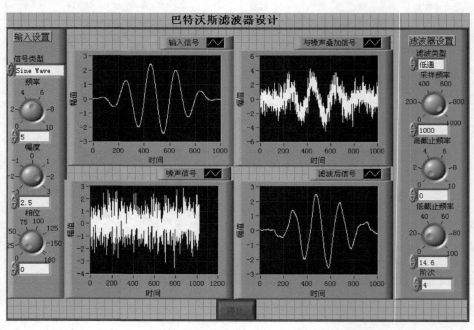

图 9-31　基于 LabVIEW 的巴特沃斯滤波器设计（低通滤波）前面板

关于高通、带通和带阻的滤波器仿真分析在此不再给出，读者可以自行设置观察其滤波效果有何不同。

五、实验小结与思考

关于本节实验的详细设计可参考本书配套文件中"第 9 章 \ 例 9.6 基于 LabVIEW 的

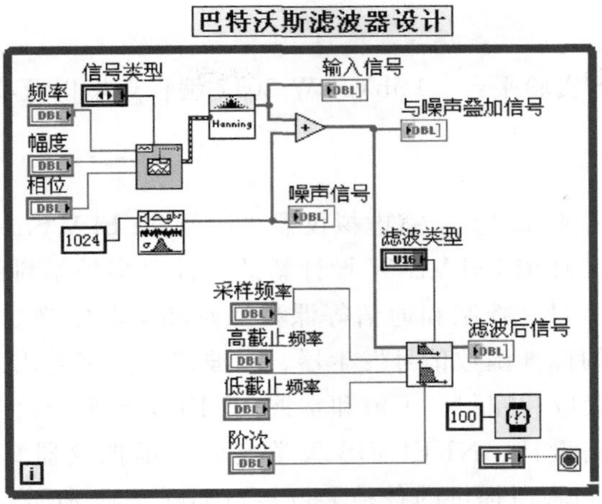

图 9-32　基于 LabVIEW 的巴特沃斯滤波器设计程序框图

虚拟滤波器设计"文件夹中的程序。

　　从运行结果分析来看，噪声信号已经被较好地滤除掉，基本达到预期的滤波效果。但实际滤波器是不可能完全达到理想滤波器的性能的，只能通过合理的设计，使滤波器性能尽量向理想滤波器靠近。对于巴特沃斯滤波器来说，它的过渡带比较宽，但是通带非常平直。巴特沃斯滤波器的最大特点是响应平滑、单调衰减。随着阶数的提高波纹数目相应增加，同时阻带内的衰减也相应增加，与理想滤波器的特性越接近。但由于它的延迟也和滤波阶数有关，所以滤波器的性能不能单纯靠增加滤波器的阶数来提高。因为增加滤波器的阶数的同时也会使延迟变大，造成误差。实际测试中应充分了解测试信号和噪声的特点，然后选取合适的滤波方案。

　　LabVIEW 编程使用图形化语言，是非计算机专业人员使用的工具，为设计者提供了一个便捷、轻松的设计环境，LabVIEW 为设计者提供的 FIR 和 IIR 滤波器 VI 使用起来非常方便，只需要输入相应的指标参数即可，不需要进行复杂的函数设计和大量的运算。不同滤波器的 VI 滤波时均有各自的特点，因此它们用途各异。在利用 LabVIEW 实现滤波功能时，选择合适的滤波器是关键，在选择滤波器时，可参照不同滤波器的特点，考虑滤波的实际要求来选择基于 LabVIEW 的数字滤波器设计，使得滤波后噪声得到了有效抑制，滤波效果良好。可以比传统方式节省大量的开发时间，开发效率很高。由于采用图形语言编程，程序可读性增强，并且可以将其作为子程序在虚拟仪器系统中调用，具有很强的通用性，该系统可并入大型虚拟仪器电子测量系统来完成不同环境下的测量要求。

9.7　项目七：NI ELVIS 实验平台的基本操作

一、实验目的

（1）熟悉 NI ELVIS 实验平台内部的 12 种仪器功能的使用。

（2）掌握虚拟仪器的相关知识以及采集板卡的选择。

（3）熟练使用 MAX 与 DAQ 助手实现数据采集。

二、实验设备

计算机、NI ELVIS 实验平台、LabVIEW 2017 编程环境以及项目所需元器件。

三、实验原理

NI ELVIS 集成了 12 种常用实验室虚拟仪器（运行 NI ELVISmx Instrument Launcher），能够配合图形化系统设计环境 LabVIEW 设计新的、针对多种学科的实验室教学及创新实验，为电子电路、测试测量、控制和通信等课程课堂和实验室教学提供领先的教育平台。通过使用 NI ELVIS 上的标准函数信号发生器、示波器、数字万用表和数字 I/O 等，并配合 LabVIEW 编程实现读取和控制，了解和掌握 NI ELVIS 平台自带虚拟仪器的使用，并结合 LabVIEW 进行电路设计。NI ELVIS 教学实验室虚拟仪器套件如图 9-33 所示。NI ELVIS 上自带的原型面包板所提供的各种 I/O 接口如图 9-34 所示。

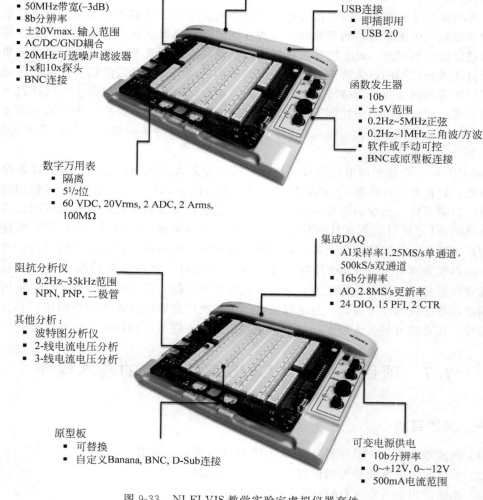

图 9-33　NI ELVIS 教学实验室虚拟仪器套件

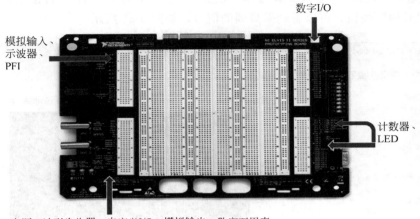

数字I/O

模拟输入、
示波器、
PFI

计数器、
LED

电源、波形发生器、自定义I/O、模拟输出、数字万用表

图 9-34　NI ELVIS 上自带的原型面包板所提供的各种 I/O 接口

四、实验内容与步骤

实验内容如下：

（1）任务 1：使用 MAX 中的设备自检和测试面板等功能。

（2）任务 2：函数发生器（Function Generator，FGEN）和示波器（Oscilloscope，SCOPE）。

（3）任务 3：数字输入和数字输出。

（4）任务 4：二极管 V-I 特性曲线的测试。

（5）任务 5：三极管 V-I 特性曲线测试。

（6）任务 6：可视化 RC 瞬态电路的电压。

【任务 1】使用 MAX 中的设备自检和测试面板等功能。

（1）将 NI ELVIS 原型板上的 AI0＋端和 FGEN 端口相连；AI0- 端与 GROUND 端口相连接。

（2）确认 NI ELVIS 工作台的电源已经连接并打开，已经通过 USB 线连接至计算机。

（3）执行"开始"→"所有程序"→National Instruments→Measurement&Automation 命令，打开 NI Measurement&Automation Explorer（简称 MAX，一个可以管理所有系统中的 NI 设备硬件资源，并进行相关配置和自检的一个软件，随任何 NI 驱动程序安装在计算机中）。

（4）在 MAX 中单击"设备和接口"选项，检查是否能找到 NI ELVIS，如果连接正常，前面的板卡符号显示为绿色，可以右击，使用"自检"命令对设备进行自检，并检查设备名称。

（5）右击 NI ELVIS 设备并选择测试面板，此时会弹出"测试面板"对话框。默认打开的是"模拟输入"选项卡，可以根据测量需要选择相应的选项卡并进行配置。此处将基于模拟输入进行配置和测量的说明。为了进行模拟输入的测量，需要首先提供一个信号源。使用 NI ELVISmx Instrument Launcher 中的 Function Generator 来提供信号源，并从 ai0 端口引入该信号进行测量。单击 Function Generator 图标，打开函数发生器软面板，设置产生一个 100Hz、V_{pp} 为 4V 的正弦波信号。回到测试面板，在通道名中选择"Dev1/

ai0"，模式选择"连续"，输入配置选择"差分"，采样率为 1000Hz，待读取点数为 100，然后单击"开始"按钮，可以看到采集到的信号，如图 9-35 所示。

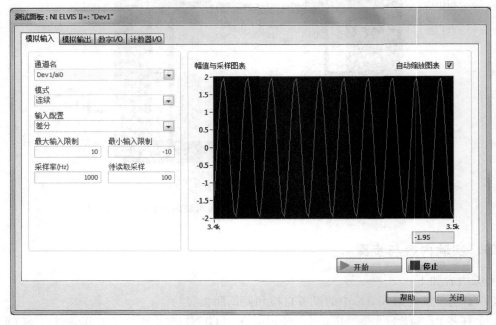

图 9-35　测试面板

改变 Function Generator 软面板中的波形参数的设置，如频率、幅值等，观察测试面板中波形的变化。可以思考当信号源频率超过采样率的时候会有什么结果？如何修改参数来进行信号采集？单击"停止"按钮停止测试，单击"关闭"按钮关闭测试面板。

【任务 2】函数发生器（Function Generator，FGEN）和示波器（Oscilloscope，SCOPE）。

（1）用 BNC-BNC 接线将 NI ELVIS 工作台的 SCOPE CH0 的 BNC 接口与原型板（Prototyping Board）上的 BNC 1 接口相连。

（2）在原型板的面包板上用导线将波形输出 FGEN 端口连接到 BNC 1+。

（3）确认 NI ELVIS 工作台和原型板的电源均已开启。然后启动 NI ELVISmx Instrument Launcher，如图 9-36 所示。

（4）单击图 9-36 中的 Function Generator 和 Oscilloscope 图标，打开信号发生器和示波器的操作界面，按图 9-37 进行设置：通过函数发生器产生一个 560Hz、峰峰值为 1V 的正弦信号，运行并通过示波器观察结果。

由于在实验连线时是通过原型板上的 Function Generator 端口连接至 BNC 1+，所以 Function Generator 软面板下方的 Signal Route 选项要选择 Prototyping Board，选择之后单击 Run 按钮，就会输出产生的信号波形；因为 BNC 1 是连接 Oscilloscope 的 CH0，因此在示波器软面板中，应该选择 Oscilloscope 的 CH0 作为有效观测通道，然后单击示波器软面板的 Run 按钮，应观测到函数发生器产生的波形。如果没有正常显示，应首先检查硬件连线和软件设置是否正确（注意检查原型板的电源开关是否已经打开）。观测到正确的波形后，可以尝试改变函数发生器产生的波形种类（如产生三角波形或方波）以及波形

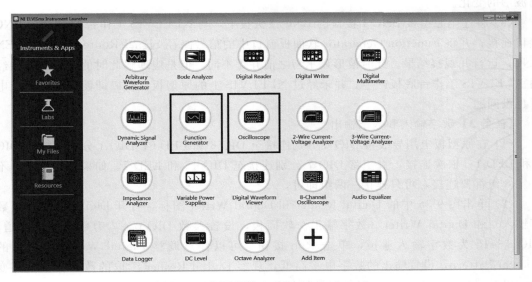

图 9-36　NI ELVISmx Instrument Launcher

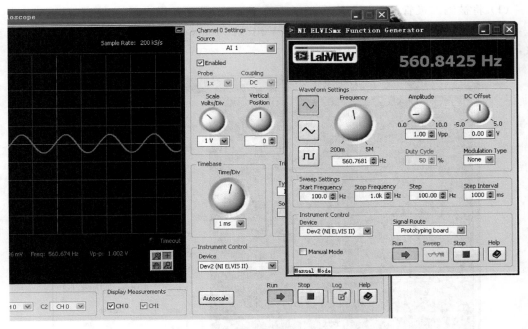

图 9-37　FGEN 和 SCOPE 设置显示图

参数（频率、幅度、直流偏置等），并调整示波器软面板的波形显示参数，以便根据信号特征更好地进行显示。

（5）在 Function Generator 软面板中勾选 Manual Mode（手动模式）复选框，观察 NI ELVIS 工作台右方 Function Generator 区域中 Manual Mode 指示灯是否亮起；转动波形输出参数旋钮 FREQUENCY（频率）或 AMPLITUDE（幅度），在 SCOPE 窗口中观察输

出波形的变化。

（6）将连至原型板 BNC 1 接口的 BNC 接头拔下，与 NI ELVIS 工作台的 FGEN BNC 接口连接；并将 Function Generator 软面板窗口中的信号路径 Signal Route 设置为 FGEN BNC，运行并观察结果。此时波形显示与之前并无不同，但是应理解此时的信号是直接经由 VI ELVIS 工作台底板产生，并未经过 NI ELVIS 上的原型板，所以即使关闭原型板电源也没问题。

【任务 3】数字输入和数字输出。

（1）在原型板上用导线将 DIO 0 分别连接至 DIO 8 和 LED 0；DIO 1 分别连接至 DIO 9 和 LED 1；依次连接，直至将 DIO 7 分别连接至 DIO 15 和 LED 7。如果时间有限，不一定 8 组都要连接，可只连接一两组即可。

（2）单击图 9-36 中的 Digital Reader 和 Digital Writer 图标，打开 Digital Reader（数字输入）和 Digital Writer（数字输出）软面板，设置参数 DIO 0～7 为数字输出通道，DIO 8～15 为数字输入通道，单击 Run 按钮。可以任意调整 Digital Writer 面板中的 Manual Pattern，设置输出的数字电平高低，观察 Digital Reader 读取的数字量指示灯变化，以及原型板右边 LED 指示灯区域的显示变化。

【任务 4】二极管 V-I 特性曲线的测试。

（1）将被测二极管的长短引脚分别插入原型板的 DUT＋和 DUT－接口。

（2）单击图 9-36 中的 2-Wire Current-Voltage Analyzer 图标，并按照图 9-38 设置参数，运行即可测得该二极管的特性曲线。

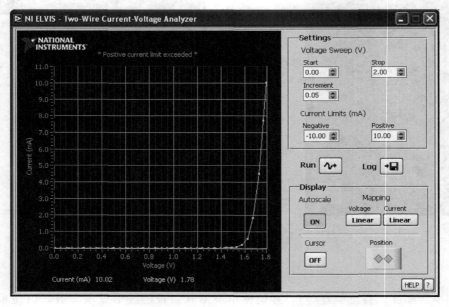

图 9-38   二极管 V-I 特性曲线的测试

【任务 5】三极管 V-I 特性曲线测试。

（1）将被测三极管 9014 的小平面向面包板中央，中间引脚为基极 B，插入 BASE 端口；剩下的上下两个引脚分别插入 DUT＋、DUT－端口。

（2）单击图 9-36 中的 3-Wire Current-Voltage Analyzer 图标，并按照图 9-39 设置参数，运行即可测得该 NPN 三极管的特性曲线。

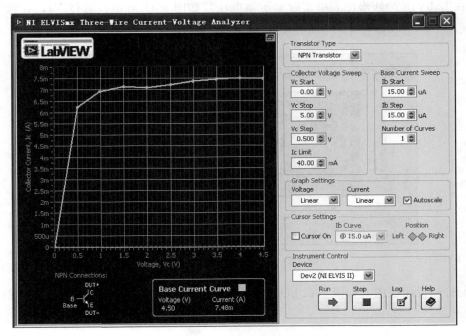

图 9-39　三极管 V-I 特性曲线的测试

【任务 6】可视化 RC 瞬态电路的电压。

（1）在原型板上搭建一个如图 9-40 所示的 RC 瞬态电路。将 1MΩ 电阻和 1μF 电容串联后，在电路两端加上可编程电源提供的电压，即连接 SUPPLY＋和 GROUND，再将电容两端电压连接至原型板的模拟输入端口 AI0＋和 AI0－。

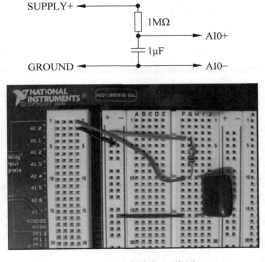

图 9-40　RC 瞬态电路图

（2）打开事先编写的程序 RC Transientmx. vi。该 VI 将可变电源（VPS）的电压调为 +5V 并持续 5s，接着将 VPS 电压重新置为 0V 并持续 5s；与此同时，测量电容两端电压，并在 LabVIEW 波形图表中实时显示该电压，如图 9-41 所示。运行 VI，并观察充放电结果。

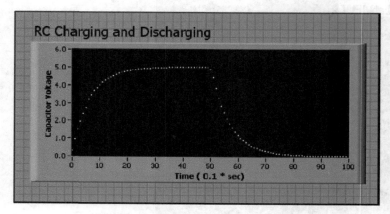

图 9-41　RC 瞬态电路充放电图

（3）打开程序框图，如图 9-42 所示。理解在 LabVIEW 中上述动作是如何实现的。

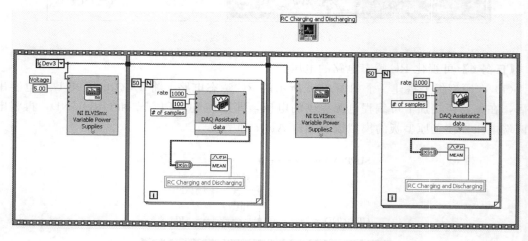

图 9-42　程序框图

五、实验小结与思考

（1）通过本项目，总结 NI ELVIS 实验平台的具体应用与拓展。

（2）NI ELVIS 上集成了哪些仪器功能？NI ELVIS 的函数信号发生器可产生哪几种波形的信号？

（3）数据采集板卡的参数有哪些？具体指什么？

（4）数据采集板卡的信号介入方式有几种？分别是什么？

目前，在电子测量和自动控制领域，虚拟仪器技术的发展日新月异。虚拟仪器借助于计算机技术和基本硬件的支持，其数字化和软件技术极大地提高了测量的灵活性和可扩展性。

习　题

1. 根据以下要求，给出虚拟信号合成图示仪设计的基本框架和总体设计思想，并完成详细的设计实现。

（1）给出虚拟信号合成图示仪设计的基本框架和总体设计思想。

（2）该信号发生器的功能描述：能产生①正弦波；②方波；③三角波；④锯齿波；⑤公式波形；⑥高斯白噪声；需要两个通道；可以调节幅值、频率、相位、占空比以及波形位置。

（3）运用 LabVIEW 软件实现波形显示和波形信号的叠加等，并对信号混入噪声，对其进行信号分析。

2. 使用 LabVIEW 软件实现普通调幅方式（AM）的调制和解调，要求如下：

（1）前面板显示调制信号、载波信号、AM 调幅信号和 AM 解调信号的波形。

（2）调制信号幅值为 1、频率为 10Hz 的单频正弦波，载波信号为幅值为 1、频率为 200Hz 的单频正弦波，调制信号通过与固定偏置信号相加，乘以高频载波信号，完成 AM 调制过程，输出 AM 调幅信号。

（3）将 AM 调幅信号乘以载波信号，两倍后经过低通滤波器 filter 模块，就可以解调还原出调制信号，完成整个调制与解调过程。

3. 以热敏电阻为例，了解传感器外围电路的连接方式。采用 LabVIEW 对采集的原始信号进行处理，从而实现温度信号的自动采集，即用分压法测量热敏电阻的阻值，从而计算对应的温度。在 NI ELVIS 的面包板上搭建如图 9-43 所示的电路。在此基础上增加测量温度与阈值的比较，比较结果通过程序界面的布尔型控件输出。同时程序增加数字信号的硬件输出（增加一个发光二极管），作为报警信号。

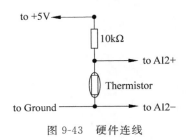

图 9-43　硬件连线

本题中计算热敏电阻阻值的标准分压方程如下：$R_T = R_1 \times V_T / (5 - V_T)$，式中 $R_1 = 10\text{k}\Omega$。这个方程称为比例函数，可以把测得的电压值转换为热敏电阻的阻值。V_T 可以很容易地使用 NI ELVIS DMM 或用一个 LabVIEW 程序测得。在 25℃ 的环境温度下，阻值大约是 10kΩ。另外，典型的热敏电阻响应曲线表征了元件电阻与温度间的关系，用数学方程拟合响应曲线可以得出校准曲线。即标定方程为：$T = (1 / -0.04452) * \ln (R_T / 29.95798)$℃。

4. 实现八段数码管的 0～9 数字显示，要求在 NI ELVIS 的面包板上实现软硬件的设计，具体步骤如下。

（1）在前面板上创建数码管显示簇控件，要求簇中的成员的逻辑顺序和数码管数码段 a、b、c、d、e、f、g、h 顺序一致。

（2）在前面板上放置菜单下拉列表，编辑项内容为 0～9。

（3）实现软件手动选择数字，数码管软硬件显示设计。

5. 设计一个智能交通信号灯的控制器，能够实现交通信号灯的自动变化。

（1）东、西、南、北各三盏红、黄、绿交通信号灯，交通信号灯的亮灭规律如下。

初始态：路口东、西、南、北信号灯均灭。

次态 1：东西路口的红灯亮，南北路口的绿灯亮，南北方向通车，延时 30s 后进入次态 2。

次态 2：南北路口绿灯灭，黄灯亮 3s 后进入次态 3。

次态 3：东西路口绿灯亮，同时南北路口红灯亮，东西方向通车，延时 30s 后进入次态 4。

次态 4：东西路口绿灯灭，黄灯亮 3s 后，再次切换到次态 1。

（2）在东西和南北十字路口添加数码管倒计时功能。

（3）用软件实现功能（1）和（2）。

（4）具有倒计时功能的双向交通信号灯的软硬件实现。

参 考 文 献

[1] National Instruments Corporation. LabVIEW™ Signal Processing and Analysis Concepts [R]. March 2017 Edition.

[2] National Instruments Corporation. NI Vision for LabVIEW™ User Manual [R]. March 2017 Edition.

[3] http：//www. ni. com/

[4] 陈国顺，张桐，郭阳宽，等. 精通 LabVIEW 程序设计 [M]. 2 版. 北京：电子工业出版社，2012.

[5] 程学庆，房晓溪，韩薪莘，等. LabVIEW 图形化编程与实例应用 [M]. 北京：中国铁道出版社，2005.

[6] 陈锡辉，张银洪. LabVIEW 8.20 程序设计从入门到精通 [M]. 北京：清华大学出版社，2007.

[7] 阮奇桢. 我和 LabVIEW [M]. 2 版. 北京：北京航空航天大学出版社，2012.

[8] 郑对元等. 精通 LabVIEW 虚拟仪器程序设计 [M]. 北京：清华大学出版社，2012.

[9] 周鹏. 基于 DSP 和 LabVIEW 的虚拟仪器系统研究 [D]. 烟台大学，2007.

[10] 申焱华，王汝杰，雷振山. LabVIEW 入门与提高范例教程 [M]. 北京：中国铁道出版社，2007.

[11] 王磊，陶梅. 精通 LabVIEW 8.0 [M]. 北京：电子工业出版社，2007.

[12] 零点工作室，刘刚，王立香，等. LabVIEW 8.20 中文版编程及应用 [M]. 北京：电子工业出版社，2008.

[13] 危淑平，摆玉龙，许国威. 基于 LabVIEW 的自适应滤波器设计与研究 [J]. 微计算机应用. 2011，32（3）.

[14] http：//www. gsdzone. net/

[15] 龚耀寰. 自适应滤波——时域自适应滤波和智能天线 [M]. 2 版. 北京：电子工业出版社，2003.

[16] 张德丰. MATLAB 小波分析 [M]. 北京：机械工业出版社，2009.

[17] 曲丽荣，胡容，范寿康. LabVIEW、MATLAB 及其混合编程技术 [M]. 北京：机械工业出版社，2012.

[18] 朱红林. 简易虚拟示波器的设计 [D]. 中国优秀硕士学位论文全文数据库，2006.

[19] 刘子民，何广军，白云，等. 基于 LabVIEW 和 MATLAB 的虚拟仪器设计及实现 [J]. 弹箭与制导学报，2006（2）.

[20] 邓炎，王磊等. LabVIEW 7.1 测试技术与仪器应用 [M]. 北京：机械工业出版社，2004.

[21] 杨乐平，李海涛，杨磊. LabVIEW 程序设计与应用 [M]. 2 版. 北京：电子工业出版社，2005.

[22] 王福明，于丽霞，刘吉，等. LabVIEW 程序设计与虚拟仪器 [M]. 西安：西安电子科技大学出版社，2009.

[23] 杨乐平，李海涛，赵勇，等. LabVIEW 高级程序设计 [M]. 北京：清华大学出版社，2004.

[24] 孙延奎. 小波分析及应用 [M]. 北京：机械工业出版社，2005

[25] 朱艳芹，郭鑫. 基于 LabVIEW 的小波去噪算法的研究 [J]. 电子测试，2010.

[26] 飞思科技产品研发中心. 小波分析理论与 MATLAB7 实现 [M]. 北京：电子工业出版社，2005.

[27] 李冰. 虚拟仪器技术的研究 [D]. 黑龙江：大庆石油学院，2005.